G. I. POLJAKOW

Über die Prinzipien der neuronalen Organisation des Gehirns

G. I. POLJAKOW

Über die Prinzipien der neuronalen Organisation des Gehirns

Mit 59 Abbildungen

Herausgegeben von

Dr. med. Bodo Schönheit

Anatomisches Institut des Bereichs Medizin
der Humboldt-Universität Berlin

AKADEMIE-VERLAG · BERLIN
1971

Originaltitel:

Г. И. Поляков
О Принципах нейронной органзации мозга
Издательство Московского Университета

Aus dem Russischen übersetzt von

Dr. med. Bodo Schönheit
Anatomisches Institut der Humboldt-Universität Berlin

Erschienen im Akademie-Verlag 108 Berlin, Leipziger Str. 3–4

Lizenznummer: 202 · 100/563/71
Offsetdruck und buchbinderische Verarbeitung: VEB Druckerei „Thomas Müntzer", 582 Bad Langensalza
Bestellnummer: 5867 ES 170
EDV: 761 588 9
Printed in German Democratic Republic

I N H A L T

VORWORT DES HERAUSGEBERS

Die Probleme der geistigen Entwicklung des Tierreiches haben von jeher die Aufmerksamkeit vieler Wissenschaftler gefunden. Dabei hatte die Methode des vergleichenden Studiums der nervalen Strukturen und Prozesse schon immer eine hervorragende Bedeutung. Die Erkenntnis, daß das Gehirn ein Organ ist, das durch reflektorische Tätigkeit die Wechselwirkung des Organismus mit der Umwelt verwirklicht, ist bestimmend für die Interpretation der Entwicklung dieses Organs. Struktur und Funktion des zentralnervösen Gewebes entsprechen den Anforderungen der Umwelt an das Individuum und des Individuums an die Umwelt.

POLJAKOW behandelt in der vorliegenden Monografie einige dieser sehr aktuellen Fragen der Entstehung und Vervollkommnung der Organisation reflektorischer Anpassungen während der Evolution der tierischen Organismen. Dabei verwertet er Erkenntnisse der Anatomie, Physiologie und Evolutionsforschung unter Berücksichtigung kybernetischer Verfahren.

In dieser komplexen Betrachtungsweise der Entwicklung und der Leistungen des Zentralnervensystems äußert sich die gebotene dialektisch-materialistische Auffassung über strukturelle und funktionelle Erscheinungen. Die Grundlagen der morphofunktionellen Organisation des Gehirns und ihre Entwicklung, wie sie von POLJAKOW dargestellt werden, finden sicher das Interesse vieler Fachvertreter und Studenten.

In der Übersetzung wurden gegenüber dem Original am Text und an den Abbildungen in enger Zusammenarbeit mit dem Autoren einige Änderungen vorgenommen. Alle Zeichnungen mußten neu erstellt werden. Ich bin meinem Freund HORST LINK besonders dankbar, daß er diese schwierige Aufgabe übernommen und ausgezeichnet erfüllt hat.

Bodo Schönheit

EINLEITUNG

Die vorliegende Monografie ist der Darstellung einiger Fragen gewidmet, die die Entstehung, Entwicklung und Vervollkommnung der Organisation reflektorischer Mechanismen während der Evolution der Tiere betreffen.

Die Konstruktion des Gehirns als des Organs der reflektorischen Widerspiegelung der Umwelt und als Organisator des Verhaltens zieht die Aufmerksamkeit der Forscher auf sich und ist Objekt eines intensiven experimentellen Studiums. Der weitere Fortschritt unserer Kenntnisse auf diesem Gebiet hängt zweifellos mit einer systematischen Sammlung der Fakten, aller neu entdeckten feinsten Einzelheiten (mikroskopische und ultramikroskopische) der Strukturen der Hirnsubstanz und der Wechselbeziehungen zwischen ihren Elementen zusammen.

Entsprechend der Vergrößerung des Faktenmaterials wächst auch das Bedürfnis nach Verständnis dieser Fakten. In der vorliegenden Arbeit wurde versucht, die Ergebnisse der Anatomie, Physiologie und Evolutionsforschung des Nervensystems unter Berücksichtigung neuer Ergebnisse auf dem Gebiet der Modellierung einiger Eigenschaften physiologischer Systeme zu verallgemeinern. Es versteht sich, daß in der heutigen Zeit nur von Hypothesen gesprochen werden kann, die zur Aufklärung eines allgemeinen Bauplans des Gehirns beitragen. Dabei ist zu bemerken, daß Parallelen, die sich zwischen natürlichen und technischen Systemen finden, vorwiegend auf einfache Modelle des Reflexbogens oder des einzelnen Neurons beschränkt bleiben. Bei den komplizierten Mechanismen des Gehirns (z.B. Schaffung eines Modells des bedingten Reflexes) zeigt eine konkrete Analyse der bisherigen einander sehr ähnlichen allgemeinen Schemata, daß sie keinesfalls in ausreichendem Maße die reale Kompliziertheit der Konstruktion des Ganzen widerspiegeln. Ungeachtet der offensichtlichen Fruchtbarkeit solcher Versuche nach rein kybernetischen Gesichtspunkten kann der Neuromorphologe nicht umhin, festzustellen, daß diese Versuche mit "übermäßig viel Kybernetik" und übermäßig wenig realen Kenntnissen über das Gehirn durchgeführt werden.

Im 1. Kapitel der Monografie wird ein Kreis von Fragen betrachtet, der den grundsätzlichen Plan der Organisation reflektorischer Mechanismen auf verschiedenen, in der Evolution der tierischen Welt in bestimmter Folgerichtigkeit entstandenen Entwicklungsstufen betrifft. Dabei muß bemerkt werden, daß wir in der Grundanalyse der Konstruktion des Gehirns nicht die allgemeinübliche Einteilung seiner anatomischen Teile anwenden, sondern von einem neuen Prinzip der funktionellen Lokalisation ausgehen, das ausführlich im Kapitel 2 behandelt wird.

Die unter evolutionärem Aspekt studierten verschiedenen Grade der Komplizierung der Reaktionen des Tieres schließen entsprechende Umwandlungen des neuronalen Aufbaus ein. Diese Umwandlungen in den neuronalen Strukturen betrachten wir als materiellen Ausdruck der Wechselwirkung derjenigen Hauptfunktionen, die alle Anpassungsmöglichkeiten des Organismus bestimmen. Es sind dies die Funktionen der Regulation, der Kontrolle und der Steuerung im weitesten Sinne, d.h. unter Einbeziehung der Auto-Regulation, Auto-Kontrolle und Auto-Steuerung.[1]

Entsprechend unserer Konzeption stellen diese Hauptfunktionen mit ihren morphologischen Substraten die neurophysiologische Grundlage der aktiven Orientierung in der Umwelt, der Analyse und Synthese aller äußeren und inneren Signale und der Programmierung und Realisierung der Antwortreaktionen auf die Reizungen dar. Wir nehmen an, daß sich mit diesen Funktionen alle Erscheinungsformen reflektorischer Tätigkeit - von den einfachsten bis zu den kompliziertesten - auf allen Stufen der evolutionären Entwicklung erschöpfen. Wie weiter unten gezeigt wird, ist es für jede der genannten Funktionen möglich, ihren eigenen, räumlich (topografisch) deutlich abgegrenzten reflektorischen Mechanismus zu bestimmen, der durch entsprechende Neuronenkomplexe und wechselseitige Zusammenhänge zwischen ihnen festgelegt ist.

Zur Vermeidung von Mißverständnissen halten wir folgende Anmerkung für unbedingt notwendig.

In der speziellen Literatur fanden wir keine klare Auskunft darüber, was unter Regulation, Kontrolle und Steuerung konkret zu verstehen ist. Zu unserem Verständnis dieser Funktionen gingen wir ausschließlich von einer logischen Analyse der reflektorischen Einrichtungen der biologischen Objekte, der tierischen Organismen, aus. Wir betrachten die genannten Funktionen unter neurophysiologischen Gesichtspunkten als bedingt durch Gesetzmäßigkeiten

1 In unserem Artikel "Probleme der Regulation, Kontrolle und Steuerung unter neurophysiologischem Aspekt", veröffentlicht in dem Buch "Probleme der Kybernetik", Ausgabe 11 (1964), operierten wir mit den Begriffen: Selbstregulation und Regulation, Selbstkontrolle und Kontrolle, Selbststeuerung und Steuerung. In der vorliegenden Monografie ersetzten wir zur deutlichen Abgrenzung unserer Bestimmungen von hauptsächlich in der psychologischen Literatur verwurzelten Interpretationen der angeführten Termini überall die Vorsilbe "selbst" durch die Vorsilbe "auto". Der gedankliche Inhalt ändert sich dabei nicht.

sich selbst organisierender natürlicher Systeme.
Unbedingt hervorzuheben ist auch unsere folgende Auffassung. Wir glauben, daß die Funktion der Steuerung gemeinsam mit den kompliziertesten Formen der analytisch-synthetischen Verarbeitung aller vom Organismus aufgenommenen Informationen die höchste Erscheinungsform der reflektorischen Tätigkeit darstellt (höhere Nerventätigkeit nach der Definition von I.P. PAWLOW) und ordnen sie den am höchsten organisierten Abteilungen des Zentralnervensystems zu. Die Funktionen der Regulation und Kontrolle (wie wir sie verstehen) verbinden wir mit den niedrigeren Etagen der Analysatoren und betrachten sie nur als helfende Funktionen im Verhältnis zur Hauptfunktion der Steuerung. Nur diese Funktion ist als echter Organisator aller Strategie und Taktik des Verhaltens aufzufassen.
Unsere Definition der Regulation und Kontrolle unterscheidet sich von der allgemeinüblichen und hat einen anderen Sinn. Die Erscheinungsformen der höheren Nerventätigkeit des Menschen, die in der Psychologie nicht selten als Regulation und Kontrolle bezeichnet werden, sind nach unserer Auffassung verschiedene Ausdrucksformen ein und derselben, beim Menschen alles umfassenden Funktion, der Steuerung. In diesem Sinne stimmen wir gut überein mit den Vorstellungen der Kybernetik, die bei der Festlegung ihrer Aufgaben besonders die Funktion der Steuerung berücksichtigt.
Die Kapitel 3 und 4 sind den Prinzipien der Entstehung der Neuronennetze und einem allgemeinen Schema der Organisation der neuronalen Umschaltungen im Zentralnervensystem gewidmet. Nach unserer Ansicht liegt dem Grundaufbau aller Nervensysteme, von den einfachsten bis zu den kompliziertesten, ein allgemeines Prinzip zugrunde, das für die gesamte tierische Welt universelle Bedeutung hat. Entsprechend diesem Prinzip ist ein beliebiges Neuron als elementare Einheit einer Umschalteinrichtung der Punkt für Konvergenz und Divergenz der in ihm umgeschalteten Impulse, d.h. es ist ein Apparat, in dem auf zellulärem nervalen Niveau eine bestimmte Form der Analyse, Synthese und Auswahl (Filtration) der hindurchgehenden Signale verwirklicht wird. Diese Gesetzmäßigkeit, die in allen Evolutionsstufen und allen Etagen des Nervensystems vorliegt, gestattet es uns, ein allgemeines Schema der stufenweisen Komplizierung der Organisation der neuronalen Umschaltungen zu entwerfen. Es beginnt bei primitiven Nervennetzen niedriger Vielzeller und endet bei dem am kompliziertesten differenzierten Gehirn der höheren Wirbeltiere und des Menschen.
Insbesondere wird, ausgehend von den oben erwähnten universellen Charakteristika der Konstruktion, die Frage nach einer rationellen Klassifikation der Hirnrindenabschnitte entsprechend ihrer funktionellen Bedeutung in verschiedene Territorien (architektonische

Regionen und Felder) erörtert. Die in dieser Arbeit vorgeschlagene Klassifikation der Rindenformationen basiert auch auf reichen Erfahrungen langjähriger klinischer Beobachtungen an Rindenverletzten.

Unsere in diesem Buch vertretenen Ansichten sind im Grunde genommen nur Arbeitshypothesen und unterliegen selbstverständlich der Diskussion. Unsere Auffassungen sind für einen breiten Kreis von Spezialisten von Interesse, nicht nur für Neurologen, Neuroanatomen, Neurophysiologen, Neuropsychologen, Pädagogen und Biologen, sondern auch für jeden, der an der Modellierung biologischer Systeme arbeitet.

Wir meinen, daß das hier dargelegte Material auch das philosophische Verständnis des Aufbaus des Gehirns als des Organs der Widerspiegelung (Modellierung) der objektiven Realität im Bewußtsein des aufnehmenden Subjektes fördern kann. Unter diesem Gesichtspunkt verdienen insbesondere die im Kapitel 4 erörterten Mechanismen der kreisenden Zirkulation der Impulse und gegenseitigen Erregung der Neurone als anatomisch-physiologischer Basis der Anhäufung und Einprägung der Informationen in der Hirnrinde Aufmerksamkeit. Hierher gehören Prozesse, die wir als materielle Grundlage der reflektorischen Bewegung des Organismus in Raum und Zeit klassifizieren. Sehr zukunftsreich erscheint uns auch die philosophische Verarbeitung des vorgelegten allgemeinen Planes der verschiedenen Ebenen der Schalteinrichtungen des Gehirns. Es handelt sich um aufeinanderfolgende Stufen des Überganges von einer mehr konkreten Form der Wahrnehmung der Wirklichkeit zu mehr abstrakten Formen ihrer Erkenntnis. Dies hängt zusammen mit der Fähigkeit, mit abstrakten Kategorien (Prozesse der Verallgemeinerung und Abstraktion) operieren zu können.

Das in unserer Arbeit dargelegte Material betrachten wir als Fragmente einer zukünftigen Theorie über die neuronale Organisation des Gehirns.

1. REFLEKTORISCHE MECHANISMEN DES GEHIRNS

1.1. Organe der Signaltätigkeit

In der Evolution der tierischen Welt entwickelte sich das Nervensystem als ein Organ, das mit Hilfe der Signaltätigkeit die vollkommenste Form der Anpassung an die Bedingungen der Umwelt gewährleistet. Im Unterschied zu Pflanzen, die mit Veränderungen ihrer Lebenstätigkeit nur auf unmittelbare äußere Einflüsse reagieren, ist das Tier in der Lage, auf die Signalbedeutung der Reize zu antworten. Das heißt, daß die einen oder anderen Reize vom Tier nicht nur als unmittelbare physikalische oder chemische Einflüsse auf den Organismus wahrgenommen werden, sondern auch als Signale, als Vorboten des Eintretens bestimmter lebenswichtiger Ereignisse. Folglich unterscheiden sich die Tiere von den Pflanzen durch die Eigenschaft, die Information, die in den Signalen enthalten ist und Existenzbedeutung für den Organismus hat, wahrzunehmen und in der Antworttätigkeit zu verarbeiten.

Das materielle Substrat der Signaltätigkeit besteht aus den folgenden drei Grundelementen, zwischen denen als Reflexbogen in einer bestimmten Reihenfolge Verbindungen bestehen (Abb. 1):

Rezeptoren - Zellen der Sinnesorgane, die die Reize aufnehmen und zu nervösen Impulsen transformieren;

Neurone - Nervenzellen mit ihren Fortsätzen, die die verschiedenartigen Umschaltungen der nervösen Impulse auf dem Wege ihrer Übertragung vom beginnenden Glied des Reflexbogens bis zu seinem Endglied verwirklichen;

Effektoren - Zellen der Muskeln und Drüsen - Elemente, mit deren Hilfe die reflektorischen Antworten des Organismus auf die Reizung realisiert werden.

Die Grundeinheiten der Konstruktion des Nervensystems - die Neurone - entstehen und entwickeln sich in der Evolution der tierischen Welt als spezieller Verbindungsapparat zwischen Rezeptoren und Effektoren. Namentlich die Neurone sind verantwortlich für die Bestimmung der Signalbedeutung der Reize und für die Erarbeitung biologisch zweckmäßiger Anpassungsreaktionen.

Die Elemente des Reflexbogens sind mit Hilfe besonderer Gebilde, der Synapsen, untereinander verkoppelt. Ausführlich werden diese Strukturen im Kapitel 3 betrachtet. Die Synapsen übertragen aufeinanderfolgend die durch die Reize ausgelösten Impulse von den Rezeptoren zu den Neuronen, dann von einer Neuronengruppe auf andere und endlich von den Neuronen zu den Effektoren.

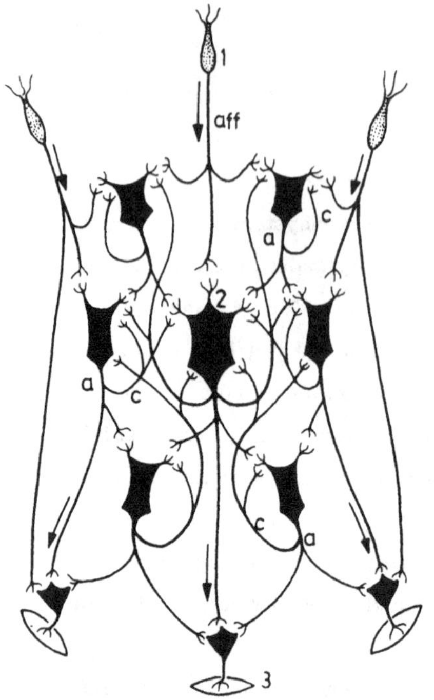

Abb. 1. Schema eines differenzierten Neuronennetzes. 1-Rezeptoren; 2-Neurone; 3-Effektoren; a-Axone; aff-periphere sensible (afferente) Fasern; c-Kollateralen der Axone.

In der historischen Entwicklung der tierischen Welt werden im Zusammenhang mit dem Ausbau der Wechselbeziehungen zur Umwelt die Mechanismen der reflektorischen Signaltätigkeit immer komplizierter. In ihrer elementaren Form werden sie durch ein Netz von Neuronen dargestellt (Abb. 1), das aus noch relativ einfachen Kombinationen der Rezeptoren, Neurone und Effektoren besteht und zuerst bei niederen vielzelligen Organismen (Coelenterata) vorhanden ist.

Eine solche Organisation des Nervensystems, auf deren Grundlage seine progressive Differenzierung vor sich geht, kann schon koordiniert, d.h. geregelte und biologisch zweckmäßige reflektorische Antworten auf Reize verwirklichen.

Die weitere Komplizierung der Apparate für die Rezeption der Signale und für die Antworttätigkeit verläuft wie folgt.

Der in den frühen Etappen der Evolution der tierischen Welt entstandene nervale Mechanismus, der die reflektorische Tätigkeit koordiniert, ist imstande, nur auf relativ wenige Signalkombinationen, die lebenswichtige Bedeutung für die Selbsterhaltung und die Fortführung des Wachstums haben, geregelte Antwortreaktionen zu gewährleisten. Dieser Mechanismus reicht offensichtlich in den Fällen, in denen der Organismus gezwungen wird, sich in komplizierteren Signalkombinationen der Reize zu orientieren, nicht aus. An und für sich können diese Reize nicht die Ganzheit des Organismus bedrohen und nicht unmittelbar von Nahrungsquellen ausgehen. Sie signalisieren dem Organismus nur verschiedene Veränderungen in der umgebenden Situation.

Auf den weiteren Etappen der evolutionären Stufenleiter kann der Organismus nicht nur eine augenblickliche koordinierte reflektorische Tätigkeit auf bestimmte Reizkomplexe ausführen, sondern ist auch in der Lage, in seinen Reaktionen räumliche und zeitliche Zusammenhänge zwischen Gegenständen und Erscheinungen komplizierter und indirekter widerzuspiegeln. Dadurch wird eine besser entwickelte Orientierungsfähigkeit zwischen den Objekten der äußeren Welt und ihrer Zusammenhänge erreicht.

Auf diesem Wege vollzieht sich der Übergang von der elementar-sensiblen Widerspiegelung der Eigenschaften und Intensitäten der Reize zu einer Widerspiegelung der Abbilder der Sachen und Erscheinungen, d.h. zu einer Wiedergabe komplizierterer Hirnmodelle. Dieser Prozeß entspricht auch einer höheren Etappe der Entwicklung der Signaltätigkeit oder mit I.P. PAWLOW der höheren Nerventätigkeit.

Bildlich gesprochen sind die Tiere mit noch schwach entwickelter Signaltätigkeit nur dazu fähig, auf einen relativ schmalen Kreis von Reizen regelnd zu reagieren, was in gewisser Beziehung vergleichbar mit lebenden reflektorischen, sich selbst anpassenden "Automaten" ist. Die Organismen, die auf einen breiteren Kreis von Erregungen reagieren und höhere Formen der Widerspiegelung der Wirklichkeit zeigen, sind gezwungen, ein bedeutend größeres Volumen an Informationen über die Umwelt zu verarbeiten. Im Vergleich mit niederen Wesen, die einer minimalen Information gegenüber stehen, verfügen solche Organismen über "überschüssige Informationen". Sie sind in der Lage, eine optimale Lösung aus vielen Möglichkeiten herauszufinden, d.h. sie können "überlegen", logische Aufgaben "entscheiden" oder "lösen". Die Entwicklung besonders dieser Eigenschaft führt auf höheren Stadien der tierischen Welt zur Entstehung denkender Geschöpfe.

Mit der Komplizierung der Reizaufnahme wird auch der Charakter der Antworttätigkeiten komplizierter. In verwickelt zusammengesetzten bedingten und unbedingten Reflexen, aus denen das Verhalten der Tiere aufgebaut ist, beginnen neue, zu Lebzeiten erarbeitete Formen der Bewegungskoordinationen immer mehr zu überwiegen.

Die gezeigten Umwandlungen im Charakter der funktionellen Wechselwirkungen zwischen den Organismen und der Umwelt wirkten sich natürlich auf die strukturelle Organisation der Sinnesorgane und des Nervensystems aus. Das fand seinen Ausdruck in der Entwicklung der Analysatoren.

Die komplizierten Verkettungen der Neuronen, aus denen die Analysatoren zusammengesetzt sind, dienen als materielle Grundlage für die vielgestaltigen funktionellen Zusammen-

hänge zwischen einzelnen Signalen und ihren Kombinationen. Damit wird der Charakter der Beziehungen zwischen den Reizen bestimmt und schon auf dieser Grundlage werden Programme der Antworttätigkeit ausgearbeitet.
Die Analysatoren entwickelten sich in der Evolution der tierischen Welt als höchst organisierter Teil der neuronalen Strukturen des Gehirns. Ihre grundlegende biologische Aufgabe besteht in der detaillierten Aufgliederung der einzelnen Reizsignale und in der Verwirklichung der Reaktionen auf bestimmte Reizkomplexe und ihre Beziehungen. Wie I. P. PAWLOW zeigte, sind die Analysatoren vollkommenste Instrumente für die feine Analyse und breite Synthese der Reizungen.
Bei höheren Vertretern der Wirbeltiere verteilen sich die komplizierten neuronalen Umschaltketten, aus denen die Systeme der Analysatoren bestehen, auf verschiedene Ebenen des Zentralnervensystems (Abb. 7). Sie sind zu einer Verkopplung der verschiedenen Komponenten der reflektorischen Reaktionen, aus deren Gesamtheit sich die Ganzheit des Verhaltens zusammensetzt, fähig. Die Systeme der Analysatoren durchdringen das ganze Zentrale Nervensystem. Sie sind der wichtigste Teil des Hirnsubstrates, realisieren die physiologische Einheit der bedingt-reflektorischen und unbedingt-reflektorischen Tätigkeit und gewährleisten so die adäquate Anpassung an das umgebende Milieu.
Interessant ist, daß die beschriebene Komplizierung der materiellen Apparate der Signaltätigkeit des Organismus während der Evolution mit den Ansichten von MAKKEI (1956) annähernd übereinstimmt. Einige Analogien zwischen den koordinierenden Mechanismen und Analysatoren (s. unten) auf der einen und den niederen und höheren Automaten auf der anderen Seite sind möglich. Niedere Automaten (Automaten erster Art) arbeiten nach dem Schema: Automat-Umwelt. Sie können nur elementare Funktionen der unmittelbaren "Umkodierung" der von außen kommenden Signale durchführen. Höhere Automaten (Automaten des 2. Typs) besitzen einen inneren Mechanismus zum Vergleich äußerer Signalisationen mit eigenen Programmen des Verhaltens. Der vorhandene Mechanismus reproduziert Kopien und Modelle einiger Eigenschaften der auf den Automaten einwirkenden Objekte und Erscheinungen. Er verwirklicht so eine Funktion der Analoga der Umwelt. Wie im nächsten Abschnitt dieses Kapitels gezeigt wird, besteht einer der wesentlichsten Unterschiede zwischen den Analysatoren und dem koordinierenden Mechanismus darin, daß die Analysatoren den Organismus vollkommener und allseitiger über die Umwelt orientieren.

1.2. Grundeinteilung des Nervensystems

Weiter unten wird ein allgemeiner Plan der unterschiedlich komplizierten reflektorischen Mechanismen des Gehirns zu betrachten sein. Im nächsten Kapitel werden die Beziehungen dieser Mechanismen zu den hauptsächlichen nervalen Funktionen der Regulation, Kontrolle und Steuerung erörtert.

Wie schon erwähnt wurde, formiert sich in der Evolution der tierischen Organismen, die über ein Nervensystem verfügen, zunächst ein Mechanismus, der die koordinierten reflektorischen Antworten auf die Reize gewährleistet. Mit anderen Worten: Das elementare Neuronennetz (Abb. 1) stellt sich uns zunächst als ein koordinierender Mechanismus dar.

Diese Organisation erscheint offensichtlich schon in sehr frühen Phasen der Evolution der tierischen Welt. So sind die einfachsten einzelligen Wesen, die nur erste Anzeichen der Sinnesorgane und des Nervensystems besitzen, in der Lage, regelnde Reaktionen auszuführen. Das heißt sie können bestimmte, in der gegebenen Situation biologisch zweckmäßigste Reflexe aus einigen möglichen auswählen und Reflexe, die die regelmäßige Tätigkeit behindern, hemmen.

Im Verlauf der progressiven Evolution kompliziert und spezialisiert sich natürlich außerordentlich der genannte Mechanismus der koordinierten Antworten auf Reizungen. Ohne Unterschied sondern sich bei allen Vertretern sowohl der Wirbellosen als auch der Wirbeltiere - von den niederen bis zu den höheren - spezielle Neuronengruppen ab, die für diese Seite der reflektorischen Tätigkeit verantwortlich sind.

Bei Tieren mit zweiseitigem symmetrischen Körper (beginnend bei den Würmern) bildet der koordinierende Mechanismus das Kernstück oder die Achse ihres zentralisierten Nervensystems (Abb. 2). Bei Wirbellosen ist er in einem Rumpfgehirn lokalisiert (Abb. 2a) - nervalen Strängen bei niederen Würmern und einer Kette nervaler Ganglien bei Ringelwürmern, Krebstieren, Spinnentieren und Insekten. Die längs des Rumpfes angeordnete Kette nervaler Ganglien gewährleistet auf diesem Stadium der Evolution vermutlich reflektorische Funktionen, die denen des koordinierenden Mechanismus bei Wirbeltieren analog sind.

Bei Wirbeltieren ordnet sich dieser Mechanismus in der ganzen Ausdehnung des axialen Teiles des Zentralnervensystems (Rückenmark und Stammteil des Großhirns, s. Abb. 2 b) an und nimmt deren innere, zentrale Abschnitte ein.[1] Hier ist wichtig hervorzuheben, daß der relativ unmittelbare Charakter der Wechselbeziehungen zwischen Rezeptoren, Neuronen und Effektoren in der Zusammensetzung des koordinierenden Mechanismus zum Ausdruck kommt. Es ist anzunehmen, daß diese Elemente gerade in der Anzahl vorhanden sind, die unbedingt für die Realisierung dieses oder jenes koordinierten Aktes notwendig ist.

1 Im weiteren wird das Zentralnervensystem bezeichnet als ZNS.

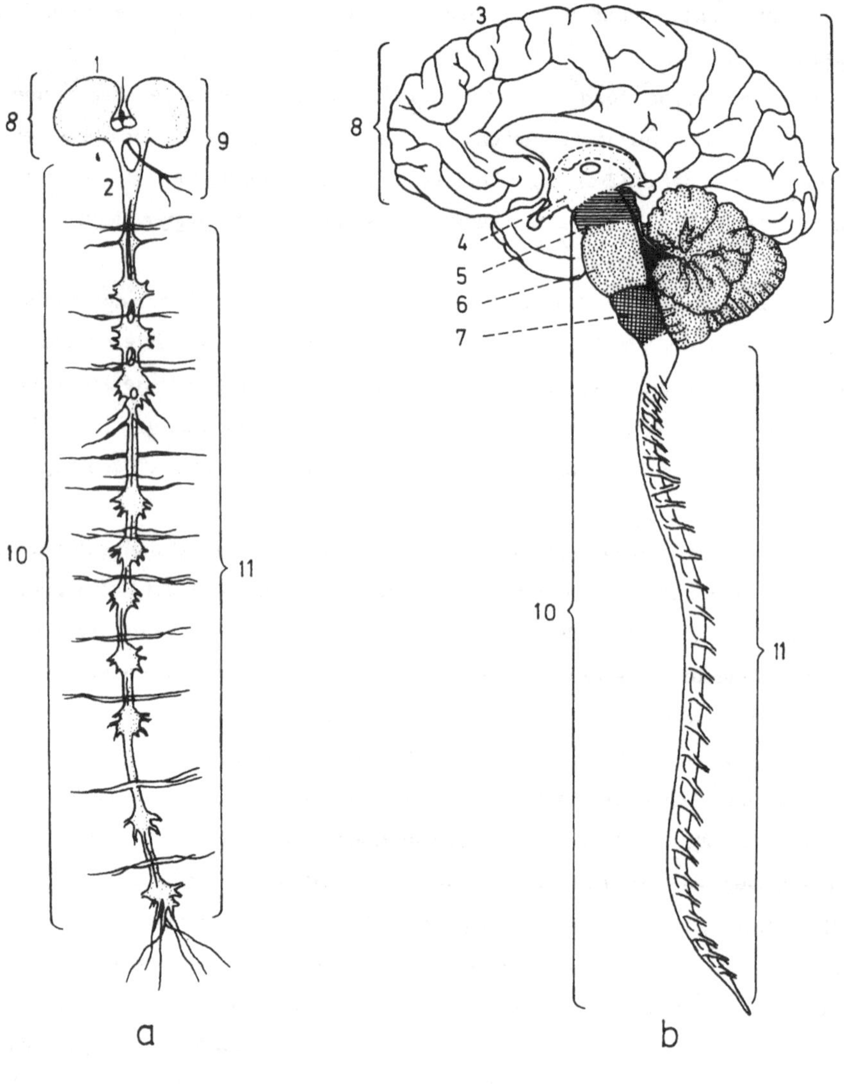

Abb. 2: a) Zentralisiertes Ganglien-Nervensystem höherer Wirbelloser (Insekten), b) Zentrales Nervensystem der Wirbeltiere (Mensch); 1-suprapharyngeales Kopfganglion; 2-subpharyngeales Ganglion; 3-Großhirnhemisphäre; 4-Diencephalon; 5-Mesencephalon; 6-Metencephalon; 7-Myelencephalon; 8-supraaxialer Teil des ZNS = Kopfhirn (9); 10-axialer Teil des ZNS = Rumpfhirn (11) = Rückenmark in b.

Eine qualitative Komplizierung dieser Konstruktion im Zusammenhang mit der zunehmenden Orientierung des Organismus in der Umwelt und den weiteren Umwandlungen der ganzen Sphäre seiner Rezeptionen und Tätigkeiten besteht in der Entwicklung der Analysatoren. Der physiologische Sinn der Entstehung dieser Abteilungen der reflektorischen Einrichtung während der Evolution der tierischen Welt besteht darin, daß sie es dem Organismus ermöglichen, eine Menge "nebensächlicher" Reize differenzierend wahrzunehmen, die neben denen vorhanden sind, die unmittelbar durch den koordinierenden Mechanismus verarbeitet werden und die lebenswichtigen Anpassungen an die Bedingungen der Umwelt gewährleisten. Mit der Entwicklung der Analysatoren erhält der Organismus eine Masse zusätzlicher "Ein- und Ausgänge" zur Peripherie des Körpers, die an die äußere Welt angrenzt. Damit kann er wählend auf die verschiedenartigsten Signale, deren Bedeutung weit über die Grenzen der Gewährleistung einer unmittelbaren Sicherheit der lebenden Systeme hinausgeht, reagieren.

Wie bekannt verstand I.P. PAWLOW unter Analysatoren komplizierte Schaltketten für nervale Impulse, die in dem einen oder anderen Sinnesorgan beginnen und im Gehirn enden. Entsprechend unterschied er in jedem Analysator ein peripheres und ein zentrales-cerebrales Ende. Bei den höher organisierten Tieren sind die höchsten cerebralen Enden der Systeme der Analysatoren in bestimmten Regionen der Großhirnrinde lokalisiert. (Abb. 7).

Zwischen den cerebralen und den peripheren Teilen der Analysatoren bestehen folgende wesentliche Unterschiede. Die rezeptorischen Elemente der Sinnesorgane und die unmittelbar mit ihnen zusammenhängenden peripheren sensiblen Neurone (Abb. 3 - 6) sind einer rein mechanischen Unterscheidung der Reize nach ihren physikalischen Eigenschaften (Häufigkeit, Intensität, Dauer usw.) angepaßt. Die cerebralen Teile der Analysatoren dagegen sind spezialisiert für die zentralen Prozesse der Analyse, aber ebenso der Synthese der Reize, nicht einfach nach ihren physikalischen und chemischen Parametern, sondern in der Hauptsache nach ihrer Signalbedeutung für das Leben des Organismus. Nur auf der Grundlage einer solchen vermittelnden Verarbeitung der nervalen Signalisationen werden Programme oder Formeln für die Antwortreaktionen und die Tätigkeit des Organismus erarbeitet.

Zu den cerebralen Teilen der Analysatoren zählen wir nur solche Gruppen von zentralen Umschaltneuronen mit ihren Verbindungen, die als zusätzlicher Aufbau auf die Schaltneurone des eigentlichen koordinierenden Mechanismus betrachtet werden können (Abb. 3 und 19). Im zentralisierten Nervensystem stellen die Analysatoren Ansammlungen von Neuronen dar, die sich ursprünglich an den "Eingängen" der Neuronennetze bilden, d.h.

an Punkten der Überleitung der Impulse von den peripheren sensiblen Neuronen auf den koordinierenden Mechanismus. Die Analysatoren sind eine zusätzliche Schalteinrichtung, die sich zwischen die gesamte rezeptorische Sphäre des Organismus und den Apparaten einschiebt, die unmittelbar seine koordinierten Antworten auf die Reizungen organisieren.

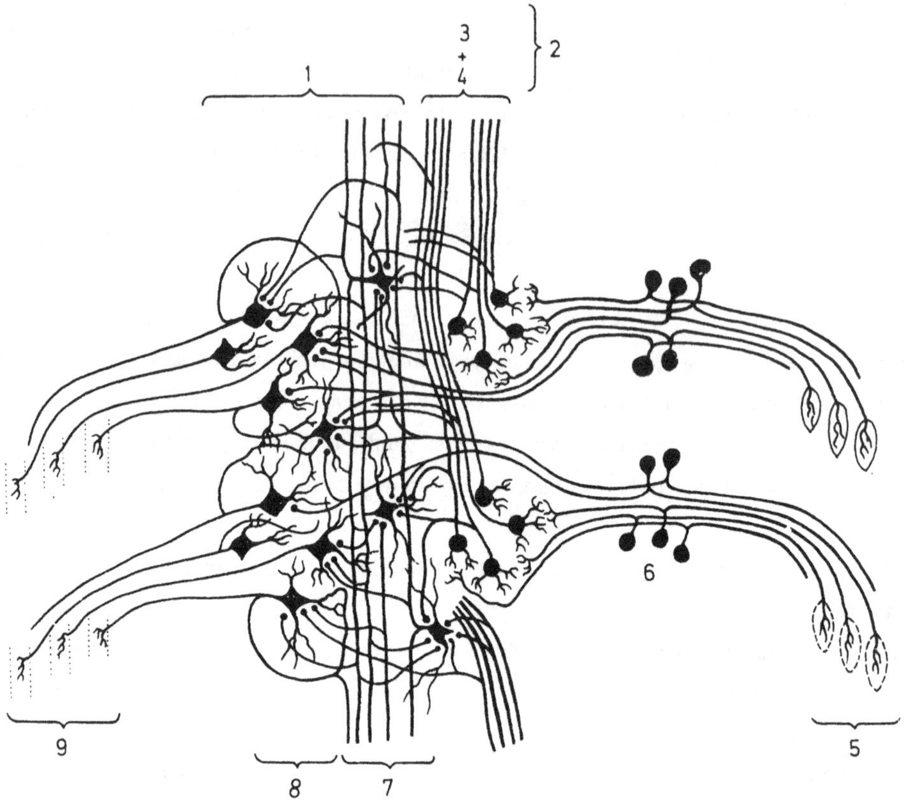

Abb. 3: Schema der Umschalteinrichtungen des ZNS = koordinierender Mechanismus (1) + Analysatoren (2). Analysatoren (2) = analysatorisch-koordinierender Mechanismus (3) + Systeme der Analysatoren (4). 5-Rezeptoren; 6-sensible periphere Neurone, die in den Ganglien der Rückenmarks- und der Kopfnerven liegen; 7-Interneurone des koordinierenden Mechanismus (Formatio reticularis); 8-effektorische (motorische) Neurone; 9-Effektoren (Skelettmuskulatur).

Aus diesen topografisch-anatomischen Verhältnissen geht hervor, daß die grundsätzliche physiologische und biologische Aufgabe der Analysatoren in der Organisation der Rezeptionssphäre des Organismus besteht. In den cerebralen Teilen der Analysatoren besteht eine Wechselwirkung zwischen den verschiedenartigen, von den Sinnesorganen kommenden zentripetalen Impulsen. Diese Wechselwirkung läuft ab, noch bevor entsprechende Signale, in

bestimmter Weise transformiert, auf den koordinierenden Mechanismus übertragen werden und sich in ihm in die eine oder andere zu beendende effektorische Tätigkeit umwandeln.
Der koordinierende Mechanismus übernimmt in der Hauptsache die Verarbeitung relativ einfacher Kombinationen biologisch adäquater Reize, die noch nicht zu einer mehr komplizierten physiologischen Synthese führen. Durch die Tätigkeit der cerebralen Teile der Analysatoren werden höchst organisierte zentrale Koordinationen innerhalb der eigentlichen rezeptorischen Sphäre gewährleistet. Sie bestehen in einer in Raum-und Zeit geregelten Analyse und Synthese der Reizkomplexe, die durch bestimmte Systembeziehungen untereinander vereinigt sind. Auf Grund dessen erhält der Organismus als kompliziert differenziertes Ganzes die Möglichkeit, sich in der Umwelt zu orientieren und zu operieren.
Als sehr demonstratives Beispiel für eine solche Koordination, das in der Rezeptionssphäre des Organismus erarbeitet wurde, können die bekannten Resultate von STRATTON (1897) dienen. Sie wurden mit Brillen durchgeführt, deren Linsen eine umgekehrte Darstellung der Objekte bewirkten. Schon nach einigen Tagen war die optische Umorientierung im umgebenden Raum vollständig beendet und es stellte sich wieder die übliche Wahrnehmung der Gegenstände ein.
Bei Organismen, die über entwickelte Analysatoren verfügen, werden alle reflektorischen Antworten durch die Prozesse der Analyse und Synthese der Reize in den Analysatoren wie durch ein Prisma gebrochen.
In der Sphäre der Wechselbeziehungen des Organismus mit der Umwelt sind die funktionellen Möglichkeiten des koordinierenden Mechanismus äußerst begrenzt. Diese reflektorische Einrichtung ist nur für die Realisierung einzelner, mehr oder weniger elementarer Anpassungsfähigkeiten in relativ engen Arealen des Lebens brauchbar. Die Analysatoren erweitern bedeutend die Grenzen der Anpassungsmöglichkeiten des Organismus.
Reaktionen, die mit Hilfe des koordinierenden Mechanismus vollzogen werden, haben in gewissem Grade den "flüchtigen" Charakter, augenblicklich die physikalischen Parameter der Reize (Stärke, Dauer, Häufigkeit usw.) mit den physiologischen Parametern relativ einfach organisierter Reflexbögen in Beziehung zu bringen.
Die funktionellen Möglichkeiten der cerebralen Teile der Analysatoren sind bedeutend breiter als die des koordinierenden Mechanismus. Auf Grund ihrer komplizierteren neuronalen Organisation werden unbedingt notwendige Bedingungen nicht nur für die Synthese der verschiedenartigen Reaktionen, die in einem beliebigen Moment ausgeführt werden, sondern auch für die funktionellen Zusammenhänge der Reaktionen mit der Zeit geschaffen. Mit anderen Worten - in den cerebralen Teilen der Analysatoren entsteht nicht nur eine unmittelbare augenblickliche Beziehung zwischen dem Charakter der Reizeinwirkung und dem Charakter der effektorischen Antwort auf diese, sondern hier realisiert sich auch eine komplizierte

Abstimmung der im gegebenen Moment verlaufenden Tätigkeit zu den Resultaten früher vollzogener reflektorischer Akte.
Die Analysatoren arbeiten offensichtlich im Sinne eines sehr vollendeten Werkzeuges der reflektorischen Widerspiegelung der Umwelt als kompliziert zusammenhängendes Ganzes. Dadurch ist der Organismus in der Lage, sich an alle verschiedenartigsten Reizkombinationen anzupassen.
Mit der Herausbildung der Analysatoren in der tierischen Welt entsteht erstmalig eine differenzierte materielle Grundlage, auf der die Kontinuität der individuellen Erfahrung (mit Shakespeare gesagt: "die Verbindung der Zeiten") aufgebaut wird. Entsprechend wachsen auch die potentiellen Möglichkeiten des Organismus, das wahrscheinliche Ergebnis der von ihm durchgeführten Tätigkeit "vorauszusehen". In den cerebralen Teilen der Analysatoren entwickeln sich, wie noch weiter gezeigt wird, besondere, nach dem Rindentyp organisierte Formationen (Abb. 20), die speziell zur Verwirklichung kompliziertester reflektorischer Funktionen befähigt sind.
Die Entwicklung der Analysatoren wird bedingt durch die qualitative Komplizierung der Reaktionen, durch die der Organismus mit der äußeren Welt in Wechselbeziehung steht. Für die progressive Entwicklung der Analysatoren hat im Gegensatz zur inneren Welt des Organismus der Einfluß der äußeren Welt eine besonders wichtige Bedeutung.
In rudimentärer, also noch nicht entfalteter Form, wie etwa bei schon höher entwickelten Wirbellosen, haben die Analysatoren ihre zentrale Vertretung im Gehirn (suprapharyngeale Nervenganglien bei Würmern, Insekten, Krebstieren, Abb. 2 a). Erst bei den Wirbeltieren gelangen die Analysatoren in die entscheidende Phase ihrer Entwicklung und nehmen immer größere Abteilungen des zentralen und peripheren Nervensystems ein (Abb. 4).
Die neuronalen Schaltketten, aus denen die Analysatoren zusammengesetzt sind, bauen sich auf Ansammlungen von Neuronen auf, die den koordinierenden Mechanismus bilden (Abb. 7). In immer größerem Maße beherrschen die Analysatoren den koordinierenden Mechanismus und nutzen die ir ihm liegenden Möglichkeiten für eine effektivere und wendigere Anpassung des Organismus an die verschiedenartig wechselnden Situationen aus. Mit der fortschreitenden Entwicklung der Analysatoren unterwirft sich ihnen der koordinierende Mechanismus immer mehr, wird ihr gehorsames Instrument und nimmt von ihnen Kommandos entgegen. Im Verlauf der Evolution wird der koordinierende Mechanismus, der eine Kernlage einnimmt, immer stärker mit Analysatoren-Gebilden ausgestattet (Abb. 5). Gleichzeitig emanzipieren sich die Analysatoren immer mehr vom koordinierenden Mechanismus, auf dessen Grundlage sie ursprünglich entstanden.
So kann, in bestimmten Etappen der Evolution der tierischen Organismen beginnend, das

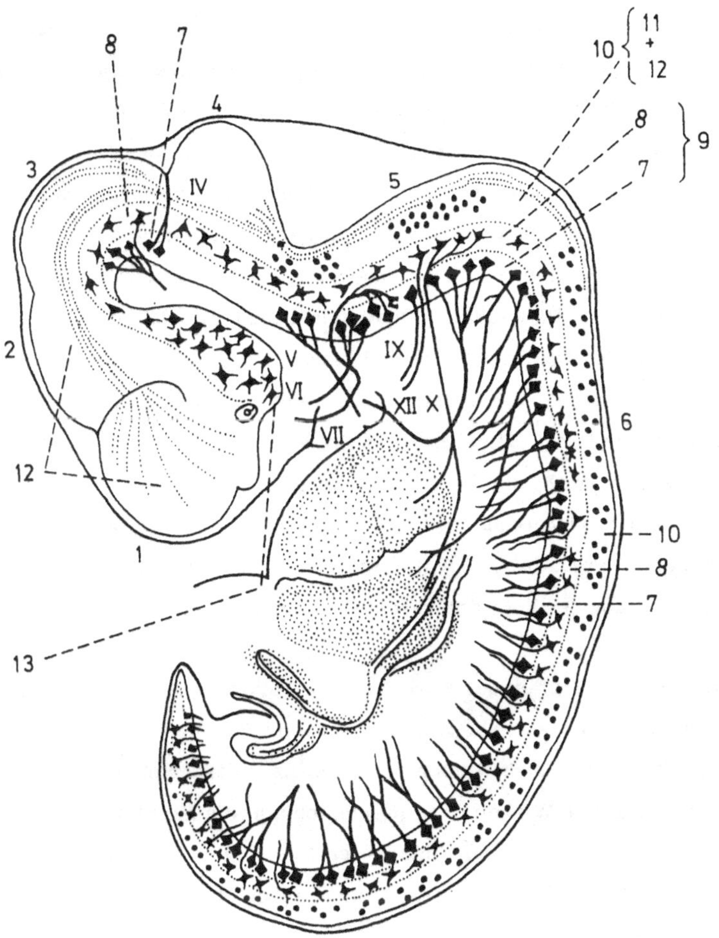

Abb. 4: Schema der Grundeinteilung des ZNS der Wirbeltiere. Frühes Entwicklungsstadium eines menschlichen Embryo. Römische Ziffern = motorische Anteile der entsprechenden Kopfnerven; 1-Telencephalon; 2-Diencephalon; 3-Mesencephalon; 4-Metencephalon; 5-Myelencephalon; 6-Rückenmark; 7-Zone der effektorischen (motorischen) Neurone mit ihren Austritten zur Peripherie; 8-Zone der Interneurone der axialen Teile des ZNS (Formatio reticularis); 7 + 8 = koordinierender Mechanismus (9); 10-Zone der Analysatoren, aus der in der weiteren Entwicklung der analysatorisch-koordinierende Mechanismus (11) und die Systeme der Analysatoren (12) entstehen. Die Formatio reticularis dehnt sich auch auf den supraaxialen Teil des ZNS (siehe subthalamisches Gebiet des Zwischenhirns - 13) aus. Die höheren Abschnitte des ZNS (große Hemisphären des Endhirns) entwickeln sich vollständig aus den Zonen der Analysatoren (teilweise nach HIS (1904) und unter Einbeziehung der Ergebnisse von SHUKOWA und LEONTOWITSCH).

zentralisierte Nervensystem[1] als koordinierender Mechanismus plus der Gesamtheit der kompliziert miteinander verbundenen cerebralen Teile der Analysatoren aufgefaßt werden. Dabei kann als objektives Kriterium für die Erhöhung des Niveaus der neuronalen Organisation die fortschreitende Vergrößerung der absoluten und relativen Anzahl zentraler Umschaltneurone in den Analysatoren im Vergleich zu den Neuronen des koordinierenden Mechanismus dienen. Im vergleichend-evolutionären Sinne ist es möglich, zwei hauptsächliche, divergierend verlaufende Richtungen in der Komplizierung der Konstruktion der Analysatoren zu unterscheiden. Sie stellen zwei aufeinanderfolgende, sich in ihrer Entwicklung gegenseitig ergänzende Stufen dar und bilden eine einheitliche funktionelle Architektur.
Die niedrigere, sich in der Phylogenese verhältnismäßig früh herausbilende Stufe entspricht den Gebilden der Analysatoren, die in den verschiedenen Ebenen des axialen Teiles des ZNS vorhanden sind und eng mit den Elementen des koordinierenden Mechanismus zusammenwachsen. Diese Aggregate, die die weitere Komplizierung und Erweiterung der Koordinationsmöglichkeiten des Organismus gewährleisten, bezeichnen wir als analysatorisch-koordinierenden Mechanismus (Abb. 5, II). Letzterer entwickelt sich also im Resultat der unmittelbaren Bewachsung des koordinierenden Mechanismus mit Elementen der Analysatoren.
Die subpharyngealen Kopfganglien der Wirbellosen (Abb. 2 a) können als rudimentäre Homologe des analysatorisch-koordinierenden Mechanismus der Wirbeltiere, bei denen dieser Mechanismus schon sehr deutlich ausgebildet ist, betrachtet werden. Jedoch ist bei sehr niedrig entwickelten Wirbeltieren (Cyclostomata) die Hauptmasse der zentralen Schaltneurone vielleicht noch zum koordinierenden Mechanismus zu zählen, während bei den Fischen die Blüte des analysatorisch-koordinierenden Mechanismus in den Regionen aller Analysatoren erreicht wird (Abb. 6).
Die höchste Stufe der Entwicklung der Analysatoren, die als größtes Konstruktionsergebnis der lebenden Natur zu bezeichnen ist, stellen die Systeme der Analysatoren im eigentlichen Sinne dieses Wortes dar. Wie schon gesagt, sind die letzteren durch komplizierte Schaltketten gekennzeichnet, die das ganze ZNS durchdringen. Sie vereinigen die rezeptive Oberfläche der Sinnesorgane mit den höheren cerebralen Enden der Analysatoren, die sich aus den phylogenetisch jüngsten supraaxialen Abteilungen des Großhirns (s.w.u.) zusammensetzen. Die Systeme der Analysatoren sind räumlich vom analysatorisch-koordinierenden Mechanismus getrennt.

1 Unter zentralisiertem Nervensystem verstehen wir die Ganglien der Wirbellosen und das Zentrale Nervensystem der Wirbeltiere.

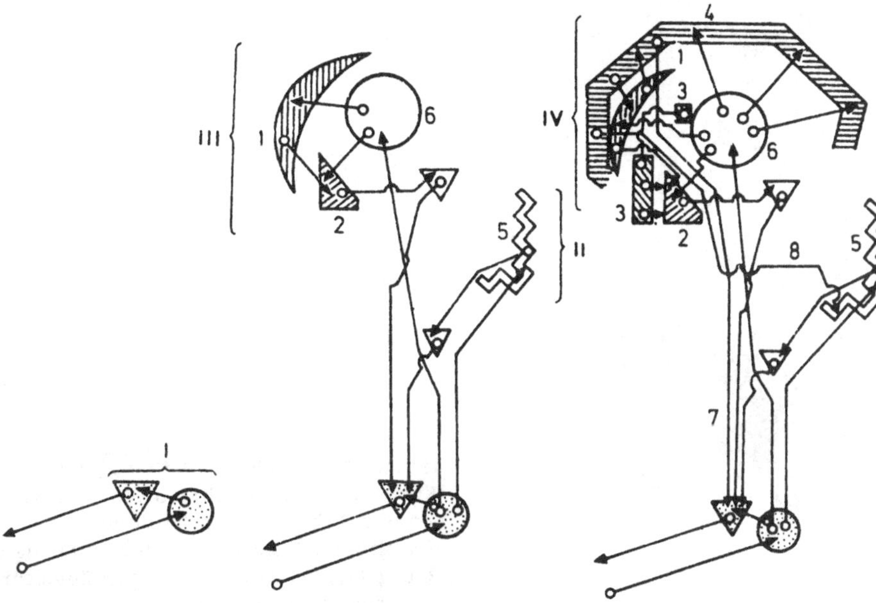

Abb. 5: Schema der "Bewachsung" des koordinierenden Mechanismus mit Gebilden der Analysatoren während der Evolution. 1-Komplex phylogenetisch älterer Formationen der Rinde; 2-phylogenetisch älterer und 3-phylogenetisch neuerer Teil der subcorticalen Kerne der großen Hemisphären; 4-während der Evolution der Wirbeltiere zuletzt entstandene Teile des Neocortex; 5-Kleinhirnrinde; 6-Thalamus; 7-Pyramidenbahn für die Übertragung der in der Rinde gebildeten Impulse der willkürlichen Bewegungen zu den reflektorischen Zentren des koordinierenden Mechanismus; 8-extrapyramidale Bahn für die Übertragung der Einflüsse der Großhirnrinde auf die Rinde des Kleinhirns; Schwarze Kreise und Dreiecke = untere reflektorische Zentren des Rückenmarks und der Stammhirnteile. I-koordinierender Mechanismus; II-analysatorisch-koordinierender Mechanismus; III und IV-zwei aufeinanderfolgende Stufen der progressiven Komplizierung der höheren (supraaxialen) cerebralen Enden der Systeme der Analysatoren (leicht verändert nach BERNSTEIN 1947).

Die Erscheinungsformen der reflektorischen Tätigkeit, an der sowohl der koordinierende als auch der analysatorisch-koordinierende Mechanismus teilnehmen, vereinigen wir in einer allgemeinen Gruppe der reflektorischen Koordinationen. Beide Mechanismen, die im axialen Teil des ZNS enthalten sind, tragen gemeinsam die Verantwortung für die physiologische Regelung der Antworten auf die Reize. Jedoch reichen sie für die Realisierung des gesamten Verhaltens noch nicht aus.

Die reflektorischen Koordinationen, die im axialen Teil des ZNS verwirklicht werden, um-

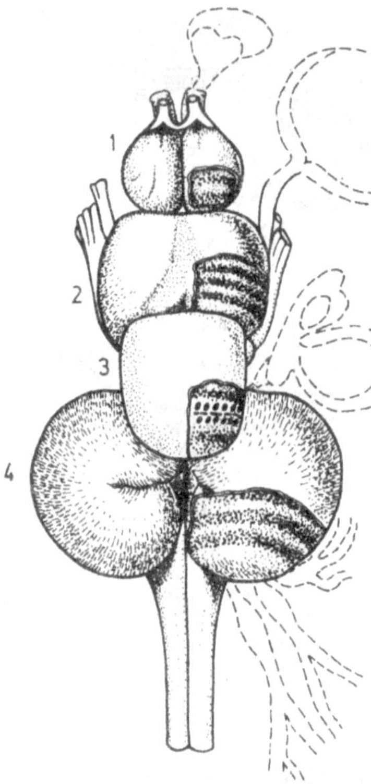

Abb. 6. Zeichnung eines Fischgehirns (Karpfen). 1-Lobus olfactorius (Vorderhirn); 2-Lobus opticus (Mittelhirn); 3-Kleinhirn; 4-Lobus gustatorius (Medulla oblongata). Im rechten Teil der Zeichnung ist schematisch der Aufbau der Rindenteile nach dem Rindentyp dargestellt (unter teilweiser Benutzung einer Zeichnung von HERRICK).

Abb. 7: Schema (menschliches Gehirn) mit den hauptsächlichen Systemen der Analysatoren und ihrer Verbindungen zum koordinierenden Mechanismus. Dargestellt sind Sinnesorgane und neuronale Umschaltungen im benachbarten und entfernten Subcortex sowie die Rindenzonen der Systeme der Analysatoren. 1-Sehanalysator; 2-Höranalysator; 3-Haut- und kinästhetischer Analysator (Körpergefühl); 4-sensible periphere Neurone in den Ganglien der Rückenmarks- und Kopfnerven; 5-motorische (effektorische) Neurone des Rückenmarks und der Stammhirnteile; 6-Umschaltneurone der Formatio reticularis; (5 + 6 = koordinierender Mechanismus); 7-Abzweigungen der Analysatoren zu den reticulären und effektorischen Neuronen; 8-Endverzweigungen der Axone der reticulären Neurone, die Kontakt aufnehmen mit den effektorischen Neuronen; 9-Thalamus; 10-Crus cerebri; 11-Corpus geniculat. lat.; 12-Corpus geniculat. med.; 13-Lamina tecti; 14-Cerebellum; 15-Pons; 16-Medulla oblongata; 17-Rückenmark; 18-Auge; 19-Cochlea; 20-Haut; 21-Skelettmuskulatur. (Unter teilweiser Benutzung unseres Schemas aus dem Jahre 1959).

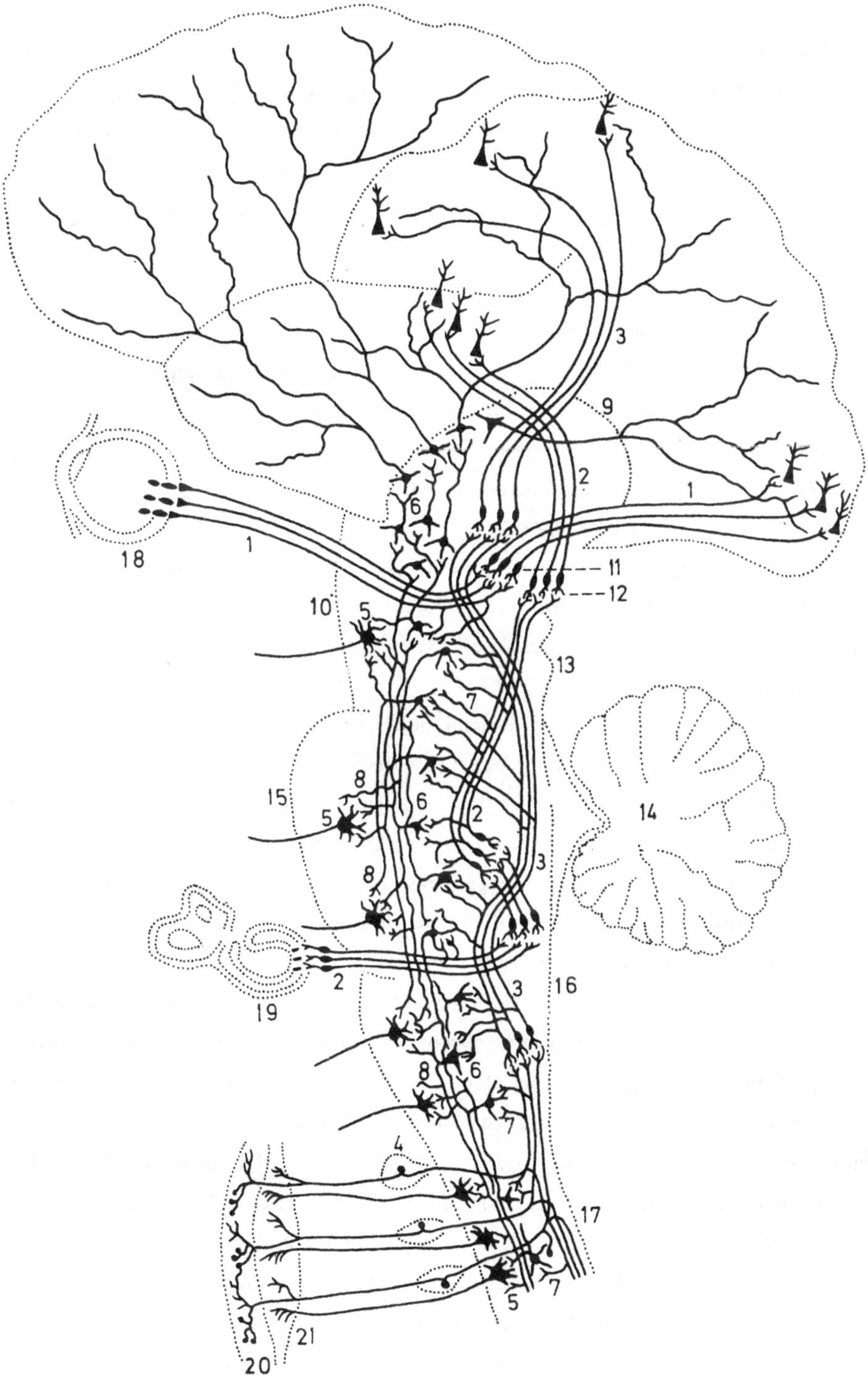

3
9
2
1
1
18
11
12
10
5
6
13
7
14
15
8
5
6
2
3
8
2
3
16
19
8
6
7
4
17
5
7
20
21

fassen die ganze Summe der speziellen reflektorischen Anpassungen des Organismus an die Bedingungen seiner Existenz. Sie stellen einzelne "Blöcke" dar, aus denen sich die sowohl von den Vorfahren übernommenen lebenswichtigen (vitalen) als auch die im Verlauf des individuellen Lebens erworbenen Reaktionen zusammensetzen, die mit der allgemeinen Orientierung in der Umwelt, dem Fang der Nahrung, der Selbstverteidigung, der Fortpflanzung der Art usw. zusammenhängen. Die Gesamtheit der wechselseitigen Reaktionen, die im supraaxialen Teil des ZNS programmiert werden, machen das ganze Verhalten des Organismus aus.

In der Evolution der Wirbeltiere nimmt - das ist mit großer Deutlichkeit zu verfolgen - die Kompliziertheit der reflektorischen Koordinationen mit dem Aufstieg an der Achse des ZNS im Zusammenhang mit der Komplizierung der funktionellen Wechselbeziehungen zwischen den cerebralen Teilen der verschiedenen Analysatoren zu. Wie in der Phylogenese, so auch in der Ontogenese wird das "Inventar" der effektorischen Tätigkeiten des Organismus (nach der Definition von BERNSTEIN) immer reicher.

Zu den System der Analysatoren gehören Abteilungen der neuronalen Organisation, die sich im Verlauf der fortschreitenden Evolution am spätesten differenziert haben und die höchste strukturelle und funktionelle Vollkommenheit erreichen. Sie zeigen das intensivste Tempo der Entwicklung.

Die Systeme der Analysatoren werden deutlich nur bei den Wirbeltieren, die vom Leben im homogenen Wassermilieu zu einer mehr verschiedenartig gestalteten Lebensweise auf dem Lande übergingen (Amphibien, Reptilien), abgegrenzt. Die höchste Entwicklung und Kompliziertheit der strukturellen und funktionellen Differenzierung erreichen die entsprechenden Formationen bei den höheren Säugetieren und besonders beim Menschen.

Im Unterschied zum koordinierenden und analysatorisch-koordinierenden Mechanismus überschreiten die höheren cerebralen Enden der Systeme der Analysatoren die Grenzen des axialen Teiles des zentralisierten Nervensystems und bilden einen supraaxialen Teil. Der letztere besteht aus Ansammlungen "reiner" Neuronen der Analysatoren mit ihren Wechselbeziehungen, wohingegen im axialen Teil die Neuronen der Analysatoren eng benachbart mit Neuronen des koordinierenden Mechanismus liegen (Abb. 8).

Bei den höheren Wirbellosen ist der supraaxiale Teil noch relativ schwach entwickelt. Er wird von den oben erwähnten suprapharyngealen Kopfganglien gebildet (Abb. 2 a). Bei den Wirbeltieren wird der supraaxiale Teil in der Hauptsache durch das Endhirn dargestellt, aus welchem sich die großen Hemisphären entwickeln (Abb. 2 b und 4). Bei ihrem stürmischen Wachstum während der Phylogenese der höheren Wirbeltiere (Säugetiere) differenzieren sich die Hemisphären zu corticalen und subcorticalen Formationen (Abb. 5).

Die Kriechtiere, die sich endgültig an das Leben auf dem Lande angepaßt haben, sind im Vergleich zu den Amphibien dazu fähig, differenzierter die äußeren Einflüsse wahrzunehmen und auch differenzierter die Teile ihres Körpers zu betätigen. Entsprechend zeigen sie erstmalig unter den Wirbeltieren nicht nur feiner ausgearbeitete axiale Mechanismen reflektorischer Koordinationen, sondern auch eine deutliche Differenzierung des supraaxialen Teiles des ZNS in corticale und subcorticale Strukturen.

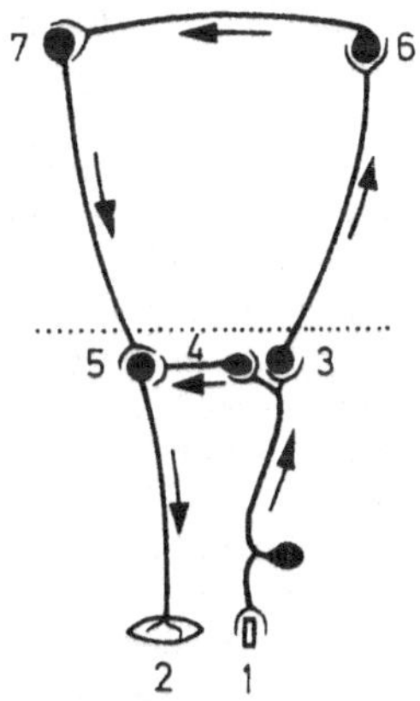

Abb. 8. Schema der Umschaltung im axialen und im supraaxialen Teil des ZNS (vgl. mit Abb. 2 b). Die Grenze zwischen den beiden Teilen ist punktiert. 1-Rezeptor; 2-Effektor; 3-Neuron, das die zentripetalen Impulse auf den supraaxialen Teil des ZNS umschaltet; 4-Neuron, das die zentrifugalen Impulse auf der Ebene des axialen Teils des ZNS umschaltet; 5-effektorisches Neuron; 6-Neuron, das die zentripetalen Impulse in der Ebene des supraaxialen Teiles des ZNS umschaltet; 7-Neuron des supraaxialen Teiles, das die zentrifugalen Impulse auf das effektorische Neuron des axialen Teiles überträgt. Der supraaxiale Teil enthält nur Elemente der Analysatoren, während im axialen Teil diese Neurone (3) der Analysatoren zusammen mit anderen Neuronen (4, 5) den koordinierenden Mechanismus darstellen.

Bei den hoch entwickelten Wirbeltieren - den Säugetieren - haben sich die höchsten cerebralen Enden der Systeme der Analysatoren phylogenetisch am spätesten abgesondert.
Es sind dies die Formationen des vollentwickelten Neocortex der großen Hemisphären (Abb. 25), die eine feinste Differenzierung in Schichten zeigen (Abb. 20-5). Diese Bereiche des Großhirns bilden die morphologische Grundlage, auf die sich das komplizierte Mosaikmuster erregter und gehemmter Punkte, das durch die Einwirkung der verschiedenen Reizkomplexe (Objekte) auf die rezeptorische Oberfläche der Sinnesorgane hervorgerufen wird, projiziert. Das höchste Niveau der Entwicklung und die vollkommenste Organisation der Rindenformationen erreichen in der Reihe der Säugetiere die Primaten und unter den Primaten der Mensch.
Besonders mit diesen Strukturen des Großhirns, deren grundlegende funktionelle Aufgabe die Bestimmung der Signalbedeutung vielgestaltiger, in Raum und Zeit schnell wechselnder Reizkombinationen ist, hängt die Reproduktion von Hirnmodellen zusammen, d.h. von Abbildern der Sachen, Erscheinungen, Situationen und Vorstellungen über sie. Auf der Grundlage solcher Modelle werden mit verschiedenem Kompliziertheitsgrad die Operationen mit den Objekten der äußeren Welt programmiert. Die höheren cerebralen Enden der Systeme der Analysatoren sind die materielle Basis für die Reaktionen, die die feinsten und kompli-

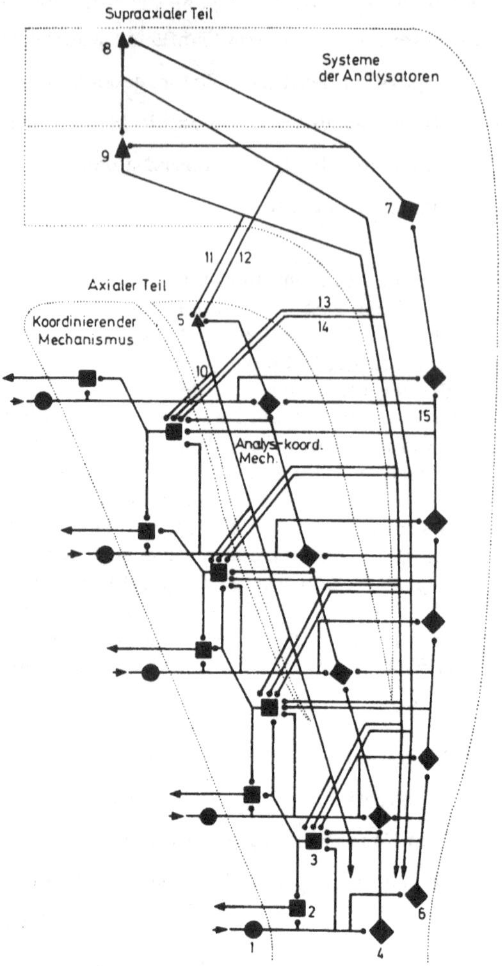

Abb. 9. Prinzipielles Schema zur Grundeinteilung des ZNS. 1-periphere sensible Neurone, die die Impulse aus den Rezeptoren leiten; 2-effektorische (motorische) Neurone, die die Effektoren innervieren; 3-retikuläre Neurone, die die Wechselwirkung zwischen den effektorischen Neuronen bei örtlichen (segmentalen) Reflexen im Rükkenmark und in den Stammteilen des Großhirns koordinieren. Rückenmark und Stammhirn bilden den axialen Teil des ZNS. Effektorische und reticuläre Neurone gehören zum koordinierenden Mechanismus. 4-Neurone, die sich innerhalb des axialen Teiles des ZNS zu Schaltketten für zentripetale Impulse in den Abschnitten der Analysatoren formieren, die den analysatorisch-koordinierenden Mechanismus bilden; 5-Neurone, die zu den am höchsten organisierten Abschnitten des analysatorisch-koordinierenden Mechanismus gehören. Diese besitzen einen Aufbau nach dem Rindentyp (Rinde der Colliculi superiores des Mesencephalon und Rinde des Kleinhirns); 6-Neurone, die sich im Verlauf des axialen Teiles des ZNS zu Schaltketten für zentripetale Impulse der Systeme der Analysatoren formieren; 7-Neurone, die am Übergang des axialen Teiles des ZNS in den supraaxialen Teil liegen und den großen Hemisphären benachbart sind (den Umschaltstationen der Systeme der Analysatoren, Thalamus und Kniehöcker); 8-Neurone, die zu den phylogenetisch neuesten und am kompliziertesten organisierten Abschnitten der höheren cerebralen Enden der Systeme der Analysatoren gehören (Formationen des Neocortex); 9-Neurone der phylogenetisch älteren supraaxial (subcortical und cortical) liegenden Gebiete der cerebralen Enden der Systeme der Analysatoren; 10-zentrifugale Leitungsbahnen von den Neuronen des analysatorisch-koordinierenden Mechanismus zu den Neuronen des koordinierenden Mechanismus; 11,12-zentrifugale Leitungsbahnen von den Neuronen der supraaxialen cerebralen Enden der Systeme der Analysatoren zu den Neuronen des analysatorisch-koordinierenden Mechanismus und 13,14-zu den Neuronen des koordinierenden Mechanismus; 15-zentripetale Leitungsbahnen, die als Schaltketten in den Systemen der Analysatoren liegen und die Impulse auf die Neurone des analysatorisch-koordinierenden und des koordinierenden Mechanismus im axialen Teil des ZNS übertragen. In dem Schema sind auch einzelne nicht bezeichnete Leitungsbahnen für die Übertragung zentripetaler Impulse dargestellt, die vom analysatorisch-koordinierenden Mechanismus zu den Neuronen des koordinierenden Mechanismus verlaufen. Zur Vereinfachung wurden als Zugänge zum koordinierenden Mechanismus nur die Neurone der Formatio reticularis dargestellt.

zierteren Wechselbeziehungen des Organismus mit der Umwelt gewährleisten und es ihm gestatten, vollkommener, allseitiger und geregelter Informationen über die Umwelt zu erhalten. Sie spielen eine entscheidende Rolle in der Integration der verschiedenen reflektorischen Anpassungen, sowohl der vom Organismus von seinen Vorfahren ererbten als auch der im Verlauf des individuellen Lebens erworbenen, zu einheitlichen Akten des Verhaltens. In der Tätigkeit der höheren cerebralen Enden der Systeme der Analysatoren sind nachfolgende wichtigste Komponenten zu unterscheiden:

a. Bestimmung der Signalbedeutung der Reize und der Systembeziehungen zwischen den Signalen auf der Grundlage von Analyse und Synthese der Reize.

b. Programmierung der Antwortreaktionen auf der Grundlage der Integration der Gesamtheit der Signale und biologischen Zweckmäßigkeiten unter Ausnutzung des ganzen vorhandenen Fonds an reflektorischen Koordinationen,

c. höchste Synthese animalischer (auf die äußere Welt orientierter) und vegetativer (mit dem inneren Milieu verbundener) Tätigkeit des Organismus im Prozeß der Anpassung an die wechselnden Bedingungen seiner Existenz.

Alle Komponenten zusammen bilden das Verhalten.

Wir betrachten nun ausführlicher einige wichtige strukturelle und funktionelle Besonderheiten der beschriebenen drei Grundabschnitte des Nervensystems und ihrer Wechselbeziehungen (Abb. 22).

1.3. Der koordinierende Mechanismus

Die grundsätzliche physiologische Aufgabe des koordinierenden Mechanismus ist, wie schon gesagt, völlig zu reduzieren auf Prozesse der Erarbeitung geregelter Antworten auf die unmittelbare Einwirkung bestimmter Kombinationen lebenswichtiger Reize.

Der koordinierende Mechanismus dient animalischen und vegetativen Reflexen, sozusagen örtlichen Maßstabes. Diese Reflexe sind anatomisch in segmentalen Reflexbögen des axialen Teiles des zentralisierten Nervensystems festgelegt. Zu solchen Reflexen gehören: lokale Verteidigungs- und Adaptationsreflexe, die mit der Aufnahme und Aneignung der Nahrung zusammenhängen, einfacher Komponenten der Statik und Lokomotion in der Art der Halsreflexe, vestibuläre und Antigravitationsreflexe (z.B. Sehnenreflexe), aber ebenso Reflexe zur Aufrechterhaltung des Tonus der Skelettmuskulatur, Stützreflexe und Reflexe der alternierenden Bewegungen der Extremitäten. Die rezeptorischen Felder solcher Reflexe haben relativ begrenzte Ausdehnung und sind hauptsächlich in solchen Teilen des Körpers und der Organe lokalisiert, die unmittelbar an der Realisierung der Antworten

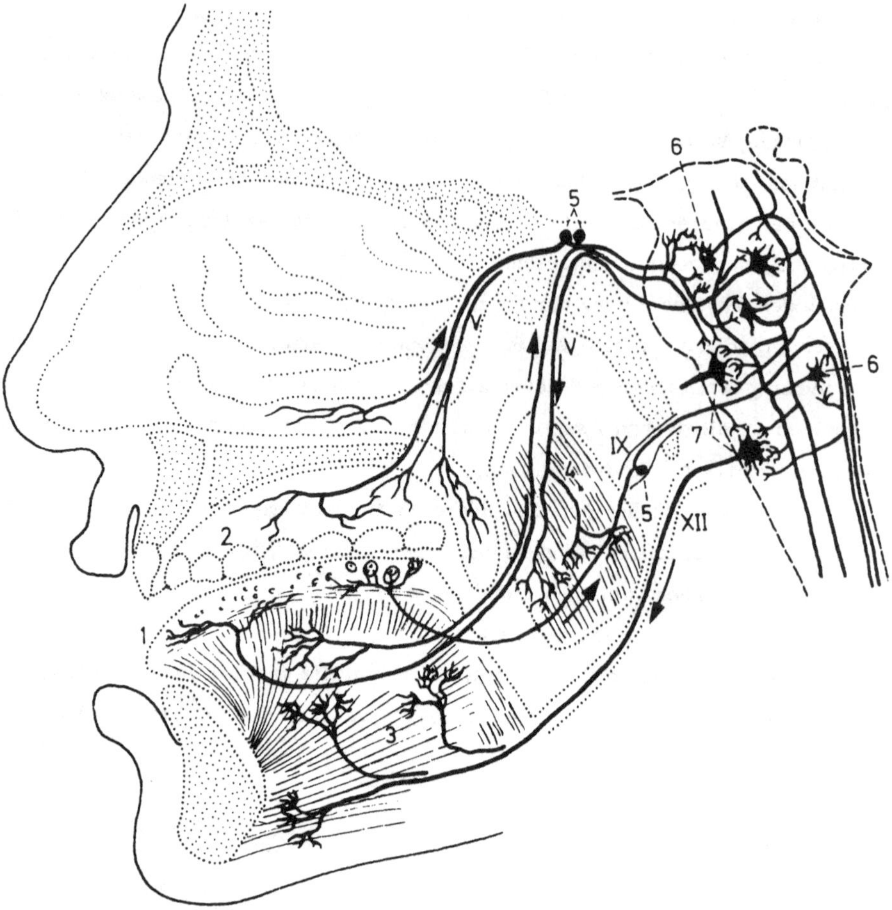

Abb. 10: Schema der Wechselverbindungen zwischen den Elementen, über die die reflektorische Koordination des Kauaktes bei Reizung der Schleimhaut des Mundes und der Zunge abläuft. Die römischen Ziffern bezeichnen die entsprechenden Kopfnerven, die die zentripetalen und zentrifugalen Impulse leiten (Pfeile). 1-Schleimhaut der Zunge; 2-Schleimhaut der Mundhöhle; 3-Zungenmuskulatur; 4-Kaumuskulatur; 5-sensibles peripheres Neuron; 6-Interneuron; 7-effektorisches Neuron (unter teilweiser Benutzung von Schemata verschiedener Autoren).

auf die Reize teilnehmen (Abb. 10).

Der koordinierende Mechanismus ist also vor allem dazu befähigt, Rezeptorengruppen mit bestimmten Effektorengruppen in Wechselbeziehung zu bringen. Mit der evolutionären Komplizierung der zentralen nervalen Organisation wird entsprechend auch die Tätigkeit dieses Mechanismus komplizierter. Dank der dabei vor sich gehenden strukturellen Umwandlungen wird die Möglichkeit der funktionellen Wechselbeziehungen zwischen den verschiedenen Reflexbögen in der ganzen Ausdehnung des axialen Teiles des ZNS gewährleistet.

Die erste Grundlage geregelter reflektorischer Tätigkeit eines beliebigen Kompliziertheitsgrades - vom rhythmischen Schlagen der Medusenglocke, den Kriechbewegungen des Wurmes und der Pulsationsbewegung des Herzens bis hin zu den feinst differenzierten Bewegungen der menschlichen Hand, der Augen und des Sprachapparates - ist eine Einrichtung, die nach dem Prinzip "Wirkung-Gegenwirkung" arbeitet, d.h. nach dem Typ des gekoppelten funktionellen Paares Agonist-Antagonist. Dieses Prinzip wurde begründet von N.E. WEDENSKI und formuliert von J. SHERRINGTON als Regel der reziproken Innervation (Abb. 11 b). Ein solcher physiologischer Aufbau gewährleistet dank der streng synchronisierten Wechselwirkung der Prozesse der Erregung und Hemmung in beiden Mitgliedern des gekoppelten Paares eine vollkommenere Art und Weise der Realisierung koordinierter Bewegungen, was auf die gleichzeitige Einschaltung der Effektor-Agonisten und der Ausschaltung der ihnen entgegenwirkenden Effektor-Antagonisten beruht. Die Rolle der muskulären Synergisten in diesem Prozeß besteht darin, daß im Resultat ihrer Fixationsspannung die überschüssigen Freiheitsgrade der Beweglichkeit des entsprechenden Organs überwunden werden und dadurch die Möglichkeit seiner Bewegung in einer bestimmten Richtung gewährleistet ist.

Es besteht Grund zu der Annahme, daß die Herausbildung der reflektorischen Tätigkeit sowohl in der Evolution der tierischen Welt als auch im Verlauf der individuellen Entwicklung des Organismus sowohl im intra- als auch im extraembryonalen Leben unmittelbar mit der Formierung des physiologischen Mechanismus gekoppelter funktioneller Paare zusammenhängt.

In der Evolution sind wahrscheinlich mindestens zwei Stufen der aufeinanderfolgenden Komplizierung der Wechselwirkung zwischen Rezeptoren, Neuronen und Effektoren zu unterscheiden, die zu einer strukturellen Absonderung der entsprechenden Mechanismen führen.

Bei einigen niedrig entwickelten vielzelligen Lebewesen existiert offensichtlich eine einfachere Konstruktion, die noch nach dem Prinzip des einfachen Wechsels von Ein- und Ausschaltung ein- und derselben Gruppe von Effektoren arbeitet (Abb. 11 a). Ein solches Verhalten ist besonders bei der rhythmischen Verkürzung und Entspannung des Medusenschirmes, mit deren Hilfe die Lokomotion des Tieres verwirklicht wird, zu vermuten.

Im Schirm der Medusen befinden sich Flechtwerke radial und ringförmig verlaufender Züge von Muskelfasern, die sich gleichzeitig kontrahieren und erschlaffen. Dies ist bedingt durch Fortpflanzung der Erregungsimpulse auf das ganze Nervennetz der Meduse

und sofortige Erfassung und Einschaltung aller effektorischen Elemente in die Aktion des Körpers. Nach der Einschaltung folgt automatisch ihre Ausschaltung. Eine solche primitive Einrichtung vereinigt noch in der Tätigkeit einer allgemeinen Gruppe von Effektoren die physiologischen Eigenschaften des gekoppelten Paares Agonist-Antagonist.
Die strukturelle Absonderung beider effektorischer Mitglieder des Paares hängt mit entsprechenden Umwandlungen auch in der rezeptorischen und in der neuronalen Organisation zusammen. Dies sehen wir deutlich in der Evolutionsstufe, die durch die niederen Würmer (Abb. 12) dargestellt wird. Diese Tiere, an die komplizierteren Bedingungen des Lebens auf dem Lande angepaßt, sind in der Lage, im Vergleich zu den Medusen mannigfaltigere lokomorische Akte durchzuführen. Entsprechend differenzieren sich im Haut-Muskelsack der Würmer zwei anatomisch deutlich abgrenzbare Gruppen von Muskelfasern heraus, die sich im Effekt ihrer Tätigkeit unterscheiden. Die eine Gruppe enthält ringförmige, die andere längs zur Körperachse angeordnete Muskelfasern. Die Kontraktion der ringförmigen Muskulatur bewirkt eine Verlängerung des Körpers, während umgekehrt die Kontraktion der Längsmuskulatur zu einer Verkürzung des Körpers führt. Die rhythmisch verlaufenden koordinierten Bewegungen bei kriechenden Würmern sind schon durch den Mechanismus abwechselnder synchronisierter Einschaltung der einen und Ausschaltung der anderen Muskelgruppen, d.h. nach dem Prinzip der reziproken Innervationsbeziehungen zwischen Agonisten und Antagonisten, bedingt.
In kompliziert aufgebauten tierischen Organismen tritt das genannte Prinzip am deutlichsten in Form der doppelten sympathischen und parasympathischen Innervation aller inneren Organe und Systeme der Lebenstätigkeit auf (Abb. 13). In diesen phylogenetisch ältesten physiologischen Auto-Regulationen, von denen das Leben des Körpers unmittelbar abhängt, fixierten sich die während der Evolution ausgearbeiteten funktionellen Beziehungen zwischen beiden Gliedern der auto-regulierenden Paare.
Bei Reaktionen des Organismus auf äußere Reize ist die synchronisierte Wechselbeziehung zwischen Agonist und Antagonist ebenfalls Grundlage aller koordinierten Bewegungsakte, sowohl der willkürlichen als auch der unwillkürlichen. In der Sphäre der Wechselbeziehungen des Organismus mit seiner Umwelt wird der Mechanismus der reziproken Innervation in den funktionellen Beziehungen bedeutend beweglicher als in der Sphäre der inneren Auto-Regulationen, weil gleichzeitig und aufeinanderfolgend viele verschiedene Skelettmuskeln in ihren vielgestaltigen Kombinationen daran beteiligt sind.
Für das Verständnis der Entstehung koordinierter reflektorischer Akte im individuellen Leben des Organismus sind die funktionellen Umgestaltungen, die bei der experimentellen Überkreuzung der Sehnenverbindungen der Muskeln der Agonisten und der Antagonisten

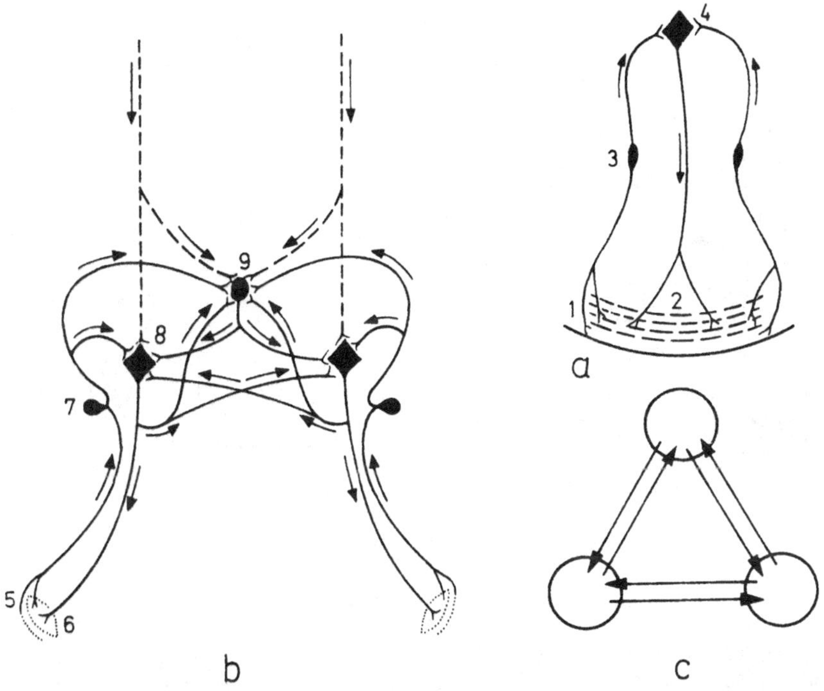

Abb. 11: a) Schema des einfachsten koordinierenden Mechanismus bei einem niederen Vielzeller. 1-Rezeptor; 2-Effektor (Muskelsystem); 3-sensibles Neuron; 4-Neuron, das noch in sich die Eigenschaften der effektorischen und Interneurone vereinigt; b) Schema einer elementaren koordinierenden Einrichtung, die nach dem Prinzip des gekoppelten funktionellen Paares Agonist-Antagonist arbeitet. 5-Rezeptor; 6-Effektor; 7-peripheres sensibles Neuron, das die zentripetalen (afferenten) Impulse von den Rezeptoren sowohl auf das effektorische (motorische) Neuron (8) als auch auf das Interneuron (9) überträgt. Wie in dem Schema gezeigt wird, endet das letztere mit Verzweigungen seiner Nervenfaser (Axon) an beiden effektorischen Neuronen. Elemente der Rückkopplung werden durch Seiten- und rückläufige Kollateralen der Axone der effektorischen Neurone dargestellt. Pfeile = Richtung der Fortpflanzung der nervalen Impulse. Gestrichelte Linien = absteigende (zentripetale) Bahnen, die mit ihren Endverzweigungen sowohl an die effektorischen als auch an die Interneurone herantreten. c) geometrisches Schema einer zweiseitigen funktionellen Wechselwirkung zwischen zentralen Neuronen der elementaren koordinierenden Einrichtung als auto-regulierende Systeme.

oder der sie innervierenden Nerven beobachtet werden können, von wesentlichem Interesse (BETHE 1926, ASRATJAN 1953 u.a.). Es wurde z.B. gezeigt, daß bei Anschluß der Beugemuskeln der Extremitäten an die Nervenzentren der Streckermuskeln und der Streckermuskeln an die Nervenzentren der Beugermuskeln in der ersten Zeit nach der Operation die eine oder andere Muskulatur nicht einheitlich arbeitet. In der Folgezeit jedoch wird allmäh-

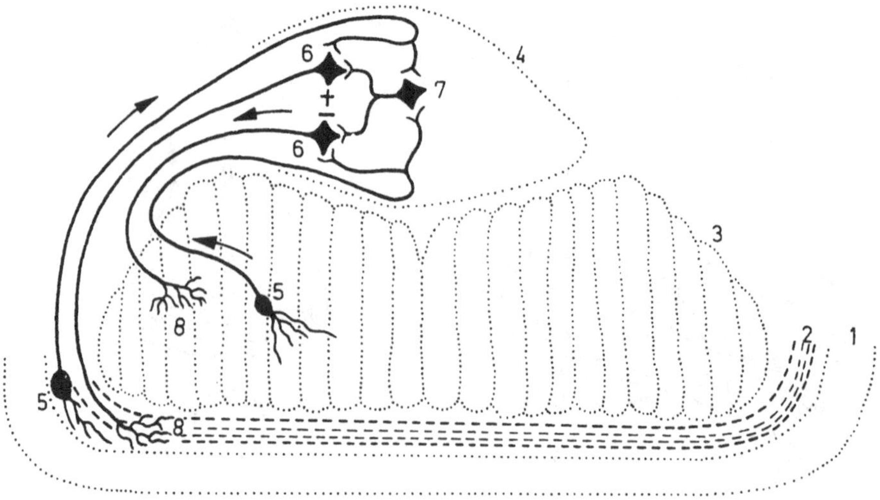

Abb. 12: Schema des gekoppelten funktionellen Paares Agonist-Antagonist bei Würmern. 1-Hautdecke des Körpers; 2-Schicht der Ringmuskulatur (Verlängerung des Körpers); 3-Schicht der Längsmuskulatur (Verkürzung des Körpers); 4-nervales Ganglion; 5-peripheres sensibles Neuron; 6-effektorisches Neuron; 7-Interneuron; 8-motorische Endigung in der Muskulatur.

lich der physiologische Mechanismus der Synchronisation der Tätigkeit der Beuger und Strecker nach dem Typ Agonist-Antagonist neu aufgebaut. Besonders interessant ist, daß dabei die Vollständigkeit der Wiederherstellung der biologischen Zweckmäßigkeit bei Verwirklichung der einen oder anderen Anpassungsreaktion auch die Ausnutzung der effektorischen Apparate durch den Organismus betrifft. Unter entsprechenden Bedingungen antwortete der Organismus wie vor der Operation mit den Reizen adäquaten Reaktionen, ungeachtet der radikalen Veränderungen in den Beziehungen zwischen den Nervenzentren und den von ihnen innervierten Organen. Ebenso interessant ist der Umstand, daß die neuen Koordinationsbeziehungen sich auch bei Stimulationen, die von den höheren Abteilungen des ZNS ausgingen (Reizung der Großhirnrinde), als wirksam erwiesen.
Zu den speziellen Besonderheiten der Konstruktion des koordinierenden Mechanismus ist folgendes zu bemerken.
Das gekoppelte Paar Agonist-Antagonist kann als elementare Koordinationseinrichtung in der Art eines primären Fragmentes des ganzen koordinierenden Mechanismus betrachtet werden. Wie im Schema der Abb. 11 b zu sehen ist, wird der Eingangsteil dieses Apparates von einem Paar rezeptorischer Elemente und den mit ihnen zusammenhängenden peripherer

sensiblen Neuronen gebildet. Diese sind ausschließlich für die Funktion der Übertragung der Impulse von den Rezeptoren auf die zentralen Neurone spezialisiert. Der Ausgangsteil wird durch ein entsprechendes Paar Effektoren (quergestreifte Skelettmuskeln, glatte Muskeln der inneren Organe) dargestellt. Der zentrale Teil des ganzen Apparates, der die verantwortlichste Funktion ausführt, wird durch eine Kombination aus drei Elementen - den zentralen Neuronen - gebildet. Wesentlich ist, daß gemeinsam mit beiden Bewegungs-(Effektor-)neuronen, die unmittelbar die entsprechenden Effektoren innervieren, als drittes Element ein besonderes Neuron vorhanden ist (Zwischen- oder Zusatzneuron), das die Bedeutung eines speziellen Umschaltneurons (Interneuron) hat.

Drei zentrale Neurone setzen die oben umrissene Kombination zusammen und bilden, wie weiter unten gezeigt wird (Kap. 2, 3, das zentrale Glied des auto-regulierenden Systems. Die Wechselbeziehungen zwischen ihnen bestehen darin, daß jedes von ihnen auf die zwei anderen Neurone wirken kann und jedes einzelne sich unter dem Einfluß der beiden anderen befindet (Abb. 11 b). Die Wechselwirkung der Impulse, die in einem solchen elementaren Abschnitt des Neuronennetzes zirkulieren, verursacht den physiologischen Mechanismus der Summation und Interferenz der Erregungen in den Nervenzentren. In diesem Prozeß nehmen nach den Angaben elektrophysiologischer Untersuchungen (Kap. 3, 3) aktiv Neurone teil, die wir zur Gruppe der speziellen Umschaltneurone (Interneurone) rechnen. Insbesondere wurde gezeigt, daß Elemente dieser Art im Unterschied zu effektorischen (Bewegungs-) Neuronen sich durch eine sehr niedrige Erregbarkeitsschwelle auszeichnen und dazu fähig sind, in der Antwort auf einzelne afferente Stimuli hochfrequente rhythmische Entladungen bis 1000 und mehr Impulse in der Sekunde zu generieren. Solche Transformationen einzelner Stimuli in hochfrequente Spannungen hat offensichtlich ganz wesentliche Bedeutung für die Bestimmung des funktionellen Zustandes der effektorischen Neurone, die in der zentralen Umschalteinrichtung enthalten sind. Von den Impulsen, die von den Interneuronen erzeugt werden, hängen unmittelbar Veränderungen der Erregbarkeit der effektorischen Neurone ab. Sie bestimmen die kritischen Punkte oder Schwellen des Überganges dieser effektorischen Neurone aus dem Zustand der Erregung in den Zustand der Hemmung und umgekehrt.

Es besteht Grund zu der Annahme, daß ein geregelter reflektorischer Akt nicht nur mit Kräften der effektorischen Neurone und ohne Teilnahme der ihnen "beigegebenen" Interneurone verwirklicht werden kann. Elemente dieser Art zusammen mit rückläufigen Axonkollateralen der effektorischen Neurone (Abb. 11 b) spielen eine wesentliche Rolle in der Verteilung der afferenten Impulse auf entsprechende Gruppen effektorischer Neurone, aber ebenso für die Schließung der Ringe der kreisförmig zirkulierenden Impulse (Kap. 4, 2) während ihrer fortlaufenden Bewegung von den Rezeptoren zu den Effektoren.

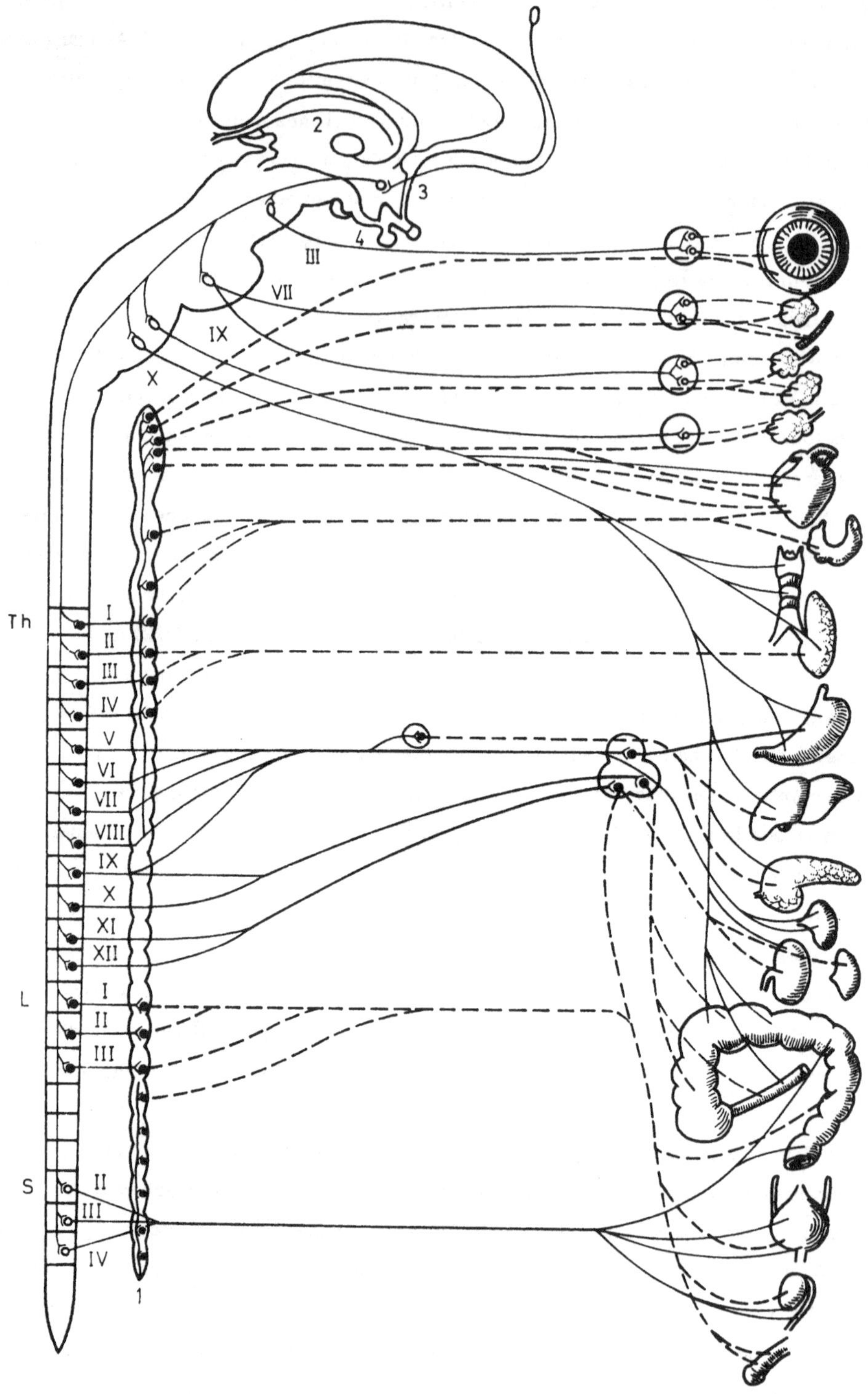
2
3
4
III
VII
IX
X
Th
I
II
III
IV
V
VI
VII
VIII
IX
X
XI
XII
L
I
II
III
S
II
III
IV
1

Auf Grund einer entsprechenden Organisation der Wechselbeziehungen zwischen den peripheren Neuronen, die die Impulse von den Rezeptoren leiten, den effektorischen Neuronen und den Interneuronen konzentrieren letzere auf sich die fortführenden und die rückläufigen Verbindungen beider Reflexbögen, die so in einem paarigen funktionellen System verknüpft sind. Bei einer bestimmten Art der Auswahl und Übereinstimmung zwischen den physiologischen Parametern aller Elemente, aus denen eine solche Konstruktion besteht, tritt das Interneuron als funktionell sehr bewegliches Gebilde auf. Es beeinflußt die Verteilung von Erregungs- und Hemmungszuständen in den Zentren der Agonisten und Zentren der Antagonisten und reguliert die reziproke Einschaltung der einen und Ausschaltung der anderen Effektoren.

In der Tätigkeit einer beliebigen Koordinationseinrichtung spielt das Interneuron die Rolle eines Elementes, das die Gegenüberstellung, den Vergleich und die vergleichende Bewertung gleichzeitig und aufeinanderfolgend wirkender Reize und der ihnen entsprechenden Reaktionen in den effektorischen Enden beider Reflexbögen gewährleistet. Wie auf der Grundlage unseres Schemas (Abb. 11 b) angenommen werden kann, gehört nach dem Prinzip der Rückkopplung zur Funktion dieses Elementes auch die Schaffung von Wechselbeziehungen zwischen den Signalen einerseits und den Informationen über die real verwirklichte Tätigkeit andererseits.

Signale, die aus höher liegenden Abteilungen des Zentralnervensystems kommen, werden ähnlich wie die Signale aus der Peripherie gleichzeitig sowohl an die ausführenden Elemente der Reflexbögen - an die effektorischen Neurone - als auch an die Interneurone adressiert (Abb. 11 b). Als Folge einer solchen Organisation der Wechselbeziehungen zwischen den Neuronen wird das auto-regulierende physiologische System, das zu entsprechenden Abschnitten des koordinierenden Mechanismus gehört, den Einflüssen der höheren cerebralen Instanzen zugänglich.

Durch eine Reihe morphologischer Fakten wird die genannte Konzeption gefestigt. Insbesondere wurde festgestellt, daß die Endverzweigungen sowohl der aus der Peripherie kommenden zentripetalen als auch der aus den höher gelegenen Abteilungen des ZNS absteigenden

Abb. 13: Zweifache vegetative Innervation der inneren Organe. Die Fasern des sympathischen Nervensystems sind durch gestrichelte, die des parasympathischen Nervensystems mit durchgehenden Linien dargestellt. Das Schema zeigt die längs der Wirbelsäule gelegene Kette sympathischer Ganglien (1) und die vegetativen Ganglien und Verzweigungen in den Gebieten des Kopfes und der Körperhöhlen. 2-Thalamus; 3-hypothalamisches Gebiet; 4-Hypophyse. Die römischen Ziffern bezeichnen Kopfnerven bzw. Segmente des Rückenmarks.

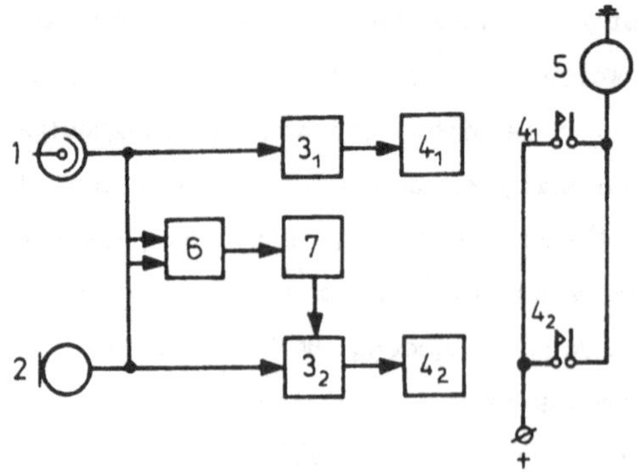

Abb. 14. "Skelett"-Schema der Modellierung eines bedingten Reflexes. 1-Fotoelement; 2-Mikrofon; 3-Verstärker; 4-Relais; 5-Elektromotor; 6-Punkt des Zusammentreffens; 7-Sammelnde Einrichtung. In diesem Schema spielen die Elemente 6 und 7 die Rolle eines Interneurons, das zwischen beiden Ketten der direkten Übertragung der Impulse (1 - 3_1 - 4_1 und 2 - 3_2 - 4_2) liegt. (Aus KRAISMER, leicht verändert).

zentrifugalen Fasern nicht nur an effektorische, sondern auch an die Interneurone des Rückenmarkes und der Stammteile des Großhirns herantreten (Abb. 47 b). Das wurde an einer der wichtigsten Leitungsbahnen des ZNS gezeigt, der cortico-spinalen Bewegungsbahn (sogen. Pyramidenbahn), mit deren Hilfe die Impulse der willkürlichen Bewegungen realisiert werden.

Die die elementare Einheit des koordinierenden Mechanismus zusammensetzende Kombination dreier Neurone (zwei effektorische und ein Interneuron) kann als Konstruktion betrachtet werden, die nach ihren Eigenschaften und effektiven Möglichkeiten offensichtlich in höchstem Maße der Arbeit des optimalen Regulators entspricht. Man kann annehmen, daß ähnlich wie im System des optimalen Regulators dieses System aus zweiseitig in Wechselbeziehung stehenden Neuronen in der Lage ist, selbständig die für jede Reaktion optimale Variante der funktionellen Zustände der einzelnen Elemente und ihrer Wechselwirkungen zu finden und zu realisieren.

Das oben angeführte Schema kann im Prinzip universal der nervalen Organisation eines beliebigen Kompliziertheitsgrades bei der Schließung zeitweiliger Verbindungen, in denen nach den Gesetzen beider Mitglieder des gekoppelten funktionellen Paares die Reflexbögen bedingter und unbedingter Reize auftreten, zugrunde gelegt werden. Ein prinzipielles Interesse gewinnt der Umstand, daß wir in den Schaltbildern experimenteller Modelle der Schließung bedingter Reflexe ein Analogon zum Interneuron (Abb. 14) gemeinsam mit den Elementen der direkten Übertragung der Impulse, die entlang beider "Reflexbögen" ("verstärkte" und "verstärkende") verteilt werden, finden. Wie in einer Reihe elektrophysiologischer Untersuchungen gezeigt wurde (GASTO 1962, FESSAR 1962), spielt offensichtlich die Konvergenz verschiedenartiger afferenter Impulse auf Interneurone (reticuläre Neurone, s. unten) eine bestimmte Rolle bei der Realisierung der Komponenten der Schließungsfunktion, die auf subcorticalen Ebenen des ZNS ablaufen. Endlich kann dieses Schema auch

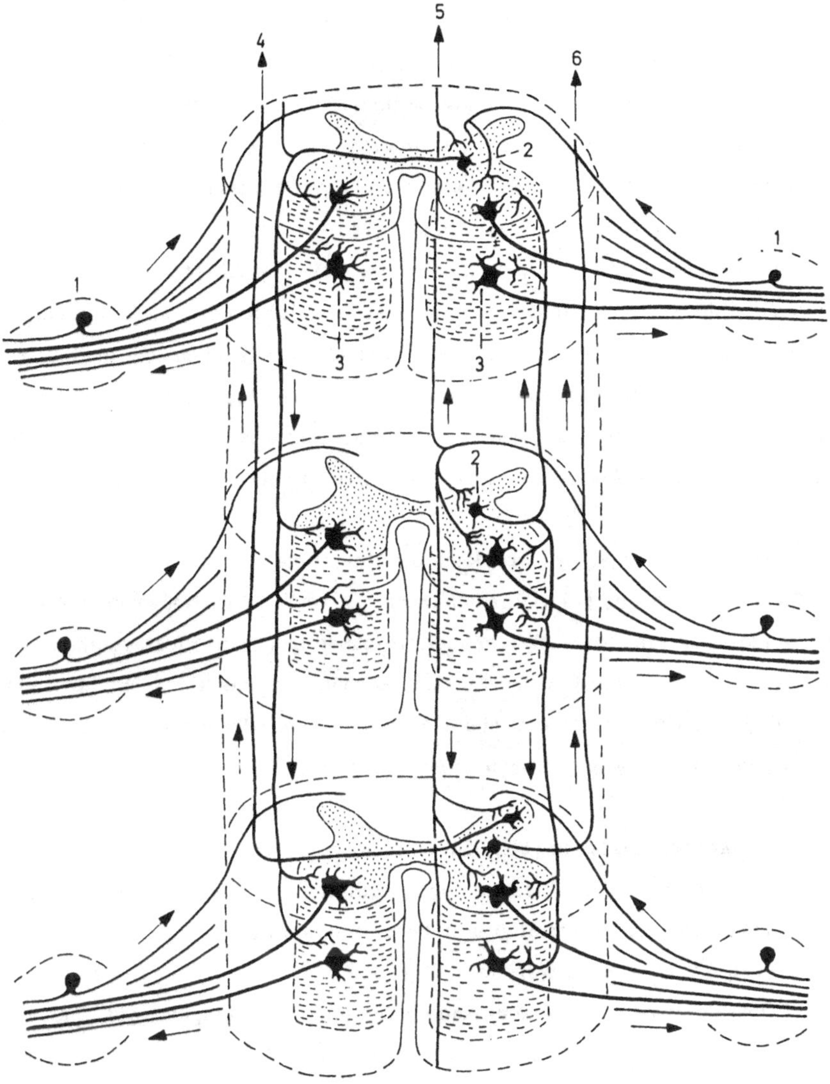

Abb. 15: Schema der intersegmentalen Verbindungen des koordinierenden Mechanismus. Dargestellt sind drei benachbarte Segmente des Rückenmarks. 1-sensibles peripheres Neuron im Ganglion spinale; 2-Neuron der Formatio reticularis, das die afferenten Impulse auf verschiedene Gruppen effektorischer (motorischer) Neurone (3) verteilt. Die Pfeile zeigen die Richtung der Impulsbewegung. Gleichzeitig mit den Elementen des koordinierenden Mechanismus werden auch einige Leitungsbahnen gezeigt, die zum analysatorisch-koordinierenden Mechanismus und zu den Systemen der Analysatoren gehören (die Pfeile zeigen in Richtung zum Thalamus (4), zur Medulla oblongata (5) und zum Kleinhirn (6)).

als Prototyp des "logischen" Mechanismus angesehen werden, der die Auswahl einer bestimmten Wirkungsvariante aus zwei oder mehreren Möglichkeiten gewährleistet.
In realen Nervensystemen bildet die Ansammlung von Interneuronen eine netzartige (reticuläre) Formation des Rückenmarkes und der Stammteile des Großhirns (Abb. 3-4 und 7). Die Gesamtheit der Neurone der Formatio reticularis des axialen Teiles des ZNS auf allen Stufen der Evolution der Wirbeltiere stellt einen Komplex kompliziert miteinander zusammenhängender Umschaltneurone dar, die den wichtigsten Integralteil in örtlichen koordinierenden reflektorischen Apparaten ausmachen.
Die Neurone der Formatio reticularis spielen die Rolle "sortierender" Verteiler der Impulse, die von den Rezeptoren und auch aus anderen Abteilungen des ZNS kommen, auf verschiedene Gruppen effektorischer Neurone. Diese Gruppen können sowohl auf ein- und derselben, als auch auf verschiedenen Ebenen des axialen Teiles des ZNS verteilt sein (Abb. 15). Wir erinnern uns, daß besonders die Formatio reticularis das Kernstück des ZNS bildet, das sich im Verlauf der fortschreitenden Evolution mit Analysatoren ausstattet.
Von Interesse ist die Frage: Wie weit kann die Komplizierung der Funktionen des koordinierenden Mechanismus durch seine Anreicherung mit reticulären Neuronen und Verstärkung der Wechselbeziehungen dieser Neurone untereinander und mit effektorischen Neuronen gehen? Mit anderen Worten: In welchem Grad können "organisatorische" Möglichkeiten, die in den Eigenschaften des eigentlichen koordinierenden Mechanismus liegen, ohne zusätzliche Teilnahme der Analysatoren an seinen reflektorischen Tätigkeiten realisiert werden?
In dem hier vorgelegten Schema (Abb. 16) wird gezeigt, wie die Wechselbeziehungen der reticulären Neurone bei Komplizierung der Lokomotionen, zu denen die Tiere besonders bei Verwendung aller vier Extremitäten in koordinierten Bewegungen, beim Gehen, Laufen usw. fähig sind, komplizierter werden.
Ausgehend von dem gegebenen Schema kann man sich vorstellen, daß die Umschalteinrichtung der Formatio reticularis in der Lage ist, in einem einheitlichen reflektorischen Akt eine mehr oder weniger große Zahl einzelner, in der Achse des ZNS ablaufender segmentaler Reflexe zu erfassen und zu verbinden. Physiologisch wird eine solche Vorstellung dadurch bestätigt, daß kopflose Tiere noch koordinierte lokomotorische Bewegungen durchführen können.
Die Gruppen der reticulären Neurone, die in bestimmter Weise in der ganzen Ausdehnung des axialen Teiles des ZNS verknüpft sind, bilden einen übersegmentalen Apparat des koordinierenden Mechanismus.

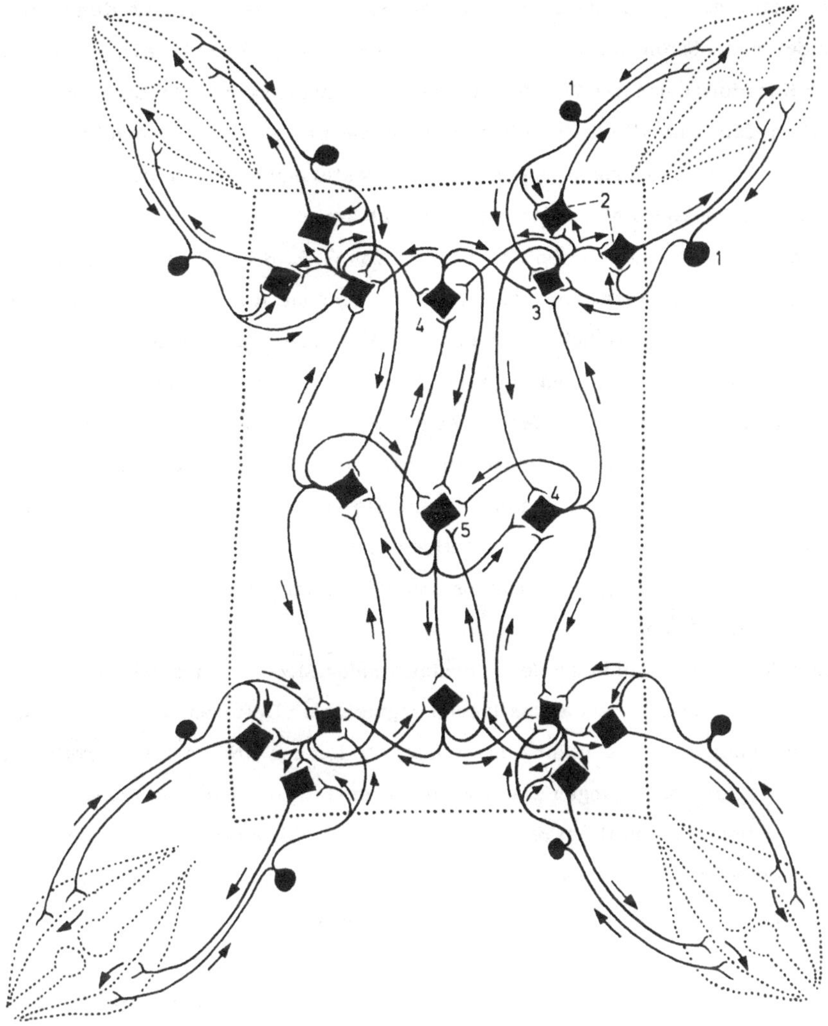

Abb. 16: Schema einer Umschalteinrichtung im koordinierenden Mechanismus, die die harmonische Bewegung aller vier Extremitäten gewährleistet. 1-sensibles peripheres Neuron; 2-effektorisches Neuron; 3, 4, 5-Interneurone. Der zentrale Apparat, der jedes Paar "Agonist-Antagonist" einer Extremität innerviert, schließt in sich bestimmte Gruppen von Umschaltneuronen der ersten Reihe ein (3, vergl. mit 9 auf Abb. 10 b). Die Wechselwirkung zweier Paare "Agonist-Antagonist", die zu den entsprechenden Extremitätenpaaren gehören (beide vordere oder hintere, beide rechte oder linke Extremitäten) wird mit Hilfe zusätzlicher Gruppen von Interneuronen der zweiten Reihe realisiert (4). Die Wechselwirkung der Paare "Agonist-Antagonist", die zu allen 4 Extremitäten gehören, wird durch eine zusätzliche, zentral liegende Gruppe von Interneuronen der dritten Reihe (5) bedingt. Alle genannten Gruppen der Interneurone hängen funktionell über einen Schließkreis zirkulierender Impulse zusammen.

Das Studium der Veränderungen, die in der fortschreitenden Evolution im ZNS der Wirbeltiere vor sich gehen, gestattet gleichzeitig die Schlußfolgerung, daß die Komplizierung der Systeme der reticulären Neurone ihre Grenzen hat. Mit den komplizierter werdenden reflektorischen Koordinationen der Wirbeltiere im Zusammenhang mit der Entwicklung der Analysatoren wandeln sich allmählich einige übersegmentale Abteilungen des koordinierenden Mechanismus, die Beziehungen zu komplexen reflektorischen Akten haben, in Bestandteile des analysatorisch-koordinierenden Mechanismus um.

Experimentell-morphologische Untersuchungen von G.P. SHUKOWA und T.A. LEONTOWITSCH (1964) zeigten, daß die Formatio reticularis sich auch auf die an der Hirnbasis liegenden phylogenetisch ältesten Abschnitte des supraaxialen Teiles des ZNS ausdehnt. Zu solchen Regionen, die sich unmittelbar an die axialen Teile des ZNS anschließen, gehören insbesondere das hypothalamische Gebiet des Zwischenhirns (Abb. 4) und einige palaeocorticale Formationen der sogenannten halbisolierten Rinde (Cortex semiseparatus nach der Klassikation von I.N. FILIMONOFF), zusammen mit den an sie angrenzenden subcorticalen Strukturen (Abb. 5-1 u. 2). Alle genannten Gebilde überwiegen bei niederen Wirbeltieren mit noch schwacher Entwicklung des Endhirns und vollkommen unentwickelten Großhirnhemisphären (Rundmäuler, Fische).

Zum Kreis der "Dienstpflichten" des koordinierenden Mechanismus gehört, wie schon gesagt, gemeinsam mit verschiedenen animalischen segmentalen Reflexen, auch die Verwirklichung vegetativer Reaktionen. Die entlang des axialen Teiles des ZNS verteilten reflektorischen Koordinationen, die Beziehungen zur inneren Lebenstätigkeit haben sowie auch mit der Schmerzrezeption bei unmittelbarer Beschädigung der Körpergewebe zusammenhängen, werden im selben koordinierenden Mechanismus konzentriert (Abb. 17). Diese reflektorischen Koordinationen sind offensichtlich nur in geringem Maße im analysatorisch-koordinierenden Mechanismus vertreten. Eine solche Schlußfolgerung ist möglich, weil die örtlichen vegetativen wie auch die örtlichen Verteidigungsreflexe bei Unversehrtheit der segmentalen Bögen des Rückenmarkes und des Hirnstammes sowie des sie vereinigenden zentralen Schaltapparates und seiner Verbindungen - Formatio reticularis - erhalten bleiben.

Zu Reflexen solcher Art gehören insbesondere bei einigen niederen Wirbeltieren (Fische, Amphibien) Verteidigungsreflexe in Form der Veränderung der Pigmentfärbung der Haut bei Wechsel des Farbtones der Umgebung, in der sich die Tiere befinden. Die höhere zentrale Vertretung dieser Reaktionen liegt offenbar im hypothalamischen Gebiet des Zwischenhirns. Der Reflexbogen ist wahrscheinlich in folgender Weise vorstellbar: Retina der Augen als Ort der Reizaufnahme, dann Sehnerv, Kerne des hypothalamischen Gebietes; von hier aus werden die Impulse weiter übertragen, teilweise auf vegetative Zentren der Stammhirn-

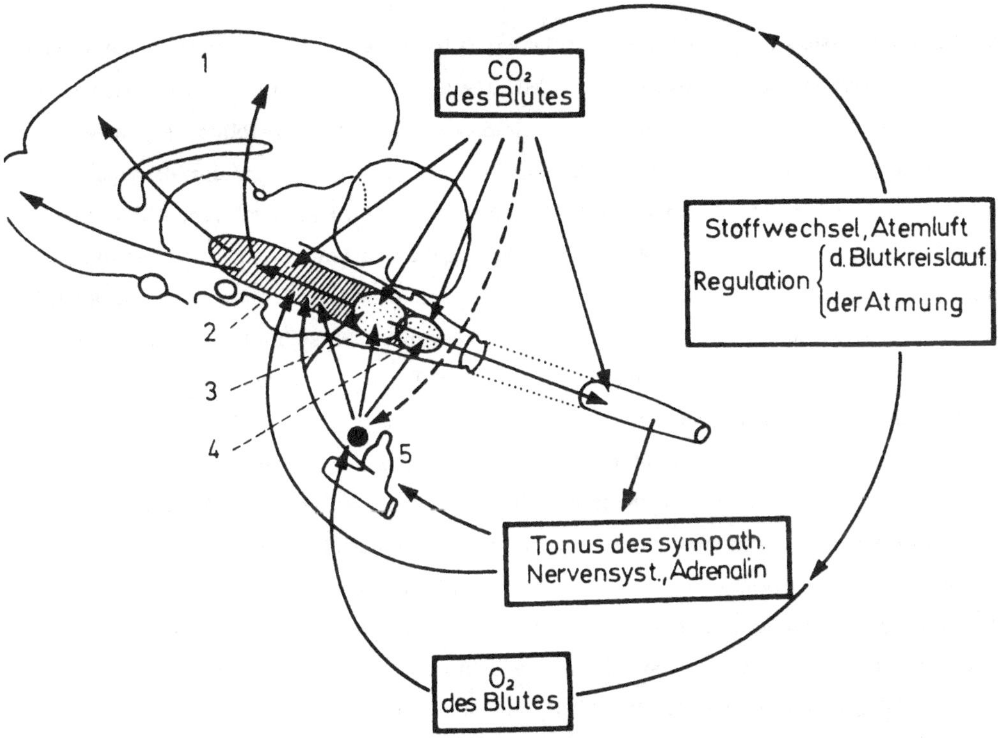

Abb. 17: Schema der Lokalisation der zentralen Bereiche vegetativer Funktionen (Atmung, Herz-Kreislauf) des Organismus in der Formatio reticularis des Hirnstammes (koordinierender Mechanismus). 1-Hemisphäre; 2-Formatio reticularis des Hirnstammes; 3-Vasomotorenzentrum; 4-Atemzentrum; 5-Carotissinus. Dargestellt sind einige auto-regulierende physiologische Systeme der Innenwelt des Organismus, die in einen Funktionskreis eingebaut sind, der direkt durch die Formatio reticularis des Großhirns und Rückenmarks geschlossen wird. Gezeigt werden auch die Einflüsse der Formatio reticularis des Hirnstammes auf höherliegende supraaxiale (Großhirnhemisphären) und tieferliegende (Rückenmark) Abschnitte des ZNS. Die aufsteigenden Einflüsse der Formatio reticularis des Hirnstammes werden unter dem Begriff des diffus aktivierenden oder unspezifischen Systems zusammengefaßt (nach DELLE und BONWALL).

teile, teilweise über die Hypophyse auf das System der endokrinen Drüsen, die zusammen mit dem vegetativen Nervensystem die Pigmentreaktion der Haut bedingen. Zu einer eigenartig spezialisierten Eigenschaft des koordinierenden Mechanismus müssen auch die retino-motorischen Effekte in der Netzhaut des Froschauges bei Beleuchtung der Haut gerechnet werden. Einige Untersucher (BIRJUKOW 1960) erörterten die Bedeutung der Lichtreize für die Aufrechterhaltung des allgemeinen Tonus der Skelettmuskulatur (Fototonische Funktion der rezeptorischen Abteilung des Sehanalysators).

Anatomisch gehört zum koordinierenden Mechanismus auch die zentrale graue Substanz, die den IV. Ventrikel und den Aquaeductus Sylvii umgibt und sich unmittelbar in die Kerne des hypothalamischen Gebietes des Zwischenhirns fortsetzt. Diese Formation besteht ebenfalls aus Neuronen des reticulären Typs (SHUKOWA 1964) und kann in phylogenetischer Beziehung hauptsächlich als zentrale Vertretung verschiedenartiger vegetativer Auto-Regulationen des Organismus betrachtet werden. Die zentrale graue Substanz der Hirnhöhlen, besonders massiv vertreten bei den Amphibien, hat, so ist anzunehmen, wesentliche Bedeutung für die spezielle vegetative Anpassung der Organe und Teile des Körpers an die Bedingungen ihrer Tätigkeit. Die Kerne des hypothalamischen Gebietes (Abb. 4 und 13) beeinflussen verschiedene Seiten der Lebenstätigkeit des ganzen Organismus: trophische Prozesse, Prozesse des Stoffwechsels und plastische Prozesse der Wiederherstellung der lebenden Substanzen in Zellen und Geweben.

Vorstellungen darüber, daß ein sehr bedeutender Teil des vegetativen Lebens des Organismus als Summe von in seinem inneren Milieu entstehenden Reflexen zur Kompetenz des koordinierenden Mechanismus gehört, wurden auch in morphologischen Untersuchungen bestätigt. Es wurde gezeigt, daß sich die vegetativen Zentren (sympathische und parasympathische) des Rückenmarks und der Stammteile des Großhirns (Abb. 17) sowie auch das zentrale Höhlengrau und das hypothalamische Gebiet aus typischen reticulären Neuronen aufbauen (SHUKOWA und LEONTOWITSCH, s. oben), die nach ihren strukturellen Charakteristika sowohl von den motorischen als auch von den die Analysatoren aufbauenden Neuronen unterschieden werden können (Abb. 18 und 31).

Somit ist anzunehmen, daß in der Evolution der Wirbeltiere die zentralen nervalen Apparate, die die aus dem inneren Milieu des Organismus kommenden Signalisationen verarbeiten, zum größten Teil noch nicht aus dem koordinierenden Mechanismus ausgesondert werden. Diese Kategorie der im Körper selbst ablaufenden reflektorischen Prozesse hängt mit der Tätigkeit der Analysatoren nur vermittelnd zusammen. Diese Schlußfolgerungen stimmen gut überein mit ähnlichen physiologischen Vorstellungen darüber, daß die Interorezeptionen bedeutend schwächer in der Hirnrinde vertreten sind als die Rezeptionen, die unmittelbar mit den Systemen der Analysatoren zusammenhängen.

1.4. Der analysatorisch-koordinierende Mechanismus

Wie die Bezeichnung schon zeigt, ist dieser Mechanismus ein kompliziertes Gebilde, das aus entwicklungsgeschichtlich älteren (koordinierender Mechanismus) und neueren (Analysatoren) Teilen zusammengesetzt ist.

In den analysatorisch-koordinierenden Mechanismus müssen, wie schon erwähnt, alle die Umschaltknoten mit ihren Wechselbeziehungen einbezogen werden, die zu den niederen

Hirnteilen der Analysatoren gehören und die sich unmittelbar auf die entsprechenden Abteilungen des koordinierenden Mechanismus, d.h. auf bestimmte Neuronengruppen der Formatio reticularis aufbauen, die die örtlichen (segmentalen) Reflexbögen entlang der Achse des ZNS vereinigen.

Dieser Mechanismus hat die Aufgabe, kompliziertere reflektorische Koordinationen durchzuführen, die mit dem einen oder anderen Grad der Orientierung im umgebenden Raum zusammenhängen. Zu solchen Koordinationen gehören insbesondere Orientierungs- und Adaptationsreflexe, vor allem auf Seh- und Hörreize (hier können auch Reflexe der Selbstabstimmung der Analysatoren einbezogen werden), außerdem statische und lokomotorische Reflexe und Reflexe der Erhaltung des Gleichgewichtes des Körpers.

Bei der aktiven Orientierung des Organismus in der äußeren Welt spielen die Neurone eine wichtige Rolle, die eine spezielle Beziehung zu den Prozessen der Verteilung des Tonus der Skelettmuskulatur bei verschiedener Lage und Bewegung haben. Dank der gemeinsamen Tätigkeit entsprechender Neuronengruppen, die auf verschiedene Ebenen des axialen Teiles des ZNS verteilt sind, wird der schnelle Wechsel der Form des Tonus und der Spannung in den Muskeln des Körpers gewährleistet. Eine ähnliche Art der reflektorischen Koordinationen, die sich ebenso unter Mitwirkung des analysatorisch-koordinierenden Mechanismus vollziehen, sind besonders kompliziert ausgebildet bei Tieren, deren Extremitäten über viele Grade der Bewegungsfreiheit verfügen.

Zum Unterschied vom koordinierenden Mechanismus haben die analysatorisch-koordinierenden Formationen des Gehirns bedeutend ausgedehntere rezeptive Felder, die nicht nur in benachbarten, sondern auch in räumlich getrennten Teilen des Körpers und der Organe liegen.

Ein bedeutender Teil der Rezeptionen, die für die hier zu besprechenden komplizierten Reflexe am wesentlichsten sind, wird von Sinnesorganen empfangen, die auf die Regionen des Kopfes verteilt sind: Netzhaut der Augen, Schnecke des Innenohres, ebenso die Organe des Gleichgewichtes und der Orientierung des Körpers im Raum (vestibuläre und Statolithen-Apparate des Innenohres). Dieser Umstand erklärt sich auch dadurch, daß das Hauptgewicht der zentralen Verarbeitung entsprechender Signale auf die Stammteile des Großhirns fällt, in denen die analysatorisch-koordinierenden Formationen die höchste Entwicklung erreichen.

Zu diesen analysatorisch-koordinierenden Gebilden gehören die Lobi optici der niederen Wirbeltiere und Vögel, die den Colliculi superiores des Mittelhirns der Säugetiere entsprechen. Dazu zählt auch das Kleinhirn mit seinem ausgedehnten System zweiseitiger Verbindungen (Abb. 24 und 27) zu den im Stammhirn liegenden vestibulären und anderen Kernen,

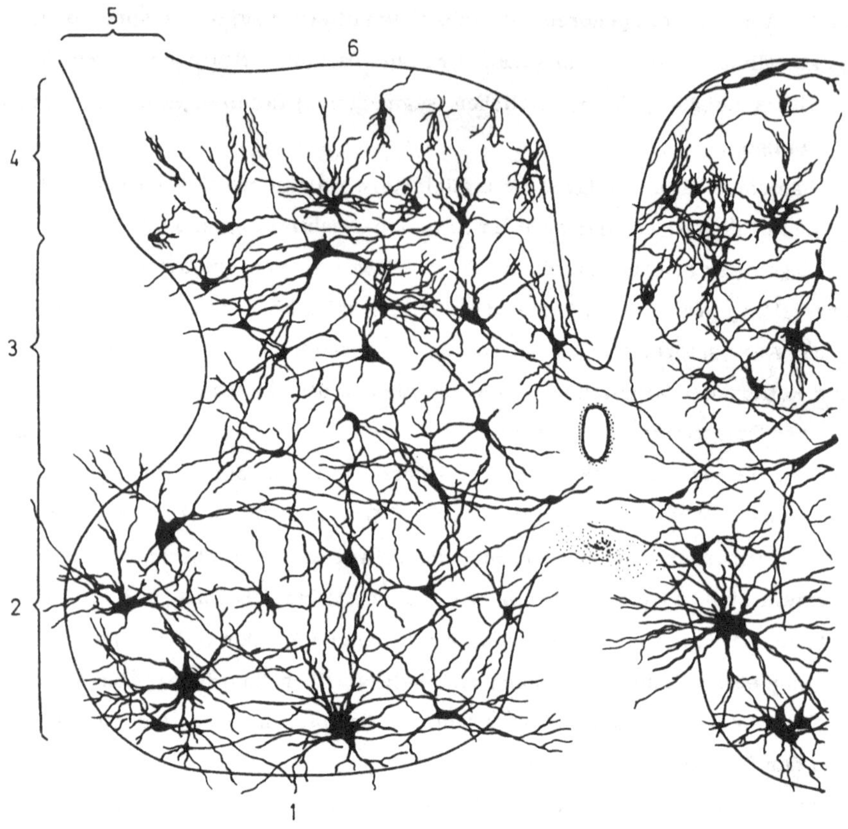

Abb. 18: Karte des neuronalen Aufbaus der grauen Substanz des Rückenmarks nach SHUKOWA. 1-Cornu anterius; 2-Zone der efferenten Neurone; 3-intermediäre Zone der Neurone der Formatio reticularis; 4-Schicht der Neurone der Substantia gelatinosa; 5-Radix dorsalis; 6-Cornu posterius. Gut zu sehen sind die feinen Unterschiede in der Struktur der Neurone, die wir zum analysatorisch-koordinierenden Mechanismus rechnen (Substantia gelatinosa) und der zum koordinierenden Mechanismus gehörenden Neurone der Formatio reticularis und der effektorischen Neurone (vgl. mit Abb. 31).

die eine Verteilung des Tonus der Skelettmuskulatur bei verschiedener Lage und Bewegung des Körpers vornehmen. Bei einigen am Boden lebenden Fischen mit kräftig entwickelter Geschmacksempfindlichkeit erreichen die Lobi gustatorii des verlängerten Markes (Abb. 6), die bei diesen Tieren einen der wichtigsten Abschnitte des analysatorisch-koordinierenden Mechanismus bilden, ein gewaltiges Ausmaß.

Daneben ist zu erörtern, daß die Aufrechterhaltung des Gleichgewichtes des Körpers wesentlich durch einige im axialen Teil des ZNS vorhandene vestibuläre Kerne mit ihren

Verbindungen zum Kleinhirn und zu den Bewegungszentren der Augen- und Skelettmuskulatur des ganzen Körpers gewährleistet wird. Diese Regulation des Gleichgewichtes erhebt sich nicht über das Niveau des analysatorisch-koordinierenden Mechanismus. Damit erklärt sich offensichtlich das Fehlen einer klar abgegrenzten Vertretung des vestibulären Systems in der Großhirnrinde.

Es ist anzunehmen, daß der analysatorisch-koordinierende Mechanismus nicht nur in den Stammteilen des Großhirns vertreten ist, sondern auch im Rückenmark. Hier kann man als diesem Mechanismus analog die Schicht der Umschaltneurone, die sich in der Substantia gelatinose des Rückenmarkes konzentrieren (Abb. 18) und die am Ort des Eintritts der sensiblen Fasern über die hinteren Wurzeln in das Rückenmark liegen, betrachten. Die Substantia gelatinosa des Rückenmarkes setzt sich unmittelbar fort in die Substantia gelatinosa des verlängerten Markes, die entlang der Wurzeln der sensiblen Nuclei einiger Hirnnerven konzentriert ist.

Die Schicht der Neuronen der Substantia gelatinosa ist dem koordinierenden Mechanismus als zusätzliche Umschalteinrichtung auf dem Wege der aus der Peripherie eintretenden zentripetalen (afferenten) Impulse, die sich dann mit Hilfe der reticulösen Neurone der grauen Substanz des Rückenmarks zwischen den verschiedenen Gruppen der ausführenden (effektorischen) Neurone (Abb. 15) verteilen, überlagert. Diese Elemente sind offensichtlich für feiner differenzierte reflektorische Schließungen befähigt, die sich unmittelbar auf dem segmentalen Niveau des Rückenmarks selbst vollziehen.

Die Umschaltungen in der Substantia gelatinosa sind wesentlich für den koordinierten Durchfluß der verschiedenartigen örtlichen (in der Hauptsache lokomotorischen) Reflexe, die mit Hilfe vielgliedriger Extremitäten, die über eine große Beweglichkeit verfügen, verwirklicht werden. Bei den Säugetieren nehmen die Neurone der Substantia gelatinosa und auch die längs der Achse des ZNS höher liegenden analysatorisch-koordinierenden Formationen unmittelbar an der Realisierung der differenzierten Bewegungen des Rumpfes und der Extremitäten teil, die von den aus der Hirnrinde kommenden Stimulationen hervorgerufen werden.

Wie die Untersuchungen SHUKOWA's (1960) zeigten, wird die Substantia gelatinosa, die die Funktion eines auf der Ebene des Rückenmarkes arbeitenden Integrationsapparates besitzt, charakterisiert durch eigenartige Besonderheiten des neuronalen Aufbaus, die in gewissem Grade dem bekannten Schichtentyp der Rindenformation ähneln (s. unten). In dieser Zone der grauen Substanz der Hinterhörner des Rückenmarks (Abb. 18) wurde eine in bestimmter Weise räumlich orientierte, geometrisch angeordnete Verteilung der Neuronen festgestellt. Andere charakteristische Besonderheiten liegen hier vor in Form von Neuronen mit kurzem Axon oder einer Form, die ihnen nach dem Bau der axonalen und dendritischen Verzwei-

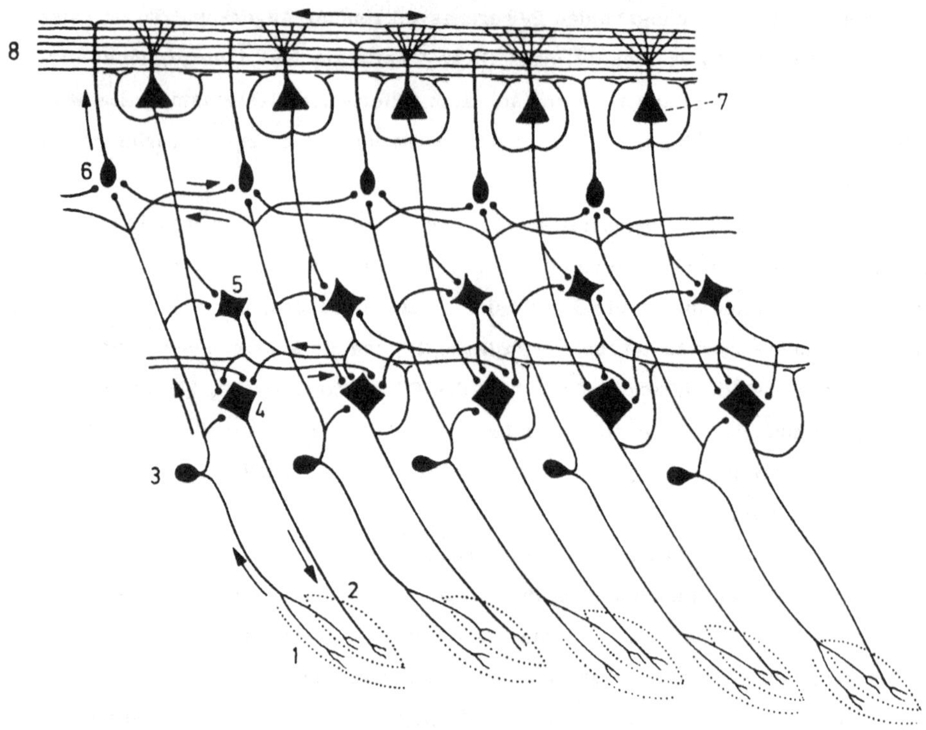

Abb. 19: Schema der neuronalen Organisation der cerebralen Teile der Analysatoren, die nach dem Rindentyp aufgebaut sind. Gewählt wurde der Komplex des Haut- und kinästhetischen Analysators. 1-rezeptorische Oberfläche der Haut; 2-Effektor (Skelettmuskulatur); 3-peripheres sensibles Neuron; 4-effektorisches Neuron; 5-Neuron der Formatio reticularis; 4 + 5-koordinierender Mechanismus; 6-Neuron der Umschalteinrichtungen der cerebralen Teile der Analysatoren, das zur Übertragung der zentripetalen (afferenten) Impulse in den Rindenapparat fähig ist; 7-efferentes Rindenneuron, das die zentripetalen Impulse unmittelbar auf den koordinierenden Mechanismus umschaltet; 8-universell für alle Formen des Aufbaues nach dem Rindentyp integriertes System horizontaler (tangentialer) Verbindungen, die die efferenten Neurone der Rinde funktionell vereinigen. Diese charakteristische Konstruktion ist eines der wesentlichsten Merkmale des Aufbaus nach dem Rindentyp.

gungen ähneln. Die Endverzweigungen der Axone dieser Neurone bilden Kontakte mit benachbarten Zellen, was typisch für die Umschaltstationen der Analysatoren ist. Wie G.P. SHUKOWA weiter erörtert, kann man nach den in der Literatur mitgeteilten Ergebnissen annehmen, daß in der Substantia gelatinosa eine nach dem somatotopischen Typ organisierte Lokalisation der Projektionen der rezeptorischen Peripherie existiert, die in den entsprechenden Segmenten des Rückenmarks Haut- und kinästhetische Erregungen empfängt. Diese Resultate unterstützen unsere Vorstellungen über die Substantia gelatinosa

als einer der Abteilungen des analysatorisch-koordinierenden Mechanismus.
Die folgende Eigenschaft der Konstruktion ist charakteristisch für die Hirnteile der Analysatoren sowohl im axialen als auch im überaxialen Teil des ZNS. Wir meinen Strukturen, die zu den höchst kompliziert organisierten Abschnitten sowohl des analysatorisch-koordinierenden Mechanismus als auch zu den Systemen der Analysatoren gehören.
Der Hirnteil eines beliebigen Analysators, auf welchem Niveau des ZNS er auch immer liegt, erreicht einen bestimmten Kompliziertheitsgrad der in ihm ablaufenden Prozesse der Analyse und Synthese der Reize und erwirbt gesetzmäßig einen Schichtenbau nach dem Rindentyp (Abb. 19).
Formationen mit solchen Strukturen beobachten wir z.B. in den Geschmackszentren des verlängerten Markes der Fische (Abb. 6 und 20-1 s. Anhang) mit stark entwickelter Geschmacksempfindung. Bei Tieren, die Ultraschall empfangen können (einige Nagetiere, Raubtiere, Flossenfüßler), haben die primären Hörzentren des verlängerten Markes einen ähnlichen neuronalen Bau (Abb. 20-4). Der Aufbau nach dem Rindentyp tritt charakteristisch auf bei allen Wirbeltieren in den Lobi optici (Colliculi superiores) des Mittelhirns (Abb. 6 und 20-2) und ebenso im Kleinhirn (Abb. 20-3). Die Rinde des Kleinhirns, insbesondere ihre neuronale Organisation, wie auch die Rinde der Lobi optici des Mittelhirns, können als Prototyp der Rinde der großen Hemisphären betrachtet werden (Abb. 20-5).
Die Entwicklung der Rindenstruktur im Kleinhirn ist davon abhängig, daß dieses automatisch arbeitende Hirnorgan Analyse und Synthese der Reize durchführt, die auf verschiedene rezeptorische Oberflächen des Organismus einwirken und daß es sehr komplizierte reflektorische Koordinationen, die die effektorischen Apparate des ganzen Körpers erfassen, gewährleistet.
Die höheren cerebralen Enden der Systeme der Analysatoren, die von den phylogenetisch zuletzt entstandenen Formationen des Neocortex der großen Hemisphären gebildet werden (Abb. 23 und 25), erreichen in der Reihe der Säugetiere die vollkommenste Entwicklung und Kompliziertheit in der strukturellen Differenzierung nach dem Rindentyp. Bei niederen Wirbeltieren mit noch schwach entwickeltem Endhirn und fehlenden großen Hemisphären zeigen die axialen analysatorisch-koordinierenden Gebilde schon einen sehr komplizierten Aufbau nach dem Rindentyp (Abb. 6 und 20), während im überaxialen Teil des ZNS noch auf niederer Stufe stehende Formationen der palaeocorticalen oder halbisolierten Rinde (Cortex semiseparatus nach FILIMONOFF) vertreten sind.
Das Hinüberwachsen des koordinierenden Mechanismus in den analysatorisch-koordinierenden Mechanismus mit seinem Bau nach dem Rindentyp kann man deutlich schon im ZNS der niederen Wirbeltiere an folgenden Besonderheiten der neuronalen Organisation verfolgen.

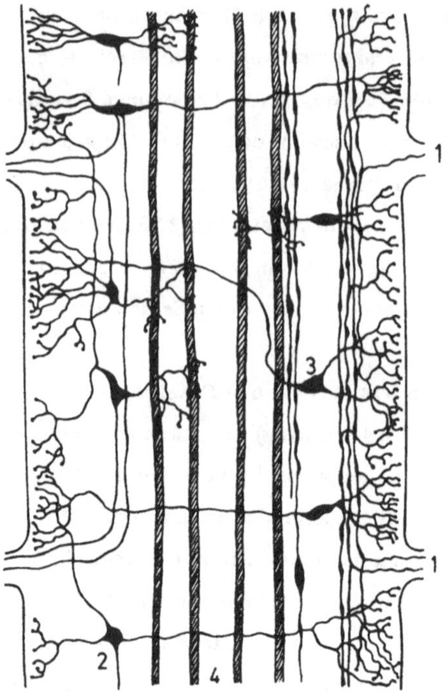

Abb. 21. Halbschematische Zeichnung der neuronalen Konstruktion des Rumpfhirns niederer Wirbeltiere (Ammocoetes). 1-periphere sensible Fasern, die durch die hinteren Wurzeln eintreten; 2-effektorische (motorische) Neurone; 3-Interneurone, die wir zur Formatio reticularis zählen; 4-längs orientierte, dicke Nervenfasern. Rechts sind Bündel längsverlaufender, feiner Nervenfasern dargestellt, die sich aus den verlängerten Fasern der hinteren Wurzeln zusammensetzen. Die Dendritenverzweigungen der Neurone verteilen sich senkrecht zu den längs verlaufenden Nervenfasern (nach Angaben von TRETJAKOWA aus ZAWARSINA).

Der allgemeine Charakter des Aufbaus des Rückenmarks und des Gehirns bei niederen Wirbeltieren besteht in einer besonderen Form der räumlichen Verteilung der Neurone und interneuronalen Verbindungen, d.h. der Kontaktzonen oder synaptischen Verkettungen zwischen den Neuronen. Die typische Besonderheit dieser Organisation besteht darin, daß die sich verbindenden Elemente in senkrechten Ebenen gegenüberstehen (Abb. 21). Die Dendritenverzweigungen der im axialen Teil des ZNS angeordneten effektorischen und reticulären Neurone erstrecken sich vorwiegend in radialer Richtung in rechtem Winkel zu den mit ihnen Kontakt aufnehmenden Bündeln von Nervenfasern, die hauptsächlich in Längsrichtung, d.h. in der Achse des ZNS orientiert sind.

Im Ergebnis dieser topografischen Beziehungen innerhalb aller Systeme interneuronaler Verbindungen entstehen optimale Bedingungen für die gleichzeitige und aufeinanderfolgende Erfassung großer Gruppen von zum koordinierenden Mechanismus gehörenden Neuronen durch Erregungswellen, die sich über die zentralen nervalen Leitungsbahnen ausdehnen. Damit werden die funktionellen Möglichkeiten des koordinierenden Mechanismus vollkommener realisiert, was auch, wie schon gezeigt wurde, die hauptsächlichste physiologische Aufgabe des analysatorisch-koordinierenden Mechanismus ist. Offensichtlich entsteht durch eine solche Einrichtung ein eigenartiges "Instrument der Gradualität", das der Registrierung räumlicher und zeitlicher Beziehungen zwischen den Reizen angepaßt ist.
Diese Besonderheiten der Konstruktion führen zu der Schlußfolgerung, daß schon bei niederen Wirbeltieren der koordinierende Mechanismus in der gesamten Ausdehnung der Achse des ZNS in noch diffuser und schwach differenzierter Form einige Charakteristika besitzt, die dem analysatorisch-koordinierenden Mechanismus eigen sind.
Es ist sehr wahrscheinlich, daß das oben dargestellte Prinzip der Organisation der interneuronalen Verbindungen im ZNS niederer Wirbeltiere auch die Basis für den Aufbau des Rindentyps ist (Abb. 19), wie ihn die höchst organisierten Strukturen des analysatorisch-koordinierenden Mechanismus zeigen. Damit stellt der Aufbau nach dem Rindentyp nur eine weitere Stufe der strukturellen Differenzierung der neuronal-architektonischen Beziehungen dar, die im ZNS des Wirbeltieres schon im Moment seiner Entstehung vorhanden sind.
In der Evolution der Wirbeltiere entwickelt sich das ZNS als komplexes Gebilde. Auf der Grundlage der oben angeführten Organisation geht die Herausbildung des koordinierenden Mechanismus mit seinen segmentalen und übersegmentalen reflektorischen Apparaten vor sich. Ebenso werden unbedingt notwendige "organisatorische" Voraussetzungen geschaffen für die nachfolgende Entwicklung und Absonderung der Analysatoren (des analysatorisch-koordinierenden Mechanismus und danach schon der Systeme der Analysatoren) mit für diese Gebilde charakteristischen Schaltapparaten (und des speziellen Aufbaus nach dem Rindentyp).

1.5. Die Systeme der Analysatoren

In den Ketten der aufeinanderfolgenden neuronalen Umschaltungen, aus denen sich die Systeme der Analysatoren zusammensetzen (Abb. 7), werden, wie bekannt, die kompliziertesten Formen der analytisch-synthetischen Tätigkeit des Gehirns realisiert. Sie gestatten dem Organismus die höchst detaillierte Orientierung in der Umwelt. Wir verweilen kurz bei

der funktionellen Bedeutung der Besonderheiten der Konstruktion, die die Systeme der Analysatoren vom analysatorisch-koordinierenden Mechanismus unterscheiden.
Reflektorische Koordinationen, die mit Hilfe des analysatorisch-koordinierenden Mechanismus ablaufen, finden nur begrenzte Anwendung in der Gesamtheit der reflektorischen Tätigkeit und bedingen die teilweise Anpassung des Organismus an den einen oder anderen speziellen Komplex von Reizen. Die grundlegende physiologische Aufgabe dieses Mechanismus ist die Gewährleistung neuer und komplizierterer Koordinations-Bedürfnisse des Organismus. Der analysatorisch-koordinierende Mechanismus, der zusammen mit dem koordinierenden Mechanismus arbeitet, kann nur einzelne Anpassungsaufgaben lösen. Er bildet sozusagen eine Gemeinschaft von Neuronen mit begrenzter physiologischer Verantwortlichkeit.
Mit der Herausbildung der Systeme der Analysatoren geht eine Selbstbestimmung der Analysatoren einher, die jetzt als höherer Aufbau auf alle reflektorischen Koordinationen auftreten. In der Evolution der Wirbeltiere wachsen die höheren sehr kompliziert miteinander verbundenen cerebralen Enden der Systeme der Analysatoren außerordentlich an (Abb. 25). Mit Hilfe dieser Bildungen werden integrierte Angaben der gesamten rezeptorischen Oberfläche des Organismus verarbeitet. Mit der Absonderung der Systeme der Analysatoren unterwerfen sich ihnen alle reflektorischen Koordinationen, über die der Organismus verfügt und die von diesen Systemen im Interesse des ganzen Organismus ausgenutzt werden.
Wenn die Mechanismen der axialen reflektorischen Koordinationen für physiologisch regelnde Durchflüsse dieses oder jenes Anpassungsaktes verantwortlich sind, dann übernehmen bei Tieren mit abgesonderten Systemen der Analysatoren die höheren cerebralen Enden der letzteren die volle Verantwortlichkeit für die biologische Zweckmäßigkeit aller Reaktionen.
Mit der Bildung der Systeme der Analysatoren und speziell ihrer höheren cerebralen Enden und dank der Vervollkommnung des physiologischen Apparates der aktiven Abstimmung der Sinnesorgane auf die Wahrnehmung der Objekte verändert sich qualitativ, breitet sich aus und vertieft sich die Fähigkeit des Organismus zur aktiven Orientierung in der Umwelt. Gleichzeitig damit erhält der Organismus die Fähigkeit, differenzierter auf die ihn reizenden Objekte zurückzuwirken. Die Systeme der Analysatoren sind außerordentlich bedeutsam nicht nur für die Anpassung des Organismus an die Umwelt, sondern auch für die Anpassung der Umwelt an die Bedürfnisse und Forderungen des Organismus.
Der analysatorisch-koordinierende Mechanismus tritt gegenüber der Arbeit des koordinierenden Mechanismus nach den Rechten eines "Vormundes" auf, indem er ihn bei der Erledigung seiner Aufgaben korrigiert. Dabei beschränkt sich die Rolle der analysatorisch-

koordinierenden Einrichtungen im wesentlichen nur auf die weitere Ausarbeitung der Möglichkeiten, die in den von den Vorfahren ererbten und auf die kommende Generation übertragenen reflektorischen Koordinationen liegen. Das wird besonders deutlich bei den Wirbeltieren, deren Systeme der Analysatoren noch schwach entwickelt sind.
Die höheren cerebralen Ende der Systeme der Analysatoren erwerben in ihrer entwickelten Form (Formationen des vollentwickelten Neocortex mit dem ihm benachbarten Subcortex, Abb. 5 und 7) die vollkommensten funktionellen Möglichkeiten, um im Verlauf des individuellen Lebens immer neue "künstliche" reflektorische Koordinationen erarbeiten zu können, die wir als Fertigkeiten, Fähigkeiten und Kenntnisse qualifizieren.
Die Entwicklung des Analysatorsystems als einheitliches, kompliziert wechselseitig verbundenes Gebilde wird besonders deutlich in der Korrelation der Prozesse der strukturellen Differenzierung der Schaltapparate für Impulse, die auf die verschiedenen Ebenen des Gehirns verteilt werden. Es wurde festgestellt, daß im Verlauf des intraembryonalen Lebens in den Systemen des Seh-, Haut- und Kinästhetischen Analysators die Absonderung der zytoarchitektonischen Schichten in den entsprechenden corticalen Zonen zeitlich zusammenfällt mit der Differenzierung der subcorticalen Kernkomplexe (Thalamus und äußerer Kniehöcker, Abb. 7, PREOBRASCHENSKAJA 1955, MINAEWA 1961).
In den Systemen der Analysatoren kann man zwei Arten von zentralen Umschaltinstanzen unterscheiden, die im axialen und supraaxialen Teil des ZNS gelegen sind. Die Umschaltungen, die im axialen Teil erfolgen, sind zu Formationen des entfernteren Subcortex zu rechnen, während Umschaltungen, die sich im Gebiet des Überganges des axialen Teiles in den supraaxialen Teil vollziehen, zusammen mit den benachbarten supraaxialen Teilen der subcorticalen Kerne der großen Hemisphären zum benachbarten Subcortex zu zählen sind. Die corticalen Enden der Systeme der Analysatoren erstrecken sich in den Grenzen des supraaxialen Teiles (Abb. 7 und 30).
Wir können heute annehmen, daß alle Systeme der Analysatoren sich auf der Grundlage zweiseitiger Verbindungen aufbauen. Diese bestehen zwischen den intermediären und den Endgliedern der Schaltkette der Impulse, die durch entsprechende periphere, subcorticale (benachbarter und entfernter Subcortex) und corticale Abteilungen dargestellt werden. Jedes der Glieder hängt mit den übrigen sowohl durch aufsteigende zentripetale als auch durch absteigende zentrifugale Bahnen zusammen (RASMUSSEN 1950, DSUGAEWA 1958, SCHKOLNIK-JARROS 1958, KUYPERS et al. 1961). Auf Grund einer solchen Organisation der Wechselbeziehungen in den Systemen der Analysatoren befinden sich die Neuronengruppen in den Schaltkernen, die zwischen peripheren und höheren cerebralen Enden eingeschaltet sind, ständig unter dem Einfluß einander entgegenkommender und sich gegenseitig

beeinflussender Impulsströme. Auf diese Weise besitzen die höheren cerebralen Enden der Systeme der Analysatoren die Möglichkeit, in bestimmter Weise aktiv auf den funktionellen Zustand der neuronalen Schaltketten, die sich an der Übertragung zentripetaler Impulse beteiligen, einzuwirken, wobei die eine stimuliert und gleichzeitig damit andere Neuronengruppen unterdrückt werden.

Die Umschaltinstanzen in den Systemen der Analysatoren, die sowohl im axialen als auch im überaxialen Teil des ZNS vorhanden sind, stehen in enger Wechselbeziehung mit den koordinierenden und den analysatorisch-koordinierenden Bereichen.

Mit Hilfe zahlreicher Kollateralverzweigungen, die auf den niederen Ebenen des ZNS von den Systemen der Analysatoren auf dem Wege der in der Achse des ZNS aufsteigenden Bahnen abgehen (Abb. 7), werden unmittelbare Kontakte zu entsprechenden Abteilungen des koordinierenden und des analysatorisch-koordinierenden Mechanismus hergestellt. So können die Systeme der Analysatoren schon in ihren axialen Abschnitten bestimmte, durch eine Wechselwirkung zwischen zentripetalen und zentrifugalen Impulsen bedingte, Einflüsse auf verschiedenartige reflektorische Koordinationen, die im Rückenmark und in den Stammteilen des Großhirns durchgeführt werden, aufweisen. Dadurch ändern sich die Tätigkeiten des koordinierenden und des analysatorisch-koordinierenden Mechanismus in derselben allgemeinen Richtung, in der die funktionellen Zustände der höheren cerebralen Enden der Systeme der Analysatoren unter dem Einfluß derselben zentripetalen afferenten Impulse wechseln. Auf diesem Wege wird eine rechtzeitige Arbeitsabstimmung aller reflektorischen Anpassungen des Organismus, die im axialen Teil des ZNS realisiert werden, mit Reaktionen und Operationen, die in den höheren cerebralen Vertretungen der Analysatoren im supraaxialen Teil des ZNS ablaufen, erreicht.

Über Verbindungen zur Formatio reticularis im axialen Teil des ZNS (Abb. 7) können die Systeme der Analysatoren sich ebenso indirekt einander beeinflussen. Dabei verlieren die Impulse, die aus den Systemen der Analysatoren in die Formatio reticularis übertreten, in bedeutendem Maße ihre Spezifität ("Modalität"). Die im Ergebnis solcher Wechselwirkungen erzeugten neuen Impulskombinationen können über aufsteigende Schaltketten der Formatio reticularis (sogen. unspezifisches aktivierendes System Abb. 17) auf den allgemeinen Tonus und die Arbeitsfähigkeit der höheren cerebralen Enden der Systeme der Analysatoren, die ihren funktionellen Zustand im Sinne der Steigerung oder Erniedrigung der Erregungsschwelle wechseln, einwirken.

Die im supraaxialen Teil des ZNS verteilten corticalen und subcorticalen Gebilde haben weitläufige zweiseitige (zentrifugale und zentripetale) Verbindungen mit vielen Neuronengruppen des axialen Teiles des ZNS (Abb. 23, 26, 27). In diesen Verbindungen, die für die Aufrechterhaltung der einander entgegenkommenden Impulsströme spezialisiert sind, haben wir offensichtlich den materiellen Apparat jener komplizierten und gezielten Tätigkeiten vor uns, die auf die Gesamtheit der reflektorischen Koordinationen von den höheren cerebralen Enden der Systeme der Analysatoren als Integrator des gesamten Verhaltens des Organismus ausgeübt werden.

Die Entwicklung der Systeme der Analysatoren verursacht einen inneren Umbau aller neuronalen Strukturen des koordinierenden und des analysatorisch-koordinierenden Mechanismus. Als Ergebnis einer solchen Reorganisation der höheren cerebralen Enden der Systeme der Analysatoren erhalten diese die Fähigkeit, differenziert, d.h. auswählend, auf die effektorischen Apparate des Körpers einzuwirken. Die Impulse, die vom supraaxialen Teil des ZNS aus ausgesendet werden, können sich über den koordinierenden Mechanismus auf kleinste Gruppen effektorischer Elemente (entsprechende Abschnitte der Skelettmuskulatur des Körpers) verteilen. So kann der Organismus mit der Erhöhung der "bewilligten" Fähigkeiten der Analysatoren im Sinne einer detaillierten Aussonderung einzelner empfangender Reize auf diese Reize mit feiner differenzierten Bewegungen reagieren. Als anatomische Grundlage hierfür ist im ZNS der Säugetiere eine sich intensiv entwickelnde direkte Verbindung (die sogen. Pyramidenbahn) für die Übertragung der Impulse von den Neuronen der motorischen und anderer Gebiete der Hirnrinde auf die effektorischen Neurone des koordinierenden Mechanismus vorhanden (Abb. 26). Dieses System zentrifugaler Fasern verbindet die corticalen Zonen verschiedener Analysatoren miteinander, in erster Linie die Haut- und kinästhetischen Zonen mit den reflektorischen Arbeitsapparaten des axialen Teiles des ZNS. Es kann als Kanal für den schnellsten Übertritt der Impulskombinationen an die effektorische Peripherie betrachtet werden. Diese Impulskombinationen werden in den cerebralen Enden der Systeme der Analysatoren als Ergebnis einer analytisch-synthetischen Verarbeitung verschiedenartigster Signalisationen, die aus den rezeptiven Oberflächen des Organismus kommen, programmiert (s. Kap. 2,7).

Ergebnisse vergleichend-anatomischer und vergleichend-physiologischer Untersuchungen lassen die Annahme zu, daß infolge der Entwicklung der Systeme der Analysatoren während der Evolution der Wirbeltiere Neuronenkomplexe, die im koordinierenden Mechanismus enthalten sind, in zwei paralle Richtungen zu arbeiten begannen: In einer phylogenetisch alten Richtung zur Gewährleistung der für die Anpassung des Organismus lebenswichtigen reflektorischen Koordinationen und in einer phylogenetisch neueren Richtung zur speziellen Sicherung von Reaktionen, die unter führender Teilnahme der Systeme der Analysatoren erarbeitet und realisiert werden. Eine solche funktionelle Unterteilung des koordinierenden Mechanismus fand ihren morphologischen Ausdruck in den verschiedenen Systemen der zentrifugalen und zentripetalen Leitungsbahnen, in denen sich entsprechende Neuronengrup-

pen der betreffenden Abschnitte des ZNS mit den höheren cerebralen Enden der Systeme der Analysatoren vereinigen.
Die Neuronenkomplexe des koordinierenden Mechanismus, die sich auf relativ frühen Stufen der Evolution formieren und der Entstehung der Systeme der Analysatoren vorausgehen, behalten auch bei höher organisierten Wirbeltieren eine wesentliche Bedeutung für die Übertragung lebenswichtiger Rezeptionen in die höheren cerebralen Enden der Systeme der Analysatoren. Wir meinen solche Rezeptionen, deren Signalisationen aus dem inneren Milieu des Organismus kommen und Informationen über intime Prozesse der Lebenstätigkeit tragen, aber auch Rezeptionen, die durch Schmerzreize bei Verletzung der Körpergewebe verursacht werden. Diese Arten von Rezeptionen, die von globalen Verteidigungs- oder vegetativen Reaktionen begleitet werden, schließen sich zusammen zu einer Kategorie der groben protopathischen Sensibilität im Unterschied zu der zu den Systemen der Analysatoren gehörenden fein differenzierten, unterscheidenden oder epikritischen Sensibilität.
Die neuronalen Schaltketten, durch die die supraaxialen Abteilungen des ZNS direkt die protopathischen sensiblen Impulse erhalten, lokalisieren sich, wie das die Untersuchungen der letzten Jahre zeigten, in bestimmten Abschnitten der Formatio reticularis des Stammhirns, die besonders eng mit Gruppen der zum benachbarten Subcortex gehörenden, phylogenetisch alten Kerne des Thalamus verbunden sind. Diese Formationen ihrerseits werden durch zweiseitige Bahnen mit vielen Gebieten der Großhirnrinde verbunden. Besonders zahlreiche Verbindungen gehen sie dabei ein mit entwicklungsgeschichtlich älteren Formationen des Rindentyps (Palaeocortex, Archicortex und Cortex intermedius nach der Klassifikation von I.N. FILIMONOFF), aber auch mit solchen Gebieten des Neocortex, die sich in der Evolution der Säugetiere besonders früh abgesondert haben. Zu letzteren gehören die Randgebiete des Neocortex - die insuläre und die limbische Rinde - aber auch neocorticale Formationen, die die innere und untere Oberfläche der Hemisphären in den frontalen und temporalen Gebieten einnehmen (Abb. 25, 50, 51).
Mittels dieser Systeme der Zirkulation der Impulse zwischen Großhirnrinde und Formatio reticularis des Hirnstammes und Zwischenhirns wird die Integration der animalischen und vegetativen Komponenten in den Reaktionen auf lebenswichtige Reize gewährleistet. Weitere Einzelheiten, die die physiologische Bedeutung der verschiedenen Formen der Verbindungen zwischen dem axialen und supraaxialen Teil des ZNS betreffen, werden im nächsten Kapitel erörtert.
Mit der Komplizierung aller Schaltstationen zwischen dem axialen und supraaxialen Teil des ZNS während der Evolution hängt zusammen, daß in den höheren cerebralen (corticalen) Enden der Systeme der Analysatoren gleichzeitig und untereinander zusammenhängend ihrer

funktionellen Aufgabe nach verschiedene Komponenten reflektorischer Tätigkeiten vertreten sind, die mit den niederen Ebenen des Großhirns und dem Rückenmark abgestimmt sind. In den Konstellationen der Neurone, die die Hirnrinde bilden, vereinigen sich nach einem komplizierten Prinzip der funktionell-topografischen Koordination verschiedene Formen der Wechselwirkungen mit entsprechenden Abteilungen des koordinierenden Mechanismus. Bei allen Säugetieren werden die neuronalen Schaltketten, die an den generalisierten Charakter der allgemeintonisierten "dynamogenen" Einflüsse angepaßt sind, besonders eng mit den protopathischen Rezeptionen vereinigt. Gleichzeitig damit treten bei höher entwickelten Wirbeltieren - Säugern - immer deutlicher strenger lokalisierte Apparate der interzentralen Wechselwirkung hervor, die auf die einzelnen Gruppen der corticalen und subcorticalen Neurone abgestimmt sind und durch die die fein differenzierten, richtungsmäßig ausgewählten Reaktionen gewährleistet werden und die die epikritische Rezeption bedingen.

Als Bestätigung der genannten Konzeption über die funktionellen Wechselwirkungen "spezifischer" und "unspezifischer" Komponenten im System der Verbindungen der Hirnrinde mit den tiefer gelegenen Abschnitten kann die folgende Beobachtung dienen. Tiere mit entfernter Rinde sind schon nicht mehr in der Lage, lokal, d.h. mit streng begrenzten bestimmten Muskeln, bedingt-reflektorische Bewegungsakte durchzuführen, während allgemeinmotorische Reaktionen wie das Aufsuchen des Futternapfes bei ihnen noch erhalten sind.

Der komplizierte Systemcharakter der funktionellen Lokalisation im ZNS ist der Schlüssel zum Verständnis der wesentlichsten Aspekte ihrer Organisation. Solche Vorstellungen bringen uns einer Antwort auf die Frage näher, wie die Trennung und Einheit der animalischen und vegetativen Funktionen realisiert werden und wie die feine Unterscheidung der einzelnen Reize und Antworten auf sie mit gleichzeitig globalen Reaktionen bei roher oder heftiger Einwirkung auf den Organismus von außen her erreicht wird. Auf dieser Grundlage bauen sich niedere und höhere Ebenen der Integration der reflektorischen Akte verschiedenen Kompliziertheitsgrades, die auf der Wechselwirkung der verschieden spezialisierten Neuronenkomplexe beruhen, auf.

2. REGULATION, KONTROLLE UND STEUERUNG IN TIERISCHEN ORGANISMEN

2.1. Aufgabenstellung

Soweit uns bekannt, fehlt bisher eine konkrete inhaltliche Deutung der Begriffe Regulation, Kontrolle und Steuerung in biologischen Systemen. Häufig werden diese Begriffe vermischt oder als Synonyme gebraucht.

Offensichtlich sind alle neueren Ergebnisse der Konstruktion und praktischen Ausnutzung verschiedener kybernetischer Systeme letztlich auf die Modellierung von Gesetzmäßigkeiten der lebenden Natur begründet. Es ist anzunehmen, daß eine der zukunftsreichsten Richtungen bei der weiteren Entwicklung der Kybernetik in einem vertieften Studium biologischer Konstruktionen und der experimentellen Nachbildung der in ihnen liegenden Grundprinzipien besteht. Die Entwicklung neuer Wissenschaftsdisziplinen wie Bionik und Neurokybernetik sind eine überzeugende Bestätigung dieser Situation, aus der sich unbegrenzte Möglichkeiten für die Schaffung vollkommenster regulierender, kontrollierender und steuernder Systeme durch den Menschen ergeben.

Unter Berücksichtigung dieser Überlegungen versuchen wir zunächst, ausgehend von der Analyse biologischer Objekte, zu formulieren, was unter Regulation, Kontrolle und Steuerung im weitesten Sinne, d.h. unter Einschluß der Auto-Regulation, Auto-Kontrolle und Auto-Steuerung, zu verstehen ist. Die Grundlage unserer Betrachtungen bildet das im Kap. 1 voranalysierte Faktenmaterial über die Entwicklung der neuronalen Organisation des Gehirns während der Evolution der tierischen Organismen. Wir sind der Ansicht, daß sich die Wechselwirkungen der Funktionen, die hier besprochen werden sollen, in der Realisierung einer beliebigen reflektorischen Tätigkeit - von der einfachsten bis zur kompliziertesten - erschöpfen. Auf der anderen Seite kann nach unserer Überzeugung nur eine solche Definition ein adäquater Ausdruck des biologischen und physiologischen Sinns dieser Tätigkeit auf allen Stufen der Evolution der tierischen Welt sein.

Die reflektorische Tätigkeit setzt sich aus Prozessen zusammen, die eine unterschiedliche Kompliziertheit und biologische Bedeutung besitzen und durch allgemeine Gesetzmäßigkeiten der Entwicklung der sich selbst organisierenden Systeme bedingt sind. Jede Klasse reflektorischer Anpassungen realisiert sich mit Hilfe bestimmter morpho-physiologischer Mechanismen, die auf den verschiedenen Ebenen des ZNS vorhanden sind. Die Aufgabe dieses Kapitels (wie auch des vorigen) besteht darin, eine differenzierte Vorstellung über die Besonderheiten der strukturellen und funktionellen Organisation der entsprechenden Mechanismen und der Wechselwirkungen zwischen ihnen zu erarbeiten.

Bei unserem Versuch, eine rationelle Erklärung für die Bedeutung der auf verschiedenem Entwicklungsniveau stehenden reflektorischen Mechanismen zu finden, gehen wir auch von der folgenden prinzipiellen Vorstellung aus: Das reguläre Verhalten der Systeme, die die Signaltätigkeit verwirklichen, wird in gewissem Maße bestimmt durch adäquate Beziehungen zwischen der Zentralisation der Funktionen und ihrer lokalen Autonomie in bestimmten Abteilungen der neuronalen Organisation. Für die weitere Erörterung unserer Ansichten muß unbedingt auf allgemeine Probleme der funktionellen Lokalisation im Gehirn und auf den Charakter ihrer Komplizierung während der Evolution eingegangen werden.

2.2. Über die funktionelle Bedeutung und die Wechselbeziehungen der unterschiedlich organisierten reflektorischen Mechanismen

Weiter unten werden einige wesentliche Besonderheiten der funktionellen Architektur der von uns unterschiedenen drei Grundabschnitte der neuronalen Organisation (koordinierender Mechanismus, analysatorisch-koordinierender Mechanismus und Systeme der Analysatoren) und ihrer Bedeutung für Regulation, Kontrolle und Steuerung erörtert. Wir ordnen diese Funktionen den drei aufeinanderfolgenden Stufen der progressiven Komplizierung der neuronalen Organisation im Ganzen zu.
Entsprechend den Grundvorstellungen von PAWLOW kann die gesamte reflektorische Tätigkeit in erster Linie auf zwei große Sphären des Daseins verteilt werden - auf artspezifische (unbedingt-reflektorische) und individuelle (bedingt-reflektorische) Anpassungen. Die Sammlung artspezifischer Erfahrungen während des Evolutionsprozesses fixiert sich in unterschiedlich komplizierten Reaktionen, die in verschiedenen Ebenen des ZNS, vom Rückenmark bis zu den phylogenetisch älteren subcorticalen und corticalen Formationen der großen Hemisphären realisiert werden. Solche Reaktionen unterliegen relativ stabilen, sich langsam verändernden Programmen, die im Verlauf der langen Evolution der einen oder anderen Art allmählich erarbeitet wurden. Diese Gruppe reflektorischer Anpassungen, die eine bestimmte Konfiguration der neuralen Verbindungen besitzt, kann als selbständige Klasse sich selbst organisierender funktioneller Systeme abgesondert werden. Wir vereinigen sie in der Gesamtheit der Prozesse der Auto-Regulation, Auto-Kontrolle und Auto-Steuerung. Unter neurophysiologischen Aspekten können diese Funktionen wie folgt gesehen werden. Unter Auto-Regulation verstehen wir einen Komplex relativ elementarer, animalischer reflektorischer Akte vorwiegend örtlichen Charakters, aber auch der verschiedenartigen vegetativen Reaktionen. Die Auto-Kontrolle betrachten wir als die Gesamtheit komplizierter animalischer Anpassungsreaktionen mit ihren vegetativen Komponenten, die verschiedene Systeme örtlicher Reflexe vereinigen. Die Funktion der Auto-Steuerung umfaßt kom-

plizierteste angeborene (instinktmäßige) Formen des Verhaltens, die auf die Erfüllung der biologischen Forderungen des Organismus ausgerichtet sind. Durch die Gesamtheit der genannten Funktionen, die als Hierarchie der unbedingt-reflektorischen Verbindungen charakterisiert werden können, werden auf verschiedenem Niveau der Organisation stehende Formen der artlichen Erfahrungen realisiert.

Die wesentlichen Besonderheiten der unbedingt-reflektorischen Akte verschiedenen Kompliziertheitsgrades, die eine notwendige Basis für die Sammlung von Lebenserfahrungen sind, bestehen darin, daß sie nur relativ unabhängig von der individuell erworbenen bedingt-reflektorischen Tätigkeit sind. Die Gesamtheit der bedingt-reflektorischen Äußerungen - von den einfachsten bis zu den kompliziertesten - vereinigen wir in einer allgemeinen Gruppe von Prozessen der Regulation, Kontrolle und Steuerung. Die führende Rolle in dieser Gesamtheit bedingt-reflektorischer Verbindungen gebührt der Steuerung, unter deren Teilnahme komplizierteste veränderliche Formen des Verhaltens verwirklicht werden. Wie in den nächsten Abschnitten dieses Kapitels gezeigt wird, haben Kontrolle und Regulation eine wichtige Bedeutung als helfende Funktionen sowohl im Mechanismus der Steuerung als auch der Auto-Steuerung. Mit ihrer Hilfe wird die Wechselwirkung zwischen individuellen und artspezifischen Erfahrungen gewährleistet. Das Resultat ist eine Anpassung der angeborenen Tätigkeiten des Organismus an die speziellen Bedingungen der Umwelt.

Daraus ergibt sich, daß wir, ausgehend von einer konkreten Analyse der evolutionären Komplizierung der Konstruktion des Gehirns und unter Beachtung uns bekannter physiologischer Untersuchungen als besondere Formen abgenzen: gemeinsam mit der eigentlichen Regulation im engeren Sinne dieses Wortes die Auto-Regulation, gemeinsam mit der eigentlichen Kontrolle die Auto-Kontrolle und gemeinsam mit der Steuerung die Auto-Steuerung. Jede dieser Funktionen rechnen wir zu bestimmten, topografisch gesonderten anatomisch-physiologischen Mechanismen.

Im weiteren vereinigen wir bei der gleichzeitigen Betrachtung der Auto-Regulation und der Regulation diese beiden Begriffe in einer allgemeinen Schreibweise: Auto/Regulation. Entsprechend setzen wir für Auto-Kontrolle und Kontrolle die Schreibweise Auto/Kontrolle und für Auto-Steuerung und Steuerung Auto/Steuerung.

Den Lebenserscheinungen liegt zweifellos das biologische Prinzip und der physiologische Mechanismus der Auto-Regulation zugrunde. Die Auto-Regulation ist Grundlage für die Entstehung und Existenz der lebenden Systeme mit all ihren physiologischen Anpassungen. Die Pflanze stellt ihrem Wesen nach ein natürliches auto-regulierendes System dar, dessen Anpassungsmöglichkeiten nicht über die Grenzen dieser Funktion hinausgehen.

Im Unterschied zu den Pflanzen sind die Tiere dazu fähig, Informationen über die in der äußeren Welt und in ihrem Inneren ablaufenden Ereignissen zu empfangen, zu verarbeiten und sie in eine aktive Tätigkeit des Organismus umzuwandeln. Sie besitzen eine entsprechende materielle Organisation in der Form von Apparaten für nervale Signalisationen, die den Pflanzen fehlen. Die für alle Lebewesen charakteristische Eigenschaft der Auto-Regulation wird bei tierischen Organismen in spezielle Formen auto-regulierender Prozesse umgewandelt, die mit Hilfe des Nervensystems verwirklicht werden.

Einer der prinzipiellen Unterschiede zwischen tierischen und pflanzlichen Lebensformen besteht darin, daß sich das reflektorische Leben des Tieres keineswegs in Prozessen der Auto-Regulation, die wie erwähnt unter Teilnahme nervaler Signalisationen ablaufen, erschöpft. Auf der Grundlage der entstandenen Signaltätigkeit, die anfangs nur elementare Auto-Regulationen der lebenswichtigen Funktionen ausführen kann, bauen sich beim Tier folgerichtig die Mechanismen der Regulation, Auto/Kontrolle und Auto/Steuerung auf. Wenn die Pflanze im Ganzen als auto-regulierendes biologisches System charakterisiert werden kann, dann ist das Tier außerdem ein regulierendes, auto/kontrollierendes und auto/steuerndes System. Das bedeutet, daß das Tier als biologisches System ein Verhalten besitzt. Hochentwickelte tierische Organismen beinhalten sehr kompliziert verbundene und wechselseitig zusammenhängende Mechanismen der Auto/Regulation, Auto/Kontrolle und Auto/Steuerung.

Die Entstehung der Analysatoren bei den Tieren war hauptsächlich bedingt durch die Entwicklung neuer, über die Grenzen auto-regulierender reflektorischer Anpassungen hinausgehender biologischer Forderungen des Organismus. Das bestimmte auch die immer stärker wachsende Rolle der Regulation, Auto/Kontrolle und Auto/Steuerung in den Anpassungsreaktionen des Organismus. Die Entwicklung aller dieser Funktionen, in erster Linie der Auto/Steuerung mit ihrem relativ am kompliziertesten organisierten nervalen Substrat, war offensichtlich dadurch bedingt, daß für die beweglichen Wesen, die über eine Signaltätigkeit und aktive Orientierungsfähigkeit in der Umwelt verfügen, die Anpassung an diese Umwelt einen kompliziert mittelbaren Charakter hat. Das Tier muß die Fähigkeit besitzen, nicht nur Erfahrungen des vergangenen Ereignisses zu sammeln, sondern auch das "zukünftige" Ereignis vorauszusehen, während im Unterschied dazu sich die Pflanze nur im Zustand der passiven ("retrospektiven") Anpassung an die um sie herum ablaufenden Veränderungen befindet. Besonders die Notwendigkeit zur aktiven Wechselwirkung mit der Umwelt führte bei den tierischen Organismen zur Formierung komplizierterer Funktionen. Diese bauen sich auf die elementaren Prozesse der Auto-Regulation der Lebenstätigkeit des Körpers auf.

In der allgemeinsten Form kann die Auto-Kontrolle als Übergangsstufe zwischen Auto-Regulation auf der einen und Auto-Steuerung und Steuerung auf der anderen Seite charakterisiert

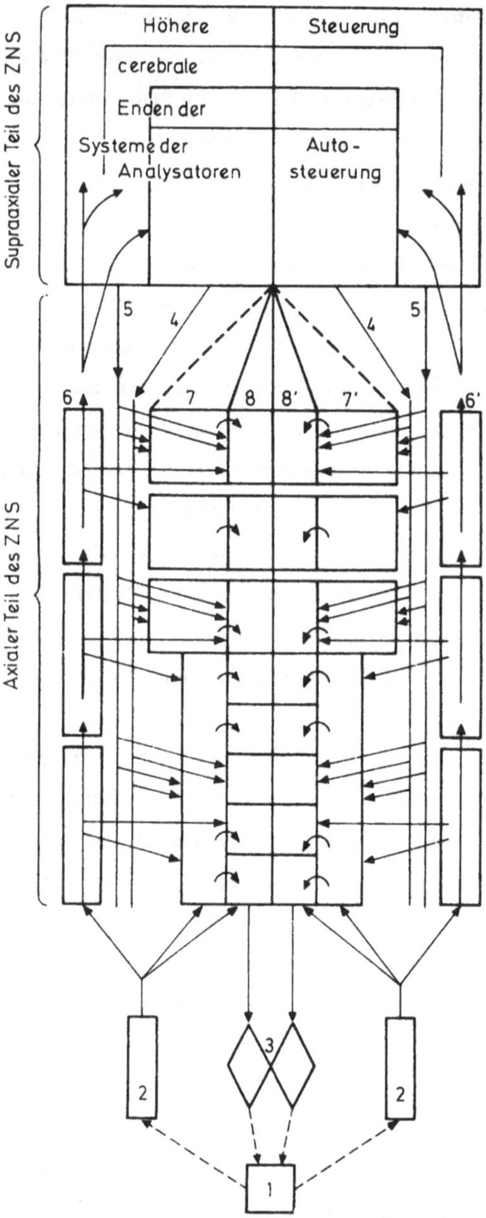

Abb. 22. Blockschema, das den Zusammenhang der verschiedenen Abschnitte der neuronalen Organisation mit den Funktionen der Auto/Regulation, Auto/Kontrolle und Auto/Steuerung zeigt. 1-Objekt; 2-Rezeptor; 3-Effektor; 4-Impulse der Auto-Steuerung; 5-Impulse der Steuerung; 6-Systeme der Analysatoren $\hat{=}$ 6' - Regulation und Kontrolle; 7-Analysatorisch-koordinierender Mechanismus $\hat{=}$ 7' - Auto-Kontrolle; 8-koordinierender Mechanismus $\hat{=}$ 8' - Auto-Regulation; Die Pfeile geben die Richtung der Impulse an. Zur Vereinfachung des Schemas wurden die zentrifugalen Verbindungen in den Systemen der Analysatoren nicht dargestellt.

werden. Unter Auto-Kontrolle kann man auch ein niederes Stadium verstehen, das der Entstehung einer voll entwickelten Auto-Steuerung und Steuerung zu einer Zeit vorausgeht, in der diese Funktionen noch nicht den Entwicklungsgrad erreichen, der notwendig ist, um die lebenswichtigen (hauptsächlich animalischen) Auto-Regulationen im Interesse des Organismus als Ganzem zu gewährleisten. Anders gesagt sind auf dem Stadium der Auto-Kontrolle die anderen genannten Funktionen nur dazu fähig, teilweise und in begrenzten Formen wirksam zu werden, wodurch eine vollkommenere Organisation dieser oder jener Kombination auto-regulierender Systeme des Organismus erreicht wird. Entsprechend sondert sich während der Evolution der tierischen Welt am frühesten der Mechanismus der Auto-Regulation ab, dann die Auto-Kontrolle und danach formieren sich zuletzt die Mechanismen der Auto/Steuerung (Abb. 5).
Von LJAPUNOW (1963) wurde unter kybernetischen Aspekten die Komplizierung der Wechselbeziehungen zwischen den Funktionen mit unterschiedlichem Organisationsniveau, die an der Verwirklichung der reaktiven Tätigkeit des Organismus teilnehmen, während der Phylo- und Ontogenese analysiert. Als Grundlage einer objektiven Systematik solcher Funktionen betrachtet der Autor die Wechselwirkung steuernder Systeme verschiedenen Ranges. Die Evolution der lebenden Natur wird charakterisiert als Prozeß der Vermehrung und Auswahl der steuernden Systeme. Offensichtlich ist das, was LJAPUNOW unter verschiedenen Rängen der Steuerung versteht, die Gesamtheit der Prozesse der Auto/Regulation, Auto/Kontrolle und Auto/Steuerung in der von uns gegebenen Definition.
Für die Klärung der grundlegenden Gesetzmäßigkeiten der funktionellen Lokalisation im ZNS ist es prinzipiell wichtig, sich vorzustellen, daß die einen oder anderen effektorischen Apparate die ausführenden Endglieder der Reflexbögen oder der Analysatoren sind und den verschiedenartigsten reflektorischen Akten, die unter unterschiedlicher Teilnahme der Auto/Regulation, Auto/Kontrolle und Auto/Steuerung ablaufen, dienen.
Analyse und Synthese der Reize sind eine unbedingte Voraussetzung für die geregelte reflektorische Tätigkeit auf beliebigen Stadien ihrer Komplizierung während der Phylogenese. Dabei entwickelten sich Analyse und Synthese in Abhängigkeit von den Verhältnissen bei der Entstehung der o.g. Funktionen unterschiedlich. Auf einem niederen Stadium der Entwicklung der Analysatoren, wie es im analysatorisch-koordinierenden Mechanismus gegeben ist, werden die Resultate der Analyse und Synthese der Reize, wie das weiter unten gezeigt wird, für die Auto-Kontrolle ausgenutzt, auf einer höheren Entwicklungsstufe dagegen (Systeme der Analysatoren) für die Funktionen der Regulation, Kontrolle, Auto-Steuerung und Steuerung.
Wir rechnen (Abb. 22, 23) die Auto-Regulation und Auto-Kontrolle zu den reflektorischen

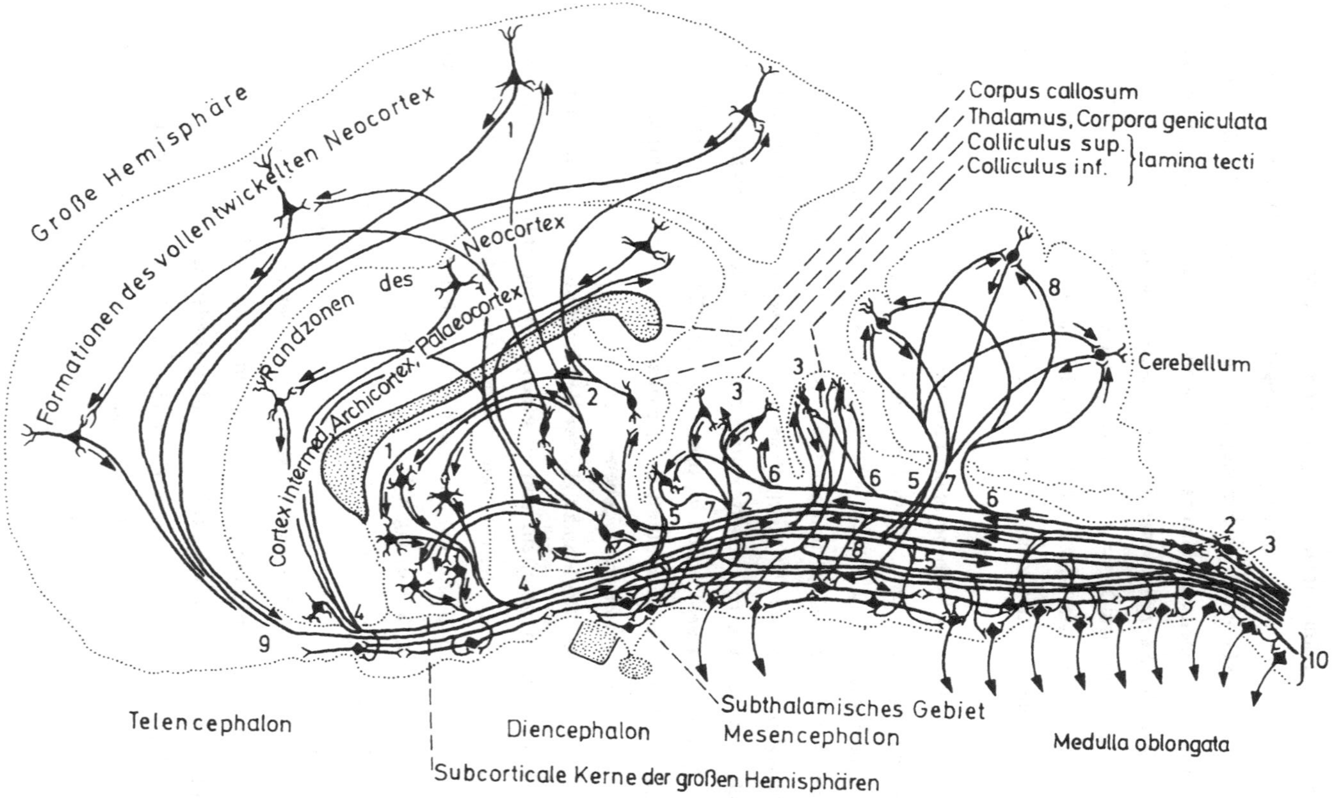

Abb. 23. Allgemeines Schema der anatomischen Beziehungen und Verbindungen der zentralen nervalen Formationen, mit deren Hilfe die Funktionen der Auto/Regulation, Auto/Kontrolle und Auto/Steuerung realisiert werden. 1-höhere cerebrale Enden der Systeme der Analysatoren; 2-Systeme der Analysatoren; 3-analysatorisch-koordinierender Mechanismus; 4-Signale der Auto-Steuerung; 5-Signale der Auto/Steuerung; 6-Signale der Kontrolle; 7-Signale der Auto/Kontrolle; 8-Signale der Regulation; 9-Signale der Steuerung; 10-koordinierender Mechanismus.

Koordinationen des axialen Teiles des zentralisierten Nervensystems. Die Auto-Regulation ordnen wir dem koordinierenden Mechanismus und die Auto-Kontrolle dem analysatorisch-koordinierenden Mechanismus zu. Die Auto-Steuerung zählen wir zu dem im supraaxialen Teil des ZNS gelegenen phylogenetisch älteren und niedriger organisierten Rindenabschnitten der höheren cerebralen Enden der Systeme der Analysatoren (Palaeocortex, Archicortex und Cortex intermedius, Abb. 23) zusammen mit den an sie angrenzenden subcorticalen Gebieten. Das sind die Strukturen des Gehirns, die die Gesamtheit des morpho-physiologischen Fundamentes der angeborenen Formen des Verhaltens ausmachen.
Die höheren cerebralen Enden der Systeme der Analysatoren, die durch die phylogenetisch neueren und hochorganisierten Rindenformationen der großen Hemisphären (Formationen des vollentwickelten Neocortex, Abb. 23, 25, 50, 51) zusammen mit den ihnen benachbarten subcorticalen Formationen (Abb. 7, 30) dargestellt werden, verwirklichen entsprechend unserer Konzeption die höchst verantwortliche Funktion der Steuerung. Sie wird durch Einflüsse, die diese Abteilungen der höheren cerebralen Enden der Systeme der Analysatoren auf die älteren corticalen und subcorticalen Formationen des supraaxialen Teiles als anatomisch-physiologischer Basis der Auto-Steuerung, aber auch auf die Mechanismen der reflektorischen Koordination des axialen Teiles des ZNS ausüben, realisiert.
Über Verbindungen, die zwischen dem koordinierenden und dem analysatorisch-koordinierenden Mechanismus und Umschaltstationen der Systeme der Analysatoren, die im axialen Teil des ZNS lokalisiert sind (Abb. 7, 24), entstehen, werden die Regulation (in Beziehung zum koordinierenden Mechanismus) und die Kontrolle (in Beziehung zum analysatorisch-koordinierenden Mechanismus) verwirklicht.

Das oben dargestellte Schema der Wechselbeziehungen zwischen Auto/Regulation, Auto/Kontrolle und Auto/Steuerung stimmt überein mit der Konzeption WIENER's (1963), daß die Arbeit sich selbst organisierender Systeme auf der Basis einer Wechselwirkung zwischen zugeordneten Algorithmen verschiedenen Niveaus aufgebaut wird. Die Algorithmen, die jede dieser Ebenen charakterisieren, gewährleisten bestimmte Formen der Umarbeitung von Informationen, die für die zweckmäßigen Verhaltensakte der Systeme notwendig sind. Auf dem höchsten Niveau werden die "Algorithmen der Selbstunterrichtung" erarbeitet. Durch die Vereinigung der Prinzipien der relativen Autonomie und des Zentralismus in der Tätigkeit der reflektorischen Mechanismen sind bestimmte Formen der Koordination auch dann möglich, wenn niedere Instanzen ihre speziellen Funktionen bei Ausfall der auf höheren Stufen der hierarchischen Treppe gelegenen zentralen nervalen Formationen ausführen. Gleichzeitig befreien sich die letzeren von der Notwendigkeit, unmittelbar an der laufenden "alltäglichen" Arbeit der niederen reflektorischen Apparate teilzunehmen. Jedoch besitzen die höheren Instanzen die Möglichkeit, sich ständig aktiv in die Tätigkeit der niederen Instanzen einzuschalten, indem sie ihre Richtung und ihren Charakter entsprechend den Veränderungen der Umweltsituation und der erarbeiteten Verhaltensprogramme variieren. Beispiele dieser Art Wechselwirkung betrachten wir in den entsprechenden Abschnitten dieses Kapitels.

Aus den angeführten kurzen Grundlagen der funktionellen Lokalisation in den verschiedenen Abschnitten der neuronalen Organisation folgt, daß die reflektorischen Koordinationen des axialen Teiles des ZNS in ihrer Gesamtheit als kompliziertes Aggregat autoregulierender und auto-kontrollierender Einrichtungen zu charakterisieren sind, die sich ihrerseits unter dem ständigen Einfluß der Regulation, Kontrolle, Auto-Steuerung und Steuerung befinden. Bei Organismen mit unbeschädigtem Gehirn sind die reflektorischen Koordinationen des axialen Teiles des ZNS mit Vollstreckern zu vergleichen, die den Signalen der Auto/Steuerung zusammen mit den sie begleitenden Signalen der Regulation und Kontrolle gehorchen. Der die höchste Stufe der Zentralisation erreichende supraaxiale Teil des ZNS (Abb. 2) waltet über alle reflektorischen Möglichkeiten des Organismus und ist das vollkommenste Instrument, mit dessen Hilfe das Verhalten des ganzen Organismus bestimmt und ausgerichtet wird. Die höheren cerebralen Enden der Systeme der Analysatoren, die diesen Teil des ZNS bilden, haben Beziehungen zu kompliziertesten Formen der Analyse und Synthese der Reize. Auf der Basis lebenswichtiger biologischer Bedürfnisse des Organismus bauen sich die Verhaltenspläne auf. Die letzteren setzen die Reproduktion adäquater cerebraler Modelle der äußeren Welt als Bilder und Vorstellungen über die konkreten Objekte, die der Befriedigung von Bedürfnissen dienen, voraus. Auf Grund dieser Modelle werden im Prozeß der Sammlung individueller Erfahrungen die Programme für die Verwirklichung der notwendigen Operationen ausgearbeitet ("motorische Aufgaben" nach BERNSTEIN).

Der Übergang vom axialen Teil des ZNS in seinen supraaxialen Teil, der anatomisch mit der Grenze zwischen Mittel- und Zwischenhirn zusammenfällt (Abb. 2, 7), stellt einen Berührungspunkt zwischen den Einrichtungen dar, die verantwortlich sind für die Auto/Regulation und Auto/Kontrolle auf der einen und der Auto/Steuerung auf der anderen Seite.

Bei Wirbellosen ist die Auto-Regulation (koordinierender Mechanismus) wahrscheinlich mit der Rumpfkette neuraler Ganglien verbunden (Abb. 2). Die Auto-Kontrolle (rudimentärer analysatorisch-koordinierender Mechanismus) hängt, wie anzunehmen ist, mit den subpharyngealen Ganglien (Unterschlundganglien) zusammen, während die Funktion der Auto-Steuerung (rudimentäres System der Analysatoren; bei diesen Tieren vorwiegend für die Fixierung artspezifischer Erfahrungen spezialisiert) in den suprapharyngealen Ganglien (Oberschlundganglien) lokalisiert ist.

Die Verteilung und der Charakter der Wechselwirkungen zwischen Auto/Regulation, Auto/Kontrolle und Auto/Steuerung in der Gesamtheit der reflektorischen Tätigkeit hängt von den Entwicklungsbeziehungen zwischen koordinierendem Mechanismus, analysatorisch-koordinierendem Mechanismus und den Systemen der Analysatoren ab. Dabei haben die vorwiegend mit der animalischen reflektorischen Sphäre zusammenhängenden komplizierteren Formen der zentralen Verarbeitung der von außen herantretenden Signalisationen, durch die der Organismus mit der Umwelt in Verbindung steht, als materielles Substrat die Analysatoren. Diese dienen in der Hauptsache den Funktionen Regulation, Auto/Kontrolle und Auto/Steuerung. Nur ein relativ unbedeutender Teil der äußeren Signalisationen wird unmittelbar an die auto-regulierende Einrichtung des koordinierenden Mechanismus adressiert. Demgegenüber ist die zentrale Verarbeitung der Signale, die zur vegetativen reflektorischen Sphäre Beziehungen haben und von der rezeptorischen Oberfläche des Körperinneren ausgehen, vorwiegend im koordinierenden Mechanismus festgelegt, der damit für die Prozesse der Auto-Regulation der inneren Lebenstätigkeit des Körpers ausgenutzt wird.

Universelle Bedeutung in der reflektorischen Tätigkeit aller Kompliziertheitsgrade hat das Prinzip der Rückkopplung. Es wird in verschiedener Weise in den Funktionen der Auto/Regulation, Auto/Kontrolle und Auto/Steuerung realisiert. Die Algorithmen der reflektorischen Koordinationen sind unmittelbar in den auto-regulierenden und auto-kontrollierenden Einrichtungen des koordinierenden und des analysatorisch-koordinierenden Mechanismus fixiert. Auf Grund einer entsprechenden Organisation interneuronaler Verbindungen (Abb. 11 und 16) gewährleistet der zentrale Apparat die Gegenüberstellung, den Vergleich und die vergleichende Beurteilung der real zu verwirklichenden Reaktionen mit der Vorprogrammierung. Die Korrekturen im Verlauf der Reaktionen sind natürlich abhängig von den Abweichungen ihrer einzelnen Komponenten von den Grenzen der physiologischen Parameter, die für die entsprechenden auto-regulierenden und auto-kontrollierenden Systeme zugelassen sind. So ist z.B. eine der wesentlichsten Bedingungen für den koordinierten Verlauf eines beliebigen motorischen Aktes nach BERNSTEIN (1961) die Bewältigung der überschüssigen Freiheitsgrade sich bewegender Organe mit Hilfe der sensorischen Korrektur. Dadurch erwirbt die Bewegung einen dynamischen stabilen Charakter, d.h. wird zu einem auto/regulierten, auto/kontrollierten und auto/gesteuerten Prozeß.

Die zentralen Apparate für den Vergleich des Endresultates mit dem vorgegebenen Programm sind in allen Ebenen des ZNS lokalisiert. Die verantwortlichste Komponente dieser Tätigkeit obliegt den Abschnitten der neuronalen Organisation, die die Funktionen der Auto-Steuerung und Steuerung verwirklichen. In den Untersuchungen von BERNSTEIN über die motorischen Koordinationen wurde überzeugend gezeigt, daß die notwendige Korrektur bei der

Realisierung aufeinanderfolgender Etappen einer Operation von den Umschaltformationen der Systeme der Analysatoren, die auf die verschiedenen Ebenen des ZNS verteilt sind, getragen wird. Damit entstehen sich verschieden komplizierte afferente Synthesen und Umchiffrierungen umgeschalteter Impulse, die den Verlauf der entsprechenden Komponenten des integrierten motorischen Aktes regeln.

2.3. Auto-Regulation und Regulation

Wie schon im Kap. 1,3 erörtert wurde, gehören zu den auto-regulierenden Einrichtungen des Organismus nach ihrer phylo- und ontogenetischen Herkunft elementarere und ältere physiologische Prozesse, mit deren Hilfe die stabile Beständigkeit der im Verlauf der Evolution der Tierart erarbeiteten reflektorischen Anpassungen aufrechterhalten wird. Neben den Auto-Regulationen der verschiedenen Lebenstätigkeiten des Körpers, die vom vegetativen Nervensystem (Abb. 13) geregelt werden, müssen in diese Gruppen der Reflexe aus der Sphäre des animalischen Lebens einige Komponenten der Statik und Locomotion, primitive Verteidigungs- und Adaptationsreflexe und Nahrungsreflexe einbezogen werden. Wie bekannt, gehören alle diese Arten der Auto-Regulation zur Kategorie der unwillkürlichen unbewußten reflektorischen Akte. Das heißt, sie sind nicht der bewußten willkürlichen Steuerung unterstellt. In anatomisch-physiologischer Beziehung unterliegen sie der Kompetenz örtlicher segmentaler Reflexbögen, die zusammen mit dem sie vereinigenden suprasegmentalen Apparat zum koordinierenden Mechanismus gehören.
Eine beliebige reflektorische Koordination, die zum koordinierenden Mechanismus gehört, stellt nach unserer Ansicht eine bestimmte, sich in der Generationserfahrung entwickelnde auto-regulierende Einrichtung dar. Der koordinierende Mechanismus im Ganzen mit seinen segmentalen und übersegmentalen Abteilungen bildet die anatomisch-physiologische Basis der uralten auto-regulierenden reflektorischen Anpassungen des Organismus.
Alle örtlichen segmentalen Reflexe verwirklichen sich, wie wir wissen, nach dem Prinzip des gekoppelten funktionellen Paares Agonist-Antagonist (Abb. 11). Der Agonist und der Antagonist können folglich als zwei gekoppelte Mitglieder eines elementaren biologischen auto-regulierenden Systems betrachtet werden. Durch Besonderheiten in der Konstruktion gewährleistet ein solches System den automatischen Ausgleich von Abweichungen der Systeme gegenüber dem normalen physiologischen Standard. Besonders auch das Prinzip der reziproken Innervation, das sich schon im Moment der Entstehung der tierischen auto-regulierenden Systeme zeigt, liegt, wie gesagt, der geregelten reflektorischen Tätigkeit zugrunde.

Aufmerksamkeit verdienen die Untersuchungen von ORBELI (1962) über die Rolle des Kleinhirns in adaptations-trophischen Prozessen, die mit dem sympathischen Nervensystem zusammenhängen. Man kann annehmen, daß einige vegetative Auto-Regulationen unter gewisser Teilnahme der Auto-Kontrolle verlaufen, d.h., auch vom analysatorisch-koordinierenden Mechanismus abhängen.

Unter Regulation wird im Unterschied zur Auto-Regulation eine physiologische Einrichtung verstanden, die in den axialen Teilen der Systeme der Analysatoren festgelegt ist. Mit Hilfe dieser Einrichtung werden die auto-regulierenden Anpassungen, die durch den koordinierenden Mechanismus verwirklicht werden, auf die reflektorischen Tätigkeiten fein abgestimmt. Diese hängen von der allgemeinen Orientierung des Organismus in der Umwelt ab. Ihre materielle Basis haben diese auto-regulierenden Anpassungen in den Systemen der Analysatoren zusammen mit deren Verbindungen zum koordinierenden Mechanismus.

Als eine der morphologischen Komponenten, die zur Funktion der Regulation Beziehungen haben, betrachten wir die oben erwähnten zahlreichen Kollateralverzweigungen, die im axialen Teil des ZNS an die segmentalen und übersegmentalen Apparate des koordinierenden Mechanismus herantreten und ihren Anfang in den Umschaltknoten und Bündeln der zentripetalen Fasern der Systeme der Analysatoren nehmen (Abb. 7). Diese Kollateralen ziehen gleichzeitig sowohl zu den Neuronen der Formatio reticularis als auch zu den effektorischen (motorischen) Neuronen des Rückenmarks und der Stammteile des Großhirns.

Durch die genannten interneuronalen Verbindungen können Impulsströme, die zu den höheren (supraaxialen) cerebralen Enden der Systeme der Analysatoren verlaufen und dort in Impulse der Auto/Steuerung umgewandelt werden, gleichzeitig auf alle auto-regulierenden physiologischen Systeme des Organismus wirken. Da die mit dem koordinierenden Mechanismus verbundenen Neurone der Umschaltstationen, die in den axialen Abschnitten der Analysatoren liegen, sich unter dem ständigen Einfluß nicht nur zentripetaler, sondern auch zentrifugaler Impulse befinden, können diese auch in der einen oder anderen Richtung den Zustand dieses Mechanismus verändern. So werden zusätzliche Voraussetzungen geschaffen für die rechtzeitige Mobilisierung aller reflektorischen Kräfte des Organismus entsprechend seiner äußeren Tätigkeiten, die auf die Erfüllung bestimmter biologischer Ziele ausgerichtet sind.

Je schwächer die Systeme der Analysatoren im Ganzen entwickelt sind, desto geringer ist offensichtlich ihr regulierender Einfluß auf die Arbeit des koordinierenden Mechanismus und desto stärker treten in den Reaktionen des Tieres "freie", d.h. nicht der Auto/Steuerung unterworfene Auto-Regulationen auf.

Auf der Grundlage des oben Gesagten wird die wichtige Hilfsbedeutung der Regulation für die Funktion der Auto/Steuerung deutlich.

2.4. Auto-Kontrolle und Kontrolle

Die grundlegende physiologische Aufgabe der Auto-Kontrolle besteht in der Gewährleistung der komplizierten Wechselwirkungen zwischen verschiedenen Auto-Regulationen des Organismus entsprechend seiner aktiven Orientierung in der Umwelt. Ihren "organisationsmorphologischen" Ausdruck findet diese Funktion im analysatorisch-koordinierenden Mechanismus. Im Vergleich zum koordinierenden Mechanismus erfaßt der analysatorisch-koordinierende Mechanismus kompliziertere Gruppen auto-regulierender Systeme und gewährleistet Anpassungsmöglichkeiten des Organismus entsprechend einer größeren Breite von Veränderungen im äußeren Milieu.

Die reflektorischen Koordinationen, die im analysatorisch-koordinierenden Mechanismus festgelegt sind, stellen für sich komplizierte auto-regulierende reflektorische Einheiten dar, die vorwiegend zum animalen Leben des Organismus Beziehungen haben. Für ihren geordneten Ablauf ist eine "Inspektion" erforderlich. Besonders auch in dieser Rolle tritt die Funktion der Auto-Kontrolle auf. Diese reflektorischen Koordinationen (auch automatisch und unwillkürlich ablaufende) können als sich auto-kontrollierende Auto-Regulationen definiert werden.

Die qualitative Komplizierung der auto-kontrollierenden Einrichtungen im Vergleich zu einfachen auto-regulierenden Vorgängen besteht in folgendem.

Die auto-regulierenden Einrichtungen verrichten Arbeiten mit einem relativ beschränkten Kreis physiologischer Parameter, haben in ihrer Arbeit ein starres Regim und gehen nicht über den Rahmen der Bedingungen, die unmittelbar mit dem Charakter der zu erfüllenden Tätigkeit zusammenhängen, hinaus. Im Unterschied dazu stellen die auto-kontrollierenden Einrichtungen schon mehr oder weniger komplizierte physiologische Aggregate auto-regulierender Systeme dar. Sie arbeiten unter gewisser Berücksichtigung der Veränderungen, die sich außerhalb der Grenzen der unmittelbaren Sphäre der Einflüsse, die auf das eine oder andere auto-regulierende System wirken, vollziehen.

Die Funktion der Auto-Kontrolle vereinigt verschiedenartige statische und locomotorische Reflexe und Reflexe der Aufrechterhaltung des Körpergleichgewichtes, die mit Beteiligung des Vestibularapparates, des Kleinhirns, des Sehanalysators und von Rezeptionen, die von der ganzen Skelettmuskulatur des Körpers und von der Haut kommen, verwirklicht werden. Zu dieser Kategorie reflektorischer Koordinationen, die unter Teilnahme der Auto-Kontrolle ablaufen, gehören auch die mit Hilfe der niederen cerebralen Teile der Analysatoren ablaufenden verschiedenen Orientierungsreflexe, die einen bestimmten Grad der Kompliziertheit erreichenden Adaptationsreflexe und Reflexe der Selbstabstimmung der Analysatoren

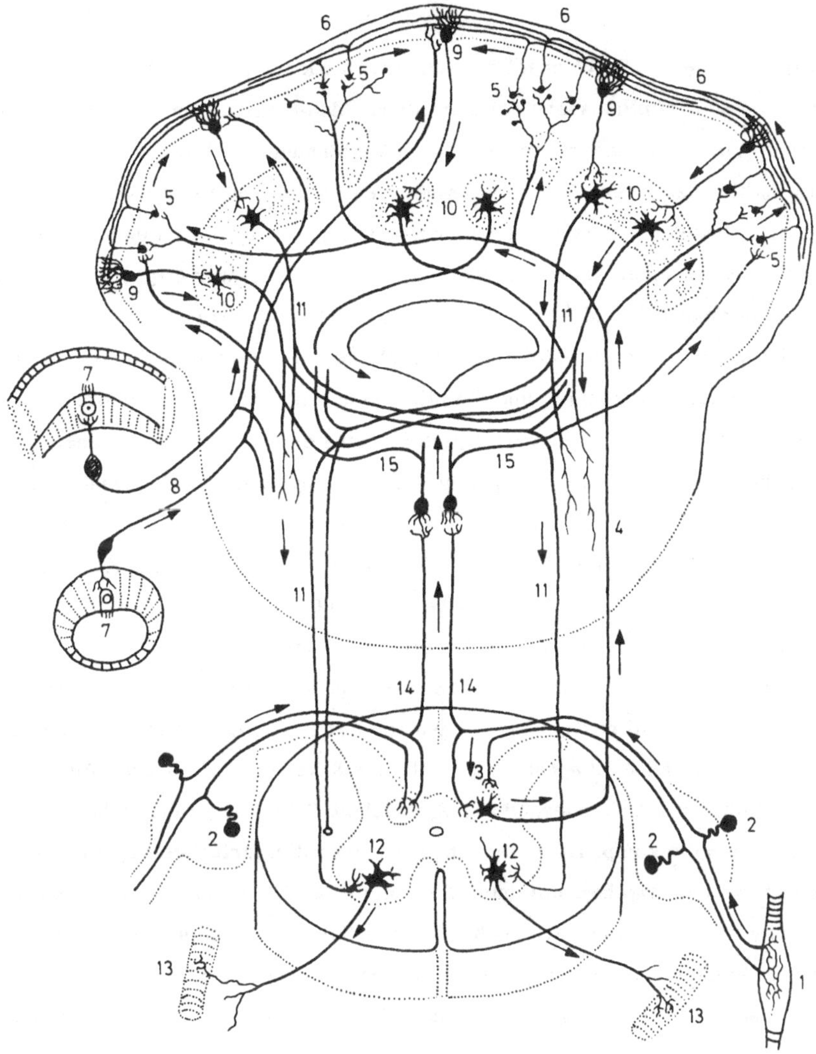

Abb. 24. Schema der neuronalen Umschaltungen und Verbindungen des Kleinhirns. 1-rezeptorische Endigungen sensibler Nervenfasern in der Skelettmuskulatur; 2-sensibles peripheres Neuron im Ganglion spinale; 3-Umschaltkern im Rückenmark, der sich in das Kleinhirn projiziert; 4-zentripetale Bahn vom Rückenmark zum Kleinhirn; 5-Umschaltelemente (Körnerzellen) in der Kleinhirnrinde; 6-die von diesen Neuronen gebildeten horizontalen Faserbündel, die die Kontakte mit den efferenten Neuronen (Purkinjezellen) der Kleinhirnrinde herstellen; 7-Rezeptoren des Gleichgewichtsorgans (vestibulärer und Statolithen-Apparat im Innenohr); 8-zentripetale Bahn vom Gleichgewichtsorgan zum Kleinhirn; 9-efferente Neuronen der Kleinhirnrinde (Purkinjezellen), die ihre Impulse zu den reflektorischen Zentren der Skelettmuskulatur des Körpers senden; 10-die auf dem Wege der Übertragung dieser Impulse unter der Kleinhirnrinde liegenden Umschaltkerne; 11-Leitungsbahn für die zentrifugalen Impulse vom Kleinhirn zum Rückenmark; 12-effektorisches Neuron des Rückenmarks, das die Skelettmuskulatur innerviert; 13-motorische Nervenendigung in der Skelettmuskulatur; 14-Systeme der Analysatoren; 15-Abzweigungen der Systeme der Analysatoren zu den Schaltkernen des Kleinhirns (nach CAJAL, mit einigen Ergänzungen).

auf Reizeinwirkungen (z.B. Wechselwirkung verschiedener Formen des Muskeltonus, Veränderungen des Durchmessers der Pupille bei Akkomodation und Konvergenz usw.).

Das Kleinhirn mit seinen mächtig entwickelten Verbindungen (Abb. 24) zu den ihm untergeordneten Schaltkernen in den Stammteilen des Gehirns kann mit einer sehr vollkommenen auto-kontrollierenden Einrichtung verglichen werden, die den normalen Verlauf verschiedenartiger reflektorischer Koordinationen im Bereich des ganzen Organismus gewährleistet. Dieses automatisch und unbewußt arbeitende "oberste" Organ der Auto-Kontrolle integriert die Tätigkeit einiger physiologischer Systeme - der Skelettmuskulatur, der Organe des Gleichgewichtes (Vestibular- und Statolithenapparat), der Sehrezeptionen - und lenkt die in einer gemeinsamen Arbeit vereinigten Systeme entsprechend den Signalen der Auto/Steuerung, die von den höheren cerebralen Enden der Systeme der Analysatoren kommen (Abb. 27).

Die Lobi optici niederer Wirbeltiere (Abb. 6) sind ein ebenso wichtiges Korrelationszentrum, durch das Koordinationen motorischer Akte auf der Basis der funktionellen Vereinigung der genannten verschiedenen Sinnesorgane realisiert werden.

Das grundlegende Gebiet des Einsatzes sowohl der Auto-Kontrolle als auch der Auto-Regulation sind die im Verlauf des Lebens der ganzen Art erarbeiteten reflektorischen Anpassungen. Dabei hängt jedoch die Auto-Kontrolle in stärkerem Maße als die Auto-Regulation von der Funktion der Auto/Steuerung ab. Eine solche Schlußfolgerung ziehen wir auf Grund der Tatsache, daß die kompliziertesten angeborenen reflektorischen Anpassungen (z.B. statische und lokomotorische), die unter Teilnahme des Kleinhirns verwirklicht werden, nicht nur beim Menschen, sondern auch bei vielen Tieren zu Anfang ein erstes Training erfordern. In solchen anatomisch-physiologischen Beziehungen zeigt sich eine enge funktionelle wechselseitige Verbindung zwischen den niederen und den höheren cerebralen Teilen der Analysatoren.

Der physiologische Mechanismus der Auto-Kontrolle verfügt ähnlich dem Mechanismus der Auto-Regulation über einen hohen Grad an Autonomie im Verhältnis zu den höher stehenden cerebralen Instanzen. Als Hinweis auf die relative funktionelle Unabhängigkeit sowohl der auto-kontrollierenden als auch der auto-regulierenden Einrichtungen von den Systemen der Analysatoren und speziell von ihren supraaxialen Abteilungen können die folgenden Fakten dienen.

Eine Katze mit emtfernten großen Hemisphären kann eine Reihe komplizierter motorischer reflektorischer Koordinationen durchführen: laufen, springen, sogar auf einen Baum klettern. Gleichzeitig verliert ein solches hemisphärenloses Tier als Resultat des Ausfalls auto/steuernder Impulse vollkommen jedes beliebige biologische Ziel. Es ist unfähig, in

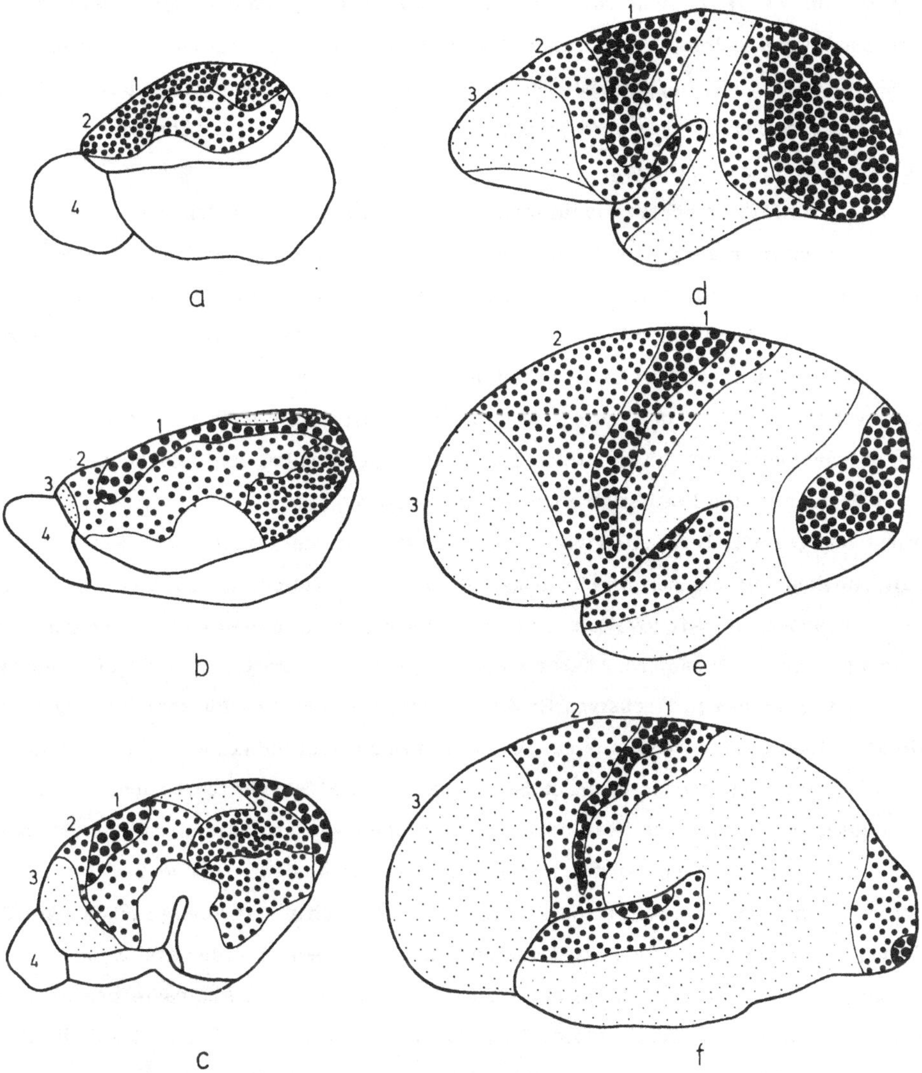

Abb. 25. Schematische Karten der progressiven Differenzierung der entsprechend ihrer funktionellen Bedeutung verschiedenen zytoarchitektonischen Regionen und Felder des Neocortex in der Reihe der Säugetiere. a - Igel; b - Ratte; c - Hund; d - niederer Affe; e - Menschenaffe; f - Mensch. 1-eigentliche Bewegungs- oder motorische Rinde (groß punktiert); 2-sogen. praemotorische Rinde (mittelgroß punktiert); 3-eigentliche frontale Region (klein punktiert); 4-Lobus olfactorius. Das praemotorische und das motorische Feld bilden die Bewegungszone der Rinde. Die Bewegungszone und die frontalen Regionen bilden zusammen den Lobus frontalis des Gehirns (POLJAKOW 1960).

gerichteter Weise sein Verhalten zu ändern, d.h. die Adäquatheit der Zustände und der Tätigkeiten des Organismus zur umgebenden Situation zu gewährleisten. Dem Wesen nach verwandeln sich solche Tiere in echte "lebende reflektorische Automaten", denen die Möglichkeit erhalten ist, sogar relativ komplizierte Koordinationen durchzuführen, aber für immer die Eigenschaft verloren haben, "vernünftig" Informationen über die Ereignisse aufzunehmen und zu verarbeiten.

Tiere mit entfernten höheren (supraaxialen), am weitesten vorn liegenden Teilen des Großhirns, erinnern in einiger Beziehung an Marionetten, die sich nur dann bewegen, wenn man an ihrer Schnur zieht. Reflektorische Antworten, die durch entsprechende Reize hervorgerufen werden, können auch bei ihrem völlig geordneten Charakter nicht in ein Ganzes integriert werden und schaffen kein Verhalten.

Unterschiede zwischen der Auto-Kontrolle und der Kontrolle führen wir auf dieselben anatomisch-physiologischen Voraussetzungen zurück, die auch bei den Unterschieden zwischen Auto-Regulation und Regulation angenommen wurden.

Wie schon gezeigt, betrachten wir den physiologischen Mechanismus der Kontrolle der Arbeit auto-kontrollierender Einrichtungen als wichtiges Kettenglied der individuell erarbeiteten Anpassungen. Wir lokalisieren diesen Mechanismus in die axialen Abschnitte der Systeme der Analysatoren. Eine ihrer morphologischen Komponenten sind Verbindungen, die sich im Verlauf der progressiven Evolution zwischen niederen (Rückenmark und Stammhirn) Umschaltinstanzen der Systeme der Analysatoren und den im axialen Teil des ZNS gelegenen analysatorisch-koordinierenden Strukturen (Abb. 23 -15) herausbilden. Mit Hilfe der Einflüsse, die durch diese Verbindungen übertragen werden, verändern Signalströme, die sich über die Umschaltknoten in den Systemen der Analysatoren verbreiten, den funktionellen Zustand des analysatorisch-koordinierenden Mechanismus entsprechend der Veränderungen, die unter der Wirkung derselben Impulse in den höheren cerebralen Enden der Systeme der Analysatoren auftreten. Weil in den Systemen der Analysatoren außer den Wegen für die Leitung zentripetaler Impulse auch Bahnen vorhanden sind, die die Impulse in zentrifugaler Richtung leiten, können die Apparate der Regulation und Kontrolle bei ihrer Wirkung auf auto-regulierende und auto-kontrollierende Einrichtungen nicht nur den Charakter der Reize, sondern auch den Zustand der höheren Abschnitte des Gehirns "berechnen".

In Abhängigkeit vom Charakter der verwirklichten Reaktionen - ihrer Richtung, Dauer und Intensität - bedingen die Impulse der Regulation und Kontrolle, die sich in den axialen Abteilungen der Systeme der Analysatoren verbreiten, die Verlagerung der Aktivitäten entsprechender auto-regulierender und auto-kontrollierender Systeme des Organismus von einem Niveau auf das andere. In solchen funktionellen Verschiebungen ist die Hilfsbedeutung eingeschlossen, die die Apparate der Regulation und Kontrolle für die in die Tat umzusetzenden Kommandos der Auto/Steuerung, die von den höheren Abschnitten des ZNS kommen, haben. Diese Kommandos können nicht in vollem Umfange ohne die zusätzlichen Funktionen der Regulation und Kontrolle realisiert werden.

2.5. Zum allgemeinen Charakter der Auto-Steuerung und Steuerung

Auto-Steuerung und Steuerung können als zwei eng miteinander verbundene Funktionen eines nach seiner Herkunft einheitlichen cerebralen Organs aufgefaßt werden. Die Bedeutung dieser Funktionen im Leben des Organismus ergibt sich daraus, daß die konstruktiven Möglichkeiten der auto-regulierenden und auto-kontrollierenden Apparate für sich allein zur Lösung komplizierter Aufgaben, die vor höher entwickelten tierischen Wesen bei ihrer aktiven alltäglichen Anpassung an die sich verändernden Bedingungen der Umwelt und Anpassung derselben Umwelt an ihre Bedürfnisse stehen, nicht ausreichen. Die Lösung solcher Aufgaben setzt vor allem die Bestimmung der biologischen Bedeutung der auf den Organismus einwirkenden Agentien und die zweckmäßige Ausnutzung dieser oder jener sowohl ererbten als auch im Leben erworbenen Reaktionen voraus. Auf diese Weise werden alle auto-regulierenden und autokontrollierenden reflektorischen Anpassungen, die der Organismus besitzt, in Beziehung gebracht zu den Resultaten seiner allgemeinen Orientierung in der Umwelt und zur Beurteilung der Signalbedeutung der an ihn herantretenden Ereignisse.
Wie schon bemerkt, gehören im Vergleich zur Auto-Regulation und Auto-Kontrolle die Funktionen der Auto-Steuerung und Steuerung zu komplizierter differenzierten Äußerungen der reflektorischen Tätigkeit. Das anatomische Substrat dieser Funktionen sind die in der progressiven Evolution der Wirbeltiere intensiv anwachsenden höheren cerebralen Enden der Systeme der Analysatoren, die sich aus dem Endhirn entwickeln. Die Formationen des Endhirns, die bei hochorganisierten Wirbeltieren durch die großen Hemisphären mit ihren corticalen und subcorticalen Gebieten dargestellt werden (Abb. 23), haben entscheidende Bedeutung für die Integration der zweckmäßigen Verhaltensakte und sind in physiologischer Beziehung in Übereinstimmung mit der Definition von PAWLOW ein Organ der höheren Nerventätigkeit.
Nach den Untersuchungen von ASRATJAN, AIRAPETJANZ (1960) u.a. obliegt der Hirnrinde die führende Rolle in der Organisation der der Verteidigung und Anpassung dienenden Tätigkeit, die auf eine Kompensation gestörter Funktionen der tiefer gelegenen Abschnitte des ZNS ausgerichtet ist. Über corticale Einflüsse werden erhaltene reflektorische Koordinatio-

nen, die zur Kompensation der Defekte befähigt sind, in ein System, das bedingt-reflektorische Verbindungen neu zu erarbeiten hat, eingeschaltet. Dadurch bilden sich neue Koordinationen an Stelle der verlorenen. Bei einem Tier mit entfernter Rinde ist der Umfang anpassender und kompensatorischer Möglichkeiten des Organismus stark begrenzt.
Die höheren cerebralen Enden der Systeme der Analysatoren haben Bedeutung für komplizierteste Formen der Analyse und Synthese der Reize und für die Sicherung der vollkommenen Orientierung in der äußeren Welt.
Sie gestatten es dem Organismus, auf der Basis gesammelter Erfahrungen kommende Ereignisse vorauszusehen und seine Handlungen entsprechend einzurichten. Die Formationen des Endhirns, die hier diskutiert werden, sind der echte Organisator des ganzen Verhaltens.
Diese wichtigste Seite der höheren Nerventätigkeit wird als Funktion der Steuerung im weitesten Sinne dieses Terminus, d.h. als Auto/Steuerung, realisiert. Im Einvernehmen mit der Aussage von ESHBI (1963) läßt sich die denkende Tätigkeit letztenendes auf Prozesse der Steuerung zurückführen.
Der Apparat der Auto/Steuerung ist das cerebrale Organ für die Lösung taktischer und strategischer Aufgaben des Verhaltens und verwirklicht die Auswahl und Programmierung der in einer bestimmten Reihenfolge ablaufenden Reaktionen, Handlungen oder Operationen.
Das "Versagen" der Funktion der Auto/Steuerung wird in sehr charakteristischer Weise in den Fällen ersichtlich, in denen durch die eine oder andere Ursache die Operation der Auswahl einer bestimmten Aufgabenlösung aus mehreren Möglichkeiten nicht realisiert werden kann. Wie ESHBI erörtert, ist unter solchen Bedingungen nicht selten ein "unpassendes" Verhalten zu beobachten. So kann sich z.B. ein Fink, in dem zwei entgegengesetzte Bestrebungen kämpfen - Angst vor dem Futternapf und der Wunsch, sich ihm zu nähern - sehr ungewöhnlich aufführen und beginnen, sich mit dem Schnabel seine Fittiche zu reinigen.
Die Auto/Steuerung ist die endliche, abschließende Etappe der analytisch-synthetischen Verarbeitung aller Signalisationen, die sowohl von außen als auch aus dem Inneren des Organismus in die höheren cerebralen Enden der Systeme der Analysatoren gelangen. In dieser Reihe von Prozessen sehen wir den natürlichen Ausdruck einer allgemeinen Gesetzmäßigkeit, nach der in einem beliebig organisierten System, das die Funktionen der Auto/Steuerung verwirklichen kann, eine notwendige Voraussetzung für diese Funktionen in der allseitigen Information über alle Existenzbedingungen der Systeme in der Umwelt besteht.
Konkret verstehen wir unter Auto/Steuerung die Fähigkeit des Organismus, entsprechend den äußeren Situationen wählend die einen reflektorischen Koordinationen einzuschalten bzw. zu verstärken und die anderen auszuschalten bzw. abzuschwächen, sowie vielgestaltige Umschaltungen zwischen den Koordinationen zu verwirklichen und die Richtung ihrer Wirkung und den Charakter ihrer Wechselwirkung zu verändern.

In der Phylogenese der tierischen Welt wächst die Bedeutung der Apparate der Auto/Steuerung progressiv an. Sie bekommen einen immer komplizierter differenzierten Charakter, während die Funktionen der Auto-Regulation und Auto-Kontrolle immer mehr spezialisiert werden. Ein Ausdruck dieser Gesetzmäßigkeit ist der Umstand, daß unter den Wirbellosen die höher organisierten Vertreter (Crustacea, Insecta) nach Entfernung des Kopfhirns eine größere Hilflosigkeit bei der Orientierung in der Umwelt und eine größere Unordnung in ihrem Verhalten erkennen lassen als niedriger organisierte Tiere (Vermes). Die Unterschiede in den Symptomen bei Ausfall der Stimuli der Auto/Steuerung in Abhängigkeit vom Organisationsniveau der höheren Abschnitte des Gehirns fallen noch stärker bei den Wirbeltieren ins Auge.
Im Ganzen werden die Wechselwirkungen und Wechselverbindungen der Funktionen der Auto/Steuerung durch die Gesamtheit der angeborenen und der im Verlaufe des Lebens erworbenen Komponenten des Verhaltens, durch die die Vertreter jeder Tierart charakterisiert sind, bestimmt.

2.6. Auto-Steuerung ("unfreie" oder automatische Steuerung)

Unter Auto-Steuerung, die auch als "unfreie" oder automatische Steuerung charakterisiert werden kann und die die phylogenetisch ältere Stufe in der Entwicklung der Steuerungsmechanismen darstellt, verstehen wir Formen und Komponenten des Verhaltens, die in der Evolution als komplizierte Ketten angeborener Anpassungsreaktionen fixiert wurden und die für das Leben des Organismus und der Art als Ganzes von wesentlichster Bedeutung sind (vitale Reaktionen). Zu ihnen gehören alle instinktiven Formen des Verhaltens, deren Programme durch Jahrhunderte alte Erfahrungen vergangener Generationen festgelegt sind und einem Stafettenstab ähneln, der durch Erbschaft an die Nachkommen übergeben wird. Beim Menschen haben solche Reaktionen überwiegend unwillkürlichen Charakter.
Die Auto-Steuerung tritt besonders ausgeprägt als Grundlage des Verhaltens bei einigen höheren Wirbellosen (z.B. Insecta) auf. Die bei ihnen zu beobachtenden Automatismen des Verhaltens sind so vollkommen durch Prozesse der natürlichen Auswahl "eingeschliffen", daß man den Eindruck einer "Pseudovernunft" gewinnt. Unter den Wirbeltieren nutzen die Fische und auch die Vögel mit größter Effektivität diese in der historischen Entwicklung der Art entstandenen Automatismen für die Anpassung an die Umwelt aus.
Bei den Wirbeltieren bilden, wie schon gesagt, die phylogenetisch älteren corticalen und subcorticalen Formationen des Endhirns die anatomische Basis für die Auto-Steuerung (Abb. 23). Zu diesen gehören Formationen der uralten (palaeocorticalen) oder halbabgesonderten Rinde (Cortex semiseparatus) und niedere Entwicklungsstufen der abgesonderten

Rinde (alte bzw. archicorticale oder hippocampale und intermediäre Rinde nach der Klassifikation von FILIMONOFF, 1949), zusammen mit den an sie angrenzenden Abteilungen subcorticaler Kerne der großen Hemisphären und des Zwischenhirns (Amygdaloid-Kernkomplex, die phylogenetisch alten Kerne des Thalamus und Kerne der hypothalamischen Gebiete). Bei den höheren Wirbeltieren - Säugetieren - können zum cerebralen Substrat der Auto-Steuerung in gewissem Maße auch einige nach ihrer funktionellen Bedeutung tieferstehende Formationen des Neocortex gerechnet werden. Wir denken an die Randzonen des Neocortex (Abb. 50,51) - limbische und insuläre Rinde zusammen mit Formationen der sogen. mediobasalen Rinde (bestimmte Abschnitte der frontalen und temporalen Rinde an der inneren und unteren Oberfläche der Hemisphären). Diese Abteilungen des Gehirns, wie das in einer Reihe experimenteller Untersuchungen gezeigt wurde (PRIBRAM 1961, 1964), haben direkte Beziehungen zu morpho-physiologischen Mechanismen vitaler Reaktionen und des emotionalen Verhaltens.

In ihrer Zusammensetzung variieren die instinktiven Formen des Verhaltens in weiten Grenzen und Unterschieden je nach Entwicklungsniveau der betreffenden Wirbeltiere. Entsprechend unterschiedlich ist auch die morpho-physiologische Basis der Funktion der Auto-Steuerung bei den verschiedenen Tieren. Unter dem Gesichtspunkt der Einheit von Struktur und Funktion ist es interessant, festzustellen, daß besonders bei den Wirbeltieren, deren Verhalten durch Auto-Steuerung bestimmt wird, das Endhirn aus Formationen besteht, die vorwiegend für die erbliche Fixierung der artspezifischen Erfahrungen spezialisiert sind. Bei Fischen besteht das noch relativ schwach entwickelte Endhirn aus palaeocorticalen Formationen des Cortex semiseparatus. Bei Vögeln wird fast die ganze Masse der großen Hemisphären aus hypertrophierten subcorticalen Kernen gebildet, während die corticalen Formationen sogar im Vergleich zu den Kriechtieren einer bedeutenden Reduktion unterliegen.

2.7. Steuerung im eigentlichen Sinne ("freie" oder willkürliche und automatisierte Steuerung

In der umfassenden Sphäre der Steuerung im eigentlichen Sinne dieses Wortes können zwei Untersphären abgegliedert werden:

a. "freie" oder willkürliche (beim Menschen auch bewußte) Steuerung und

b. automatisierte (beim Menschen unbewußt zustande kommende) Steuerung.

Als "freie" Steuerung bezeichnen wir ein Verhalten, welches durch die Gesamtheit der Veränderungen der Umwelt bedingt ist, nicht nur der im gegebenen Moment ablaufenden, sondern auch der sich in vergangenen Erfahrungen widerspiegelnden. Ein solches Verhalten, das in der Hauptsache auf den komplizierten Systemen der bedingt-reflektorischen Verbindungen beruht, hat seine Voraussetzungen in der Fähigkeit des Organismus, sich zwischen den Eigenschaften seiner Umwelt, die sein "persönliches", individuelles Leben charakterisieren, zu orientieren. Die Programme dieses Verhaltens werden nur in den allgemeinsten Tendenzen durch angeborene Reaktionen bestimmt. Dementsprechende wesentliche Unterscheidungsmerkmale der "freien" willkürlichen Steuerung zur "unfreien" automatischen Steuerung bestehen darin, daß die willkürliche Steuerung auf der Grundlage des Lernens und der Sammlung von Lebenserfahrungen individuell erarbeitet wird. Dank der willkürlichen Steuerung stellt sich die gesamte Garnitur sowohl der "natürlichen", durch den Organismus von seinen Vorfahren ererbten, als auch der "künstlichen", im Verlauf des Lebens auf bedingt-reflektorischem Wege formierten, reflektorischen Koordinationen in den Dienst der Grundaufgabe der Anpassung an die individuellen Bedingungen der Existenz. So äußert sich diese Form der Steuerung real in einer Programmierung des Verhaltens, das auf der Vereinigung von Analyse und Synthese der Reize und der bedingt-reflektorischen Schließung beruht.

Im folgenden wird hervorgehoben, daß der Begriff "willkürliche Steuerung" verschiedenartige Formen des Verhaltens umfaßt, von dem "sogen. willkürlichen" Verhalten der Tiere (PAWLOW) bis zur spezifisch menschlichen, bewußten, aktiven Tätigkeit, die durch die Sprache vermittelt wird.

SETSCHENOW bezeichnet als willkürlich solche Bewegungen, die auf ein bestimmtes bewußtes Ziel ausgerichtet und selbst Objekte des Bewußtseins sind. PAWLOW schloß in den Begriff Willkürlichkeit höchste, auf der Ebene der Hirnrinde ablaufende Analysen und Synthesen der Signale ein, die über jeden Moment der ablaufenden Bewegungen informieren. Im Einvernehmen mit den Vorstellungen einer Reihe sowjetischer Psychologen (LEONTJEW 1959, SAPOROSHEZ 1960, WYGODSKI 1960 u.a.) werden die willkürlichen Aktionen beim Menschen auf ein Endresultat ausgerichtet und unter Teilnahme des zweiten Signalsystems formiert. BERITOW (1961) hält auch alle die Verhaltensreaktionen für willkürlich, die durch eine Reproduktion von Modellen (Abbildern) der äußeren Objekte in der Rinde der großen Hemisphären bedingt sind. Den Charakter der Willkür tragende Operationen mit Objekten definiert der Autor als "instrumentelle Handlungen".

So wird die Funktion der willkürlichen Steuerung als Endresultat einer in den höheren cerebralen (corticalen) Enden der Systeme der Analysatoren ablaufenden analytisch-synthetischen Verarbeitung aller von Sinnesorganen kommenden Signale realisiert.

Entsprechend der genannten Definition von ESHBI kann man sich die Funktion der Steuerung auch als Tätigkeit "vernünftiger Systeme" vorstellen, die in der Lage sind, auf der Basis einer effektiven Verarbeitung der erhaltenen Informationen eine geeignete Auswahl durchzuführen. Zur Sphäre der menschlichen Steuerung rechnet ESHBI die Fähigkeit des Menschen, verständig zu überlegen. In der menschlichen Gesellschaft sind Erziehung und Lehre eine der wichtigsten und ältesten Formen der gezielten Beeinflussung, d.h. der Steuerung in der Sphäre der zwischenmenschlichen Beziehungen. Erziehung und Lehre bedingen die Formierung und Entwicklung der psychischen Tätigkeit und der individuellen Eigenschaften der Persönlichkeit.

BERG (1963) charakterisiert die Steuerung als einen Prozeß der Übersetzung komplizierter dynamischer Systeme aus einem Zustand in einen anderen mit Hilfe der Einwirkung auf ihre veränderlichen Parameter.

TRAPESNIKOW (1963) unterteilt den komplizierten Prozeß der Steuerung sowohl bei lebenden Organismen als auch bei Maschinen in drei grundlegende Gruppen von Operationen: Studium des zu steuernden Objektes; Erarbeitung der Strategie und Taktik der Steuerung; Realisierung der Strategie und Taktik der Steuerung. Der Organismus als Ganzes wird als ein System der optimalen Steuerung betrachtet.

Wesentliche Bedeutung für das Verständnis der Rolle der Steuerung bei der Formierung des aktiven Verhaltens hat die Konzeption von BERNSTEIN. Entsprechend dieser Konzeption wird das aktive Verhalten durch Situationen bedingt, aber nicht im Ganzen bestimmt. Der Organismus hat dabei bestimmte Aktionsaufgaben zu lösen, wie sie sich als "Vorkodierung" von Modellen des "zukünftig Notwendigen" im Gehirn darstellen.

Der Mechanismus zur Lösung von Aktionsaufgaben besteht nach BERNSTEIN aus folgenden zwei Hauptfaktoren:

a. wahrscheinliche Prognose der zukünftigen Situation aus den laufend empfangenen Informationen, d.h. Extrapolation der Veränderungen der Situationen in bezug auf einige künftige Zeitabschnitte,
b. Programmierung der Handlung, die zur Erreichung des Aktionszieles ausgeübt werden muß.

Diese Programmierung der Handlung ist eine Interpolation zwischen vorhandenen Situationen und solchen, die für das Individuum "erwünscht" sind. Der Organismus reagiert folglich nicht einfach auf eine Situation oder auf die ihr entnommene Signalbedeutung der Reize.

Er wird vor die Notwendigkeit gestellt, die Dynamik der Situationsveränderungen zu berechnen und eine wahrscheinliche Prognose zu stellen, aber außerdem auch eine Auswahl der Art und Weise des Verhaltens durchzuführen. Die Beurteilung zukünftiger Situationen ist nicht genauer als der Wahrscheinlichkeitsgrad und die aktive Auswahl der Handlungen, die Situationen bezwingen, jedoch nicht durch ihre Kommandosignale bedingt sind. Besonders das unterscheidet im Sinne von BERNSTEIN wesentlich das aktive Verhalten des lebenden Organismus von der reaktiven Maschine eines beliebigen Genauigkeits- oder Kompliziertheitsgrades.

Wir unsererseits nehmen an, daß der genannte Mechanismus der vergleichenden Beurteilung vorhandener Situationen mit den erwünschten, der Interpolation und Auswahl der Handlungen, in charakteristischer Weise das von der Funktion der eigentlichen Steuerung abhängige Verhalten der höheren Tiere von dem Verhalten niederer Tiere unterscheidet, bei denen diese Funktion noch nicht oder nur schwach entwickelt ist. Im Unterschied zu den höheren ist für das Verhalten der niederen Tiere typisch, daß es nicht nur durch vorhandene Situationen bedingt wird, sondern in bedeutendem Maße (oder sogar vollkommen) durch diese Situationen bestimmt ist. Mit anderen Worten: Das niedere Tier kann nur in sehr unbedeutendem Maße wahrscheinliche Prognosen über die Zukunft aufstellen und entsprechend sein Verhalten programmieren.

Die automatisierte Steuerung baut sich auf der Grundlage einer Reihe aufeinanderfolgender Kopplungen von Bewegungskoordinationen auf, die im Verlauf des Lebens "künstlich" erarbeitet wurden. Dabei werden als "unfertige" Materialien die schon bei der Geburt vorhandenen reflektorischen Einrichtungen ausgenutzt.

Bei der Analyse der Prozesse der Automatisierung willkürlicher Bewegungen und Handlungen, die ihre Umwandlung in unwillkürliche Akte nach sich zieht, ist unbedingt die von BERNSTEIN ausführlich erarbeitete Theorie der Koordinationsebenen des ZNS und der entsprechenden "Umchiffrierung" ("Umkodierung") von Impulsserien bei ihrer Übertragung von einer Koordinationsebene auf andere zu beachten.

Wie BERNSTEIN annimmt, ist die Erarbeitung von Fähigkeiten nicht nur ein einfaches "Auswendig lernen" dieses oder jenes motorischen Aktes durch laufende Wiederholung, sondern ein Prozeß der ständigen Vervollkommnung bestimmter Bewegungsprogramme, eine aktive Suche nach den adäquatesten, optimalsten und rationellsten Verfahren zur Variierung der Aufgabenlösung (als Versuch der Festigung angepaßter Modulationen usw. in der vorautomatisierten Periode).

Entsprechend der Definition von BERNSTEIN (1947) ist die Automatisierung ein Prozeß der etappenweisen Umschaltung "untergründiger" Komponenten motorischer Akte auf Ebenen entsprechender Korrekturen, die mit Hilfe ihnen adäquater sensorischer Synthesen und programmierender Einrichtungen gewährleistet werden. Als Beispiele einer mit der Automatisierung zusammenhängenden korrigierenden Umschaltung kann die Übertragung sich vollziehender Operationen aus der Ebene des räumlichen Feldes auf das Niveau der Schemata des eigentlichen Körpers betrachtet werden, indem die erlernte motorische Fertigkeit sich

ohne Teilnahme der optischen Kontrolle zu verwirklichen beginnt. Möglich sind auch verschiedene Übertragungen des Trainings ("Übung von Fertigkeiten"), d.h. Ausnutzung automatisierter Akte beim Aufbau einer neuen Fertigkeit, die früher für andere Fertigkeiten ausgearbeitet wurden (z.B. fahren auf dem Fahrrad, laufen auf Schlittschuhen). Zu untergründigen vorbereiteten Komponenten, die noch in der frühen Periode der Entwicklung nach der Geburt angeeignet und im weiteren für die Erarbeitung neuer Fertigkeiten und Fähigkeiten ausgenutzt werden, gehören nach BERNSTEIN auch die Lokomotionen.
Je vollkommener und sicherer die Aneignung motorischer Fertigkeiten ist, desto reicher ist der Fond an "Koordinations-Vorräten" und desto breiter der Kreis der Varianten und Komplizierungen der Aufgaben, bei denen erreichte Stufen der Automatisierung ungestört erhalten bleiben. Damit wird ein breiter Umfang von Anpassungsveränderlichkeiten aller Komponenten einer erarbeiteten Fähigkeit und Operation erreicht.
Unter Stabilisierung einer Fertigkeit wird der Grad ihrer Widerstandsfähigkeit gegenüber verwirrende Einflüssen (Störungen), die ihre Deautomatisierung hervorrufen, verstanden. Vollendete Stadien der Prozesse der Automatisierung sind bedingt durch die Zusammenarbeit des Ensembles aller Untergrund-Ebenen und Standardisierung der Fertigkeit in ihrer motorischen Zusammensetzung. Die Standardisierung von Fertigkeiten hängt mit dem Wechsel von fixierten Spannungen in entsprechenden Muskelsynergisten zusammen, die die Bewegung der Teile des Körpers in den vorgegebenen Bahnen begrenzen. Eine wesentliche Rolle dabei spielt der sehr flexible physiologische Mechanismus, durch den es möglich ist, für die Korrektur der Bewegungen die bei ihrem Ablauf entstehenden reaktiven Kräfte und Momente der Trägheit auszunutzen.
BERITOW bezeichnet die Prozesse der Automatisierung als Ketten bedingter Reflexe, mit deren Hilfe die willkürlichen Akte durch ihre mehrfache Wiederholung in ähnlichen Situationen gefestigt werden. Ein solches automatisiertes unwillkürliches Verhalten wird sofort abgebrochen, wenn nur die gewohnte Situation sich ändert. Dann ist das Verhalten des Tieres durch aktive Orientierung in der Umwelt bestimmt. Das findet auch seinen Ausdruck in einer aktiven Auswahl der Handlungen, die auf die entsprechenden Gegenstände ausgerichtet werden.
Erlernte motorische Koordinationen, die sich zu Anfang unter dem Einfluß von Stimulationen, die von der willkürlichen Steuerung ausgehen, formieren, erwerben - wie schon erörtert - nur secundär nach wiederholter Übung und Training unwillkürlichen, "maschinenartigen" Charakter und verlaufen beim Menschen ohne ständige aktive Teilnahme des Bewußtseins. Eine solche Art von Prozessen liegt auch dem Erwerb verschiedenartiger Fertigkeiten zugrunde (berufliche, sportliche und andere). Zu komplizierteren automatisierten Vorgängen,

die sich aus einer Serie motorischer Koordinationen zusammensetzen, gehört das Verhalten eines Menschen, der sich im Zustand der Hypnose befindet (siehe den nächsten Abschnitt dieses Kapitels). Ein Beispiel für eine vollkommen automatisierte und ohne Teilnahme der willkürlichen Steuerung ablaufende Form des Verhaltens sind die Handlungen eines Mondsüchtigen, der auf dem Gesims eines Gebäudes geht.

Zur Kategorie der automatisierten Steuerung müssen auch die auf der gemeinsamen Tätigkeit entsprechender Neuronengruppen beruhenden kompliziertesten intracorticalen "psychischen Koordinationen" gerechnet werden, die die materielle Grundlage für die sich in der Hirnrinde vollziehenden intellektuellen Operationen bilden. Wir meinen hierbei sogen. "geistige Handlungen" (GALPERIN 1957), die anfangs im Prozeß ihrer Entstehung beim Kind als reale Operationen mit Gegenständen ("materialisierte Handlung") unter ständiger Teilnahme des Bewußtseins verlaufen. Im weiteren verwandeln sich solche Operationen aus äußeren in innere ("sich interiorisieren"), werden "eingeschränkt" und erfordern dann nicht mehr die ständige willkürliche Steuerung.

Wie aus unserer Konzeption der Prozesse der Automatisierung hervorgeht, existiert ein prinzipieller Unterschied zwischen der automatisierten Steuerung und den angeborenen Automatismen des Verhaltens, die für die Auto-Steuerung charakteristisch und vollkommen vorherbestimmt sind durch die für die Art im Ganzen eigene, angeborene biologische Tendenzen.

Unter physiologischem Aspekt ist es folglich notwendig, eine strenge Abgrenzung zwischen automatischen und automatisierten Prozessen in tierischen Organismen vorzunehmen, obwohl beide Erscheinungen der unwillkürlichen reflektorischen Tätigkeit angehören. Die erstere erfordert im Unterschied zur zweiten keine vorhergehende Schulung, weil der Organismus, schon wenn er geboren wird, vorbereiteten Formeln besitzt, die den Verlauf entsprechender Reaktionen bestimmen. Nach diesem Prinzip eines reflektorischen Automaten arbeiten mehr oder weniger alle autoregulierenden und auto-kontrollierenden Einrichtungen des axialen Teiles des ZNS. Wie gezeigt, liegt dasselbe Prinzip auch der Auto-Steuerung zugrunde.

Eine beliebige, unter Teilnahme der willkürlichen Steuerung gebildete bedingt-reflektorische Reaktion (eine neue "künstliche" motorische oder sekretorische Koordination) kann nach dem Mechanismus ihrer Entstehung auch als Ausdruck eines eigentümlichen "Automatismus" betrachtet werden, jedoch mit dem Unterschied, daß die Automatisation hier die Komponenten der Schließung des Prozesses betrifft, die nicht in der Summe der Erfahrungen der ganzen Art enthalten sind. Demgegenüber stellen die im Resultat der erblich gefestigten reflektorischen Verbindungen entstehenden Formen des Verhaltens vom Typ komplizierter

instinktiver Kettenreaktionen zusammen mit den hierin eingeschlossenen "natürlichen" reflektorischen Koordinationen echte Automatismen dar.[1]
Bei höher entwickelten Wirbeltieren - Säugern - wird das cerebrale Substrat sowohl der willkürlichen als auch der automatisierten Steuerung durch die phylogenetisch jüngsten und aus kompliziertesten, nach dem Schichtentyp differenzierten Formationen des vollentwickelten Neocortex der großen Hemisphären dargestellt (Abb. 25). Dazu gehören auch deren Verbindungen zu den subcorticalen Regionen der großen Hemisphären und des Zwischenhirns (benachbarter Subcortex), aber auch zu den tiefer gelegenen Formationen des analysatorisch-koordinierenden und des koordinierenden Mechanismus (entfernterer Subcortex, Abb. 26, 27). Im vollentwickelten Neocortex ist, wie wir annehmen, der Apparat der Steuerung in dem sich während der Evolution der Säugetiere am intensivsten entwickelnden Teil, dem Frontallappen des Gehirns, festgelegt.
Bei niederen Säugetieren wird dieser vergleichsweise noch schwach entwickelte Teil des Großhirns in der Hauptsache durch die motorische Rindenzone dargestellt (Abb. 25 a, b). Bei höher stehenden Säugetieren wie Carnivora (Abb. 25 c) und Primaten (Abb. 25 d - f) differenziert sich diese Zone zum grundlegenden corticalen Mechanismus für die Durchführung "willkürlicher", fein differenzierter, getrennter (eigentliche motorische Rinde) und kompliziert synthetisierter (prämotorische Rinde) Komplexe von Bewegungen. Sowohl die einen als auch die anderen erreichen einen hohen Spezialisierungsgrad bei höheren Säugetieren - den Primaten und besonders beim Menschen. Bei den Menschenaffen, die über gut entwickelte und dem Zustand beim Menschen angenäherte große Hemisphären verfügen, wachsen die Ausmaße des Lobus frontalis im Zusammenhang mit der Entwicklung der phylogenetisch neuesten, im Bereich des Polus frontalis liegenden Regionen, die das eigentliche frontale Gebiet der Hemisphären bilden (Abb. 25 e, f), bedeutend an.
Wie bei langjährigen klinischen Beobachtungen durch LURIJA u. Mitarb. (1962, 1963) festgestellt wurde, hat der Lobus frontalis des Gehirns im Ganzen eine spezielle Bedeutung für die Organisation der gesamten Sphäre der aktiven willkürlichen Tätigkeit des Menschen. Das Spektrum reicht von den einfachsten willkürlichen Bewegungen, die mit Hilfe der eigentlichen Bewegungs- (motorischen) rinde realisiert werden, bis zu den kompliziertesten, im Frontalgebiet selbst festgelegten Äußerungen der willensmäßigen, zweckgerichteten Tätigkeit, die unter Teilnahme des zweiten Signalsystems verwirklicht wird. Dieser Teil des

1 Zum Unterschied von unserer Terminologie der Klassifikation der verschiedenen Komponenten der Steuerungsfunktion, die von evolutions-biologischen Voraussetzungen ausgeht, deutet BERNSTEIN als Automatismen auch solche motorischen Akte, die im Resultat der Automatisierung erlernter Reaktionen erarbeitet werden.

Gehirns hat Beziehungen zur Ausarbeitung der Verhaltenspläne, ihrer Realisierung und zum Vergleich der Resultate mit den Absichten. Es wurde auch die wesentliche Rolle bestimmter Teile der motorischen Rindenzonen (besonders der prämotorischen Rinde, s. Abb. 25 - 2) in den Prozessen der Automatisierung willkürlicher Bewegungen gezeigt.
Als morphologische Basis der höchsten Organisatoren des Verhaltens treten die Felder des eigentlichen frontalen Gebietes mit ihren komplizierten gegenseitigen Verbindungen auf. Solche Verbindungen bestehen zu den corticalen und subcorticalen Zentren aller Systeme der Analysatoren, zu den im Gehirn vorhandenen Zentren der vitalen Reaktionen und zu den auf tieferen Ebenen des ZNS liegenden Mechanismen der reflektorischen Koordinationen. Beim Menschen erreichen die Territorien, die diese Felder einnehmen, etwa ein Viertel der Ausdehnung des gesamten Neocortex.
Der Beschreibung der Strukturen und Funktionen des Lobus frontalis wurden in den letzten 100 Jahren Tausende Seiten gewidmet. Wir glauben, daß die adäquateste Definition der funktionellen Bedeutung dieser "machtvollen" Hirngebiete die der Steuerung ist. Wir betrachten diesen Teil des Gehirns als die Abteilung aller zentralen nervalen Organisationen, die sich in der Evolution der tierischen Welt für die Realisierung der kompliziertesten Formen der Funktion der Steuerung (sowohl der "freien" als auch der automatisierten) in der ganzen Vielgestaltigkeit ihrer Erscheinungsformen spezialisiert haben.
Bei verschiedenen Arten von Verletzungen der frontalen Gebiete treten im klinischen (psychopathologischen) Bild in erster Linie Unordnungen der verschiedenen Formen der willkürlichen Handlungen auf. Man muß bemerken, daß bei der Entstehung dieser Störungen eine bestimmte Rolle Defekte der afferenten Synthesen spielen, die sich noch bis zum Beginn der Tätigkeit unter führender Teilnahme der frontalen Formationen herausbilden (LURIJA). Eine wesentliche Bedeutung hat dabei der Zerfall assoziativer Verbindungen, mit deren Hilfe sich die funktionelle Wechselbeziehung der höheren Formen der Gnosie, Praxie und Sprache realisiert. Eine solche Art von Störungen ist bedingt durch pathologische Veränderungen kompliziertester psychischer Prozesse der Wahrnehmung, des Gedächtnisses, des Denkens und Handelns.
Als eine der demonstrativsten Erscheinungen der Störung der Funktion der willkürlichen Steuerung bei cerebralen Schädigungen, die vorwiegend die frontalen Gebiete der Rinde und ihre Verbindungen betreffen, kann die Trennung zwischen intellektueller, emotionaler und Willenssphäre bei Schizophrenie angesehen werden. Das Wesen dieser sehr eigentümlichen Erkrankung besteht nach unserer Ansicht darin, daß der intellektuelle Apparat für sich mehr oder weniger erhalten bleibt, jedoch die Möglichkeit, ihn adäquat zu gebrauchen, krankhaft verloren gegangen ist.

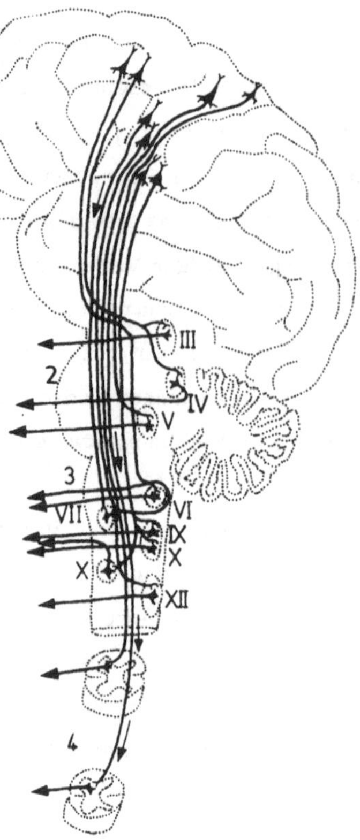

Abb. 26. Pyramidenbahn, die die Steuerungsimpulse von der Rinde der großen Hemisphären zu den reflektorischen Zentren des Stammhirns und des Rückenmarks (koordinierender Mechanismus) überträgt. Die römischen Ziffern bezeichnen die motorischen Kerne der entsprechenden Hirnnerven. 1-Große Hemisphäre; 2-Pons; 3-Medulla oblongata; 4-Rückenmark; 5-Kleinhirn. Zur Vereinfachung des Schemas wurden die Umschaltneurone der Formatio reticularis nicht dargestellt (verändert nach BECHTEREW).

Die Impulse der willkürlichen und automatisierten Steuerung werden, wie schon gezeigt, mit Hilfe zahlreicher Verbindungen verwirklicht, die den höheren corticalen Apparat der Steuerung mit allen Formationen des benachbarten und entfernten Subcortex vereinigen, d.h. mit dem koordinierenden Mechanismus, dem analysatorisch-koordinierenden Mechanismus und der morphologischen Basis der Auto-Steuerung. Mit Hilfe dieser Verbindungen ist der corticale Apparat der Steuerung in der Lage, in Abhängigkeit vom Entwicklungsgrad der effektorischen Sphäre des Organismus in mehr oder weniger auswählender, differenzierender Weise auf die effektorischen Apparate des Körpers einzuwirken. Während der Evolution der Säugetiere sondert sich ein spezieller Weg, die sogen. Pyramidenbahn, für die Leitung der Impulse der willkürlichen Bewegungen ab. Sie ist besonders kräftig bei den Primaten entwickelt. Die Pyramidenbahn verbindet das motorische, aber auch andere Gebiete der Hirnrinde, mit den effektorischen (motorischen) Kernen des Gehirns und des Rückenmarks (Abb. 26). Dieses Fasersystem verläuft sowohl zu den effektorischen Neuronen, die unmittelbar die Skelettmuskulatur des gesamten Körpers innervieren, als auch zu den

Schaltneuronen der Formatio reticularis des Gehirns und des Rückenmarks, d.h. zu den Elementen des koordinierenden Mechanismus (Abb. 11 b). Experimentell-morphologisch konnte auch gezeigt werden, daß mit der Zunahme der Organisation in der Reihe der Säugetiere der Apparat der direkten Beeinflussung der effektorischen Neurone durch die Hirnrinde immer stärker wird. Das findet seinen anatomischen Ausdruck in der Vergrößerung der Zahl der Faserendigungen der Pyramidenbahn an den genannten Neuronen und außerdem der Endigungen an den Schaltneuronen der Formatio reticularis.

Die Rinde des Großhirns besitzt einen ständigen tonisierenden oder hemmenden Einfluß auf den Zustand und die Tätigkeit aller tiefer gelegenen reflektorischen Zentren. Dabei hat die motorische Zone der Rinde eine spezielle Bedeutung, da sie am stärksten unmittelbar mit diesen tieferen Zentren verbunden ist. Insbesondere wurde gezeigt, daß die cortico-motorische (Pyramiden-)Bahn eine Quelle ständiger bioelektrischer Aktivität ist, mit deren Hilfe eine latente Bereitschaft der reflektorischen Zentren, schnell auf Reize zu reagieren, unterhalten wird. Durch zusätzliche Einflüsse, die von der Hirnrinde zu den Zentren des vegetativen Nervensystems gelangen, wird ein bestimmter Zustand der reagierenden Organe gewährleistet (Stoffwechsel, Blutversorgung, trophische Prozesse). Das wirkt sich fördernd auf die vollkommenste Entwicklung der reflektorischen Möglichkeiten des Organismus aus.

Durch die Pyramidenbahn werden in sehr direkter Weise die höheren corticalen Enden der Systeme der Analysatoren mit entsprechenden Abschnitten des koordinierenden Mechanismus verbunden. Im ZNS besonders hoch entwickelter Säugetiere erreichen außerdem die sogenannten extrapyramidalen Bahnen eine bedeutende Entwicklung. Sie verlaufen von der Rinde der großen Hemisphären im axialen Teil des ZNS hauptsächlich zu den verschiedenen Bereichen des analysatorisch-koordinierenden Mechanismus. Unter diesen Bahnen haben bei den Primaten auf Grund ihrer aufrechten Lebensweise die Verbindungen mit dem Kleinhirn, die ihren Anfang in verschiedenen Gebieten des Neocortex nehmen (Abb. 27), eine besonders wichtige Bedeutung. Die Fasern der Pyramidenbahn, die an den analysatorisch-koordinierenden Gebilden vorbeiziehen, geben auch zahlreiche Kollateralen an entsprechende Neuronengruppen ab, die auf den verschiedenen Ebenen des ZNS lokalisiert sind.

Die extrapyramidalen Verbindungen der Rinde mit den analysatorisch-koordinierenden Formationen (insbesondere mit dem Kleinhirn) spielen eine sehr wesentliche Rolle in den Prozessen der Automatisierung willkürlicher Bewegungsakte.

Man kann annehmen, daß eine nicht geringere Bedeutung für die Automatisierung der willkürlichen Bewegungen und Handlungen (in der Sphäre des animalen Lebens) auch die Mechanismen der Regulation und Kontrolle haben.

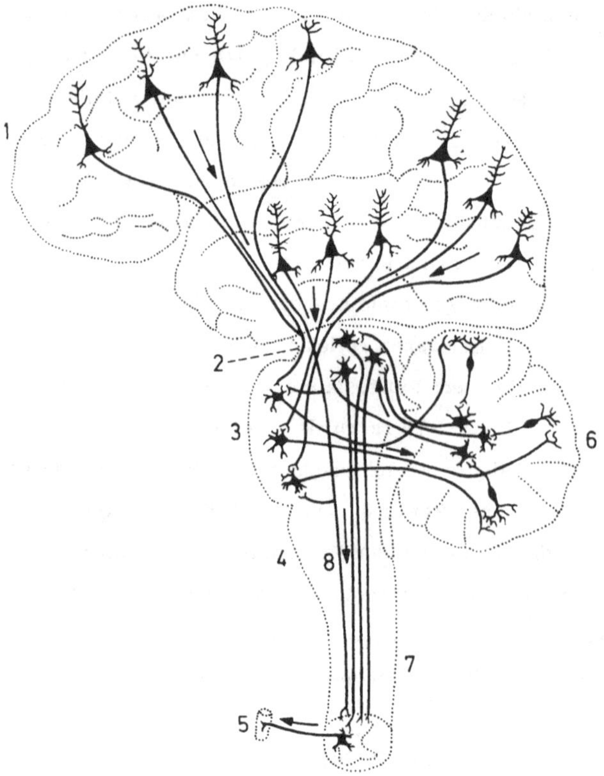

Abb. 27. Schema der extrapyramidalen Bahnen, die die Steuerungsimpulse von verschiedenen Regionen der Hirnrinde zum analysatorisch-koordinierenden Mechanismus (Kleinhirn) übertragen. Dargestellt ist die Kette aufeinanderfolgender Umschaltungen der Impulse von der Großhirnrinde zum Kleinhirn und von ihm auf die effektorischen Neurone. 1-Große Hemisphäre; 2-Mesencephalon; 3-Pons; 4-Medulla oblongata; 5-Effektor; 6-Kleinhirn; 7-Rückenmark; 8-Pyramidenbahn (nach CAJAL, mit einigen Veränderungen).

Im anatomischen Sinne bedeutet das, daß die Realisierung der in den corticalen Enden der Systeme der Analysatoren erarbeiteten Formeln für die Übersetzung (Umchiffrierung nach BERNSTEIN) der effektorischen Tätigkeiten aus willkürlichen in unwillkürliche automatisierte Handlungen wesentlich von den Kollateralverbindungen abhängen, mit deren Hilfe die Systeme der Analysatoren auf die Mechanismen der reflektorischen Koordination in den axialen Teilen des ZNS einwirken.

Die Impulse der willkürlichen Steuerung, die zu einer Kettenreaktion der Automatisierung führen, gelangen zu den verschiedenen Komponenten der auto-regulierenden und auto-kon-

trollierenden Einrichtungen mit unterschiedlichem Grad der "Durchlässigkeit". Die automatisch verlaufenden reflektorischen Koordinationen, zu denen in erster Linie die Auto-Regulationen der inneren Lebenstätigkeit des Organismus gehören, sind im Unterschied zu den bewußt gesteuerten reflektorischen Prozessen nicht oder sehr wenig gegenüber willkürlichen Einflüssen anfällig. Experimente, die im Laboratorium von ASRATJAN durchgeführt wurden, zeigten, daß die Teilnahme der Hirnrinde an kompensatorischen Prozessen, die mit der Störung der Tätigkeit innerer Organe zusammenhängen, geringer ist im Verhältnis zur äußeren reflektorischen Tätigkeit.
Wir nehmen an, daß die oben betrachteten Formen der Steuerung mit Hilfe experimentell-technischer Modelle nachgebildet werden können. Der Konstrukteur solcher Modelle muß folglich einen Block der automatischen Steuerung mit dem in ihm liegenden fixierten Programm des Verhaltens und außerdem einen Block der eigentlichen Steuerung, der die Fähigkeit der Maschine zum Lernen und zur nachfolgenden Automatisierung der erlernten Handlungen wiedergibt, herstellen.

2.8. Über psychophysiologische Aspekte der Steuerung

Das Studium der realen Wechselbeziehungen der verschiedenen Formen der Steuerung in tierischen Organismen hat eine große Perspektive nicht nur für reine physiologische, sondern auch für psychophysiologische Überlegungen. In den Kreis der hierher gehörenden Fragen können der Sache nach alle die Bereiche der Psychologie einbezogen werden, die die Organisation der planmäßigen, zielgerichteten Tätigkeit und das Voraussehen der Wahrscheinlichkeit (Antizipation) des Eintretens bestimmter Ereignisse betreffen (wir denken hier besonders an die Art der speziellen Extrapolation von Reflexen aus den Untersuchungen von KRUSCHINSKI, 1959, 1960). Es gehören dazu Bereiche, die die Wechselbeziehungen zwischen Willkürlichem und Unwillkürlichem, Bewußtem und Unbewußtem in aktiven psychischen Akten, innere Wechselwirkungen des Willens, intellektuelle und emotionale Sphäre betreffen.
Die Wechselwirkungen des Bewußten (Willkürlichen) und Unbewußten (Unwillkürlichen) haben offensichtlich sehr wesentliche Bedeutung für das Verständnis aller Aspekte der komplizierten Probleme der Steuerung. Wir gehen dabei aus von den Beobachtungen und Experimenten von GERSCHUNI (1949) und anderen, die die subsensorischen Reaktionen auf unterschwellige Reize und das Vorhandensein latent und unter der Schwelle des Bewußtseins verlaufender Prozesse der cerebralen Tätigkeit gezeigt haben. Diese Prozesse nehmen das Auftreten sich im Bewußtsein widerspiegelnder psychischer Akte wie Empfindungen, Wahrnehmungen,

logische Schlußfolgerungen und zielgerichtete Handlungen vorweg. Solche unbewußten, d.h. entsprechend unserer Konzeption Prozesse, die schon die Stadien anfänglicher Automatisierung durchgemacht haben ("psychische Automatismen" nach der Definition von SDANE), spielen eine Rolle bei der sich während der Ontogenese des Individuums umformenden Grundlage, auf der sich die ganze Kette der Ursache-Folge-Verbindungen zwischen den aufeinanderfolgenden Etappen im Verlauf dieses oder jenes willkürlichen Aktes entfalten.

Zum Problem der Wechselbeziehungen zwischen Bewußtem und Unbewußtem in der Funktion der Steuerung hat die schon erwähnte Theorie der Koordinationsebenen von BERNSTEIN eine enge Beziehung. In einem beliebigen komplizierten willkürlichen Akt ist nur der Teil bewußt, der zur führenden Ebene der zu verwirklichenden Handlung gehört. Alle restlichen Hilfs- (Untergrund-)ebenen nehmen als unbewußte Komponenten an der ablaufenden Handlung teil. Sie bleiben sozusagen im Schatten, außerhalb des "Lichtfeldes" des Bewußtseins. Im Bewußtsein fixiert sich nur das, was erfüllt werden muß und nicht, wie die entsprechenden Handlungen (praktische und intellektuelle) erfüllt werden. Bewußt sind nicht die einzelnen Komponenten der sich vollziehenden Handlungen, sondern nur ihre logische Folgerichtigkeit.

Hier kann man hinzufügen, daß keine willkürliche Handlung des Menschen in allen Etappen ihrer Entstehung und ihres Verlaufes deutlich bewußt ist. Am klarsten bewußt ist der Weckstimulus zur Handlung und ihrer Vollendung, wie der reale Ausdruck der Erreichung (oder Nichterreichung) des Zieles, auf das die Handlung ausgerichtet war.

Das Problem des Bewußtseins der verschiedenen Etappen eines willkürlichen Aktes ist offensichtlich sehr kompliziert, sowohl im methodologischen als auch im methodischen Sinne und weit von seiner Lösung entfernt. Die verschiedenen willkürlich ablaufenden Akte variieren wahrscheinlich breit nach der Anzahl der in ihnen enthaltenen Komponenten, die gleichzeitig im Bewußtsein auftreten.

Die oben gegebene Definition für "automatisierte Steuerung" erschöpft bei weitem nicht alle Möglichkeiten der auf unbewußtem Wege verwirklichten Steuerung. Insbesondere kann z.B. die hypnotische Suggestion als ein solcher eigentümlicher psychophysiologischer Zustand betrachtet werden, bei dem die Arbeit des höheren Steuerungsapparates von der Ebene des Bewußten auf die Ebene des Unbewußten übersetzt wird. Dabei bleibt die Vollkommenheit der formalen Struktur, von der die Erfüllung der Operation abhängt, erhalten. Es ist bekannt, daß im hypnotischen Zustand während einer mehr oder weniger langen Zeit im Gedächtnis sogar komplizierte Instruktionen erhalten bleiben, die vollkommen unbewußt sind und ungeachtet dessen mit großer Genauigkeit realisiert werden können. Es ist folglich denkbar, daß Steuerungsverfahren möglich sind, bei denen die ganze Reaktion, die durch die Hirnrinde verrichtet wird, von Anfang bis zum Ende ohne klares Bewußtsein über die von den Reizen hervorgerufene Signalbedeutung und den Sinn ihres Effektes verläuft.

Als anderes Beispiel der realen Kompliziertheit der Funktion der menschlichen Steuerung kann der zwiespältige psychophysische Zustand des Schauspielers dienen, der mit einer eigenartigen Verteilung des Bewußtseins und der Aufmerksamkeit im Prozeß der szenischen Tätigkeit zusammenhängt. Der Schauspieler, der seine Rolle in der Szene spielt, muß nach dem System von Stanislawski durch vorhergehendes langes Training erreichen, daß er willkürlich in sich die einen oder anderen Erlebnisse, Stimmungen und Emotionen zu erzeugen vermag, denen er aber im Unterschied zum natürlichen Verhalten im Leben nicht untertan sein soll. Ein großer Schauspieler formulierte diese Situation als die Vorbereitung des Körpers darauf, einen beliebigen Befehl auszuführen, der vom Gedanken und Willen ausgeht: Der Schauspieler muß Besitzer seiner selbst und seiner ihm eigenen Kräfte sein.

Die folgende Serie von Versuchen, auf die KUPALOW verweist, kann als gute Illustration zur Frage über den Mechanismus der willkürlichen Erzeugung unwillkürlicher Reaktionen bei den Tieren dienen.

Beim Hund wurde ein bedingter Reflex auf das Tönen eines Metronoms ausgearbeitet. Dabei war der Hund gezwungen, auf einen Tisch zu springen, auf dem sich ein Futternapf befand. Vom Tisch abspringend schüttelte sich der Hund gewöhnlich. Wenn in diesem Moment das Metronom in Gang war, entwickelte sich eine funktionelle Verbindung zwischen der unwillkürlichen Reaktion des Schüttelns und dem die Nahrung signalisierenden Klang des Metronoms. Das führte dazu, daß der Hund sich immer mehr schüttelte, bis zu 12 mal im Versuch. Nach einem Jahr konnte der Hund diese unwillkürliche Bewegung mit einer solchen Leichtigkeit und Genauigkeit wiederholen, daß man den Eindruck bekam, es handele sich um einen "willkürlichen" motorischen Akt.

Wahrscheinlich können drei verschiedene Ränge der Wechselbeziehungen der bewußten und unbewußten Komponenten in der Integralfunktion der Steuerung angenommen werden. Jeder dieser drei Ränge wird charakterisiert durch ein ihm eigenes Niveau oder durch einen Grad der Unterwerfung der unbewußten Komponenten unter die bewußten.

Der niedrigste Rang, der sich im ältesten Stadium der Entstehung der tierischen Organismen formiert, wird bei komplizierter organisierten Tieren dargestellt durch Einflüsse, die unwillkürlichen Charakter haben. Diese Einflüsse werden zweifellos durch die höheren Abschnitte des Gehirns auf die gesamte vegetative Sphäre des Organismus ausgeübt. Wir beobachten eine solche Art von Einflüssen der Rinde auf die intimsten Prozesse des Innen-

lebens des Körpers. Die Zustände des Affektes, der Suggestion und der Hypnose werden z.B. von Veränderungen des Zuckerspiegels im Blut begleitet (PLATONOW 1962).
Das folgende Experiment kann als Illustration einer solchen Art von Einflüssen dienen.
Bei einem Hund mit unbeschädigtem ZNS wechselt die Zusammensetzung des abgesonderten Magensaftes entsprechend dem Charakter der angebotenen Nahrung. Nach Entfernung der Hirnrinde hört eine solche Differenzierung der Saftzusammensetzung auf: bei verschiedener Nahrung wird ein und derselbe Magensaft abgesondert.
Es ist klar, daß die oben erörterte höchst latente Form der Steuerung von Anfang bis zum Ende als vollkommen unbewußter und dem Willen nicht unterworfener Prozeß abläuft. Die Rolle der willkürlichen Komponente nähert sich hier dem Wert Null. Anders gesagt wird hier die Befreiung der unwillkürlichen Komponente von der Macht der Willkür im maximalsten Grade verdeutlicht.
Das materielle Substrat solcher "geheimnisvollen" corticalen Einflüsse, die bei bekannten psychischen Zuständen sehr stark auftreten, gehört wahrscheinlich zum Apparat der Verbindungen entsprechender neocorticaler Formationen mit den phylogenetisch älteren corticalen und subcorticalen Gebieten der hypothalamischen Region und der Formatio reticularis des Hirnstamms.
Der mittlere Rang, der auch als Übergangsstufe vom niederen zum höheren Rang aufgefaßt werden kann, wird durch eine Form der Steuerung dargestellt, in der Unwillkürliches, Unbewußtes nur teilweise dem Willkürlichen, Bewußten unterworfen ist. Solche Beziehungen dieser und anderer Komponenten in ihren verschiedenartigsten Varianten sehen wir in der emotionalen Sphäre, besonders aber in den Einflüssen, die die Hirnrinde auf die Gefühle und die Stimmungen, auf den Grad der "Intensität" der Erlebnisse ausübt. Verschiedenartige emotionale Erscheinungen werden gewöhnlich unwillkürlich in den Tiefen des Unterbewußtseins hervorgerufen, obwohl sie bekanntermaßen willkürlichen Einflüssen zugänglich sind, d.h. unterdrückt, gebremst oder entgegengesetzt verstärkt werden können.
Und endlich der höchste Rang, der sich in der Evolution der tierischen Welt zuletzt formiert und sich voll nur in der Phase der Entstehung und Entwicklung des menschlichen Wesens ausprägt, hat in der Hauptsache Beziehungen zu willkürlich verursachten Bewegungen und Handlungen. Auf diesem Stadium der Komplizierung des materiellen Mechanismus des Bewußtseins sind die unwillkürlichen Komponenten maximal der Willkür unterworfen. In diese Kategorie der unwillkürlichen und unbewußten Komponenten willkürlicher Akte kann gänzlich auch der von uns früher formulierte Begriff der automatisierten Steuerung in seinem weitesten Sinne, d.h. die Automatisierung nicht nur der Handlungen, sondern auch der logischen Prozesse einbezogen werden.

Wie schon gesagt, werden erarbeitete motorische Akte aus der Sphäre des ständigen Bewußtseins auf die Ebene automatisierter Prozesse übertragen.

Zum höchsten Niveau der Steuerungsfunktion gehören aller Wahrscheinlichkeit nach auch verschiedene intellektuelle Operationen, deren Aufbau und Realisierung man sich unter Teilnahme sowohl willkürlicher als auch unwillkürlicher (automatisierter) Komponenten vorstellen kann.

Offensichtlich können nicht nur Handlungen, sondern auch intellektuelle Operationen (Wahrnehmung, Verständnis, Gedächtnis) in bestimmten Grenzen automatisiert werden und unter der Schwelle des Bewußtseins verlaufen. Zu solchen Phänomen sind insbesondere "unbewußte Schlußfolgerungen", über die HELMHOLTZ schrieb, zu rechnen.

In einigen Situationen, die erhöhte Anforderungen an die Schnelligkeit der Prozesse der Wahrnehmung und des Verständnisses stellen, erhalten solche psychophysiologischen Mechanismen eine besondere Bedeutung. Der Beruf des Fliegers z.B. erfordert bei der Steuerung eines Düsenflugzeuges superschnelles Orientierungs- und Auffassungsvermögen zur Lösung seiner Aufgaben. Nach dem Bericht des Kosmonauten Titow müssen bei modernen Jagdfliegern eigenartige "Automatismen" ausgearbeitet werden, bei denen sich das Denken mit der Handlung vereinigt, wobei es schwer ist, "festzustellen, was früher entsteht, die Handlung oder das Urteil".

Es ist vorstellbar, daß eine der Hauptrichtungen des weiteren Fortschritts der menschlichen Natur und der zentralen nervalen Organisationen in der stärkeren funktionellen Vervollkommnung des cerebralen Apparates der Steuerung besteht. Möglicherweise ist dieser Prozeß eine natürliche Voraussetzung für die Beherrschung nicht nur des Weltalls durch den Menschen, sondern auch seiner selbst. Das betrifft die in seiner materiellen Organisation liegenden potentiellen reflektorischen Möglichkeiten im Sinne der zunehmenden Beherrschung der Seiten der reflektorischen Tätigkeit durch die willkürliche Steuerung, die ihm gegenwärtig noch nicht untertan sind oder sich nur gering durch eine solche Steuerung beeinflussen lassen. In diesem Zusammenhang ist auf eine Schlußfolgerung von PAWLOW hinzuweisen. Mit der ihm eigenen Fähigkeit, das Wesen der Dinge zu durchschauen, schrieb PAWLOW, daß die Erkenntnis der Natur der Instinkte "uns zu dem Verständnis unserer selbst und der Entwicklung in uns liegender Fähigkeiten zur persönlichen Selbststeuerung befähigen wird".

2.9. Über die Wechselbeziehungen zwischen den Funktionen der Auto/Regulation, Auto/Kontrolle und Auto/Steuerung unter dem Aspekt der Evolution

Bei sehr niedrig entwickelten tierischen Organismen mit primitiver neuronaler Organisation (Coelenterata, Echinodermata) ist die Fähigkeit, ihr Verhalten im echten Sinne dieses Wortes zu steuern, offensichtlich noch sehr schwach entwickelt. Solche Organismen stellen in ihrer Art lebende "Automaten" dar (hochvollkommen in "technischer" Beziehung), die nur zu primitiven Formen der Anpassung an die Veränderungen der Umwelt fähig sind. Der elementare Charakter ihrer Reaktionen ist dadurch bedingt, daß sie unmittelbare Antworten auf die im gegebenen Moment einwirkenden Reize darstellen. Diese Wesen sind nicht in der Lage, die Situationsänderungen zu "berechnen", die zu einer Fortsetzung ihrer Reaktionen führen können. Anders gesagt besitzen sie noch kein zentralisiertes Verhalten. Ihre Existenz verläuft in momentanen Abschnitten des Raumes und der Zeit.

Das nicht zentralisierte netzähnliche Nervensystem der Coelenterata besitzt noch nicht die Merkmale der Cephalisation, d.h. es hat noch keinen Kopfabschnitt. Es kann als schwach auto/kontrollierend und noch schwächer auto/steuernd charakterisiert werden. In der Hauptsache arbeitet ein solcher primitiver Typ der neuronalen Organisation, die schon über die Eigenschaft, koordinierte Reaktionen auf adäquate Reize auszuführen, verfügt, nach dem Prinzip einer auto/regulierenden Einrichtung. UEXKÜLL (1928) vergleicht bildhaft die Gesamtheit der Reaktionen der Coelenterata (Seeigel und Seesterne) mit einer "Republik von Reflexen". Es ist anzunehmen, daß die reflektorischen Möglichkeiten dieser Tiere noch sehr wenig den Rahmen des elementaren koordinierenden Mechanismus überschreiten.

Bei einer noch schwach entwickelten "spontanen" Aktivität und ungenügenden Fähigkeit, gezielt auf die Natur einzuwirken, äußern die niederen Vielzeller jedoch deutlich verschiedenartige und klar umrissene primitive reflektorische Koordinationen, die mit den Bedingungen ihrer Ökologie zusammenhängen.

Eine notwendige anatomisch-physiologische Voraussetzung für die Entwicklung der Funktionen der Auto/Kontrolle und Auto/Steuerung ist die Abgliederung eines besonderen zentralen Abschnittes in der neuronalen Organisation, in dem sich die Informationen, die von den verschiedenen Sinnesorganen kommen, vereinigen und kompliziertere synthetische Formeln für die Reaktionen erarbeitet werden können. Ein solcher Abschnitt ist das Kopfgehirn, das sich erstmalig im Stadium des Strickleiternervensystems bei niederen Würmern absondert. Dieses Stadium, das schon über einen primitiven Grad der Zentralisation der Neurone verfügt, führt zur Entwicklung rudimentärer Analysatoren.

Das cerebrale "Schaltpult" der Kontrolle und Steuerung (in ihrem weitesten Sinne) beginnt sich am deutlichsten herauszubilden bei wirbellosen Tieren, die den Übergang vom Wasser- zum Landleben vollziehen und schon über ein kompliziertes Ganglien-Nervensystem verfügen (Ringelwürmer).

Bei höheren Wirbellosen - Krebstiere, Insekten, Kopffüßer - sind schon rudimentäre Analysatoren vorhanden, die durch bestimmte Formationen des Kopfgehirns repräsentiert werden. Bei diesen Tieren können wir über ausreichende und deutlich entwickelte, wenn auch im Vergleich zu den Wirbeltieren primitive Funktionen der Auto-Kontrolle und Auto-Steuerung sprechen, mit denen sich noch schwach Elemente der Steuerung ausdrücken. Diese Funktionen sind in verschiedenen Abschnitten ihrer cephalen Nervenganglien angelegt.

Die subpharyngealen Ganglien (Abb. 2), die den elementaren analysatorisch-koordinierenden Mechanismus vertreten, haben vorwiegend Beziehungen zur Auto-Kontrolle. Die suprapharyngealen Ganglien, mit denen der Empfang und die Umarbeitung von Distanzrezeptionen (Geruch, Sehen) und die Integration der äußeren Wahrnehmungen mit dem inneren Zustand des Organismus zusammenhängen, verwirklichen die Funktion der Auto-Steuerung.

In der vergleichenden Reihe der Wirbellosen kann man die zunehmende Fähigkeit des Kopfgehirns, gezielt (in stimulierender oder hemmender Weise) auf die verschiedenen reflektorischen Koordinationen des Rumpfgehirns einzuwirken, beobachten. Jedoch reale "organisatorische" Voraussetzungen für den schnellen Fortschritt in der Entwicklung der Funktion der "freien" Steuerung entstehen erst bei den Wirbeltieren. Nur bei diesen Vertretern der tierischen Welt, die im Vergleich zu den Wirbellosen über vollkommenere Arten eines zentralisierten Nervensystems in der Form eines Nervenrohres mit weit fortgeschrittener Cephalisation verfügen, beobachten wir eine mehr oder weniger entwickelte Steuerung. In Seitenästen dieser Zweige des evolutionären Baumes (Fische und Vögel) verläuft die Anpassung an die Umwelt vorwiegend nach Art der Auto-Steuerung.

Rückschauend ist zu sagen, daß die Komplizierung des allgemeinen Planes der neuronalen Organisation während der Phylogenese sich nach dem Prinzip der dreifachen Koordination auf der Grundlage der Wechselwirkungen zwischen den Funktionen der Auto/Regulation, Auto/Kontrolle und Auto/Steuerung aufbaut.

In der Evolution der tierischen Welt, mit der unser Planet besiedelt ist, können einige Etappen auftreten, die die verschiedenen Stufen der Organisation des Verhaltens widerspiegeln. Auf den niedrigsten Stufen der Entwicklung sind alle oben genannten Funktionen noch in einem allgemeinen Komplex verschmolzen, in dem jedoch die Rolle des "Führers" von der in der Evolution am frühesten entstehenden Funktion der Auto/Regulation übernommen wird. Bei niederen Vielzellern (Coelenterata, Echinodermata) dominiert diese Funktion in Orientierungs-, Nahrungs-, Verteidigungs- und Adaptationsreaktionen und bei der Schließung

bedingt-reflektorischer Verbindungen. Das Prinzip der Auto-Regulation, die ihre anatomisch-physiologische Grundlage im koordinierenden Mechanismus hat, ist auf diesen Stadien der entscheidende Faktor, von dem die Erarbeitung der reflektorischen Anpassungen abhängt. Auf den weiteren Stufen der Evolution konzentriert sich die Funktion der Auto-Regulation sowohl bei den höheren Wirbellosen als auch bei allen Wirbeltieren in den niederen, axialen Abschnitten des zentralisierten Nervensystems. Die mit Hilfe des koordinierenden Mechanismus verwirklichten reflektorischen Anpassungen können als auto-regulierende Komponenten des Schließungsprozesses, aber auch der orientierenden, adaptierenden und anderen lebenswichtigen Reaktionen betrachtet werden. Speziell soll bemerkt werden, daß als solche Art von Komponenten der Schließungsfunktion im koordinierenden Mechanismus festgelegte Erscheinungen von Summationseffekten und Dominanten auftreten. Entsprechend unserer Konzeption sind in diesen Prozessen noch Elemente der Herausbildung reflektorischer Koordinationen und bedingt-reflektorischer Schließungen verschmolzen.
Bei den nach ihrer Entwicklung am niedrigsten stehenden Wirbeltieren (Cyclostomata) spielt offensichtlich in der reflektorischen Anpassung der koordinierende Mechanismus noch eine Hauptrolle, weil die analysatorisch-koordinierenden Formationen und der supraaxiale Teil des ZNS bei diesen Tieren noch relativ schwach vertreten sind. Entsprechend verlaufen die Funktionen der Auto-Kontrolle und der Auto/Steuerung auf einem primitiven Niveau.
Mit der Entwicklung der Analysatoren, die im Vergleich zu den auto-regulierenden funktionellen Möglichkeiten des Organismus aus einem höheren materiellen Substrat zusammengesetzt sind, beginnt eine intensive Entwicklung der Funktion der Auto-Kontrolle. Diese Funktion erreicht wahrscheinlich ihr Blütestadium bei niederen Wirbeltieren (Fische), die über kompliziert differenzierte analysatorisch-koordinierende Einrichtungen im axialen Teil des ZNS bei einem noch schwach entwickelten höheren supraaxialen Teil verfügen (Abb. 6). Auf dieser Etappe können wir folglich schon von auto-kontrollierenden, d.h. unter Teilnahme der niederen cerebralen Teile der Analysatoren verlaufende Komponenten der Schließung bedingt-reflektorischer Verbindungen, aber auch von Orientierungs-, Adaptations- und anderen Reflexen sprechen. Es ist denkbar, daß die genannten Tiere schon endgültig den umgebenden Raum in Besitz nehmen. Die in den axialen Ebenen des ZNS festgelegten Komponenten der Schließungsfunktion wurden in einer Reihe experimenteller Untersuchungen (KARAMJAN 1956) studiert. Dabei konnte die wesentliche Rolle des Kleinhirns bei der Erarbeitung bedingter Reflexe bei niederen Wirbeltieren gezeigt werden.
Die während der Evolution am spätesten auftretende Epoche der Herrschaft der Steuerung (mit ihren Hilfsattributen Regulation und Kontrolle) fällt mit der weiteren progressiven Entwicklung und Komplizierung der Analysatoren zusammen. Bei den Säugetieren hängen die wesentlichsten Umwandlungen des ZNS mit der strukturellen und funktionellen Differen-

zierung der Systeme der Analysatoren, besonders ihrer höheren (supraaxialen) cerebralen Enden, zusammen. Die höheren cerebralen Mechanismen der eigentlichen Steuerung erreichen ihr Blütestadium bei den Primaten.
Auf dieser Etappe der Phylogenese können wir folglich von der anwachsenden Rolle der Steuerung, Kontrolle und Regulation in den reflektorischen Koordinationen des axialen Teiles des ZNS sprechen. (In den Seitenästen dieser Zweige des Evolutionsbaumes, die durch die Fische und Vögel dargestellt werden, tritt zum erstenmal die Auto-Steuerung auf).
Unter Teilnahme der genannten Funktionen verläuft die Herausbildung der höchstorganisierten Komponenten der Orientierung in der äußeren Welt und der Adaptation an sie. Das zeigt sich in der aktiven und beweglichen Abstimmung der Systeme der Analysatoren auf den Empfang der Reize. Das liegt auch dem physiologischen Mechanismus der Aufmerksamkeit und der Apperzeption zugrunde. Entsprechend feiner und kompliziert differenzierter wird die Tätigkeit des corticalen Teiles des Schließungsapparates. Dadurch nehmen in gewaltigem Umfang die Möglichkeiten des Organismus zur individuellen reflektorischen Inbesitznahme nicht nur seiner Vergangenheit und Gegenwart, sondern auch seiner Zukunft, zu.

3. DAS NEURONENNETZ

3.1. Die Entstehung des Neuronennetzes und seine Komplizierung

Die kompliziertesten Dinge sind im Grunde genommen einfach. Jedoch stößt der Forscher bei dem Versuch, die elementaren Prinzipien, die den komplizierten Erscheinungen zugrunde liegen, zu verstehen, auf bedeutende Schwierigkeiten. Zu ihrer Überwindung sind zunächst eine allgemeine Idee, eine Hypothese oder Theorie wichtig, die in ausreichendem Maße die beobachteten Fakten erklärt und einer experimentellen Kontrolle standhält.
In der Wissenschaft vom Gehirn wie auch auf anderen Gebieten der Naturwissenschaft hat die vergleichend-historische, evolutionäre Methode der Analyse und Synthese des angesammelten Faktenmaterials eine große Bedeutung. Das vergleichende Studium der topografischen Wechselbeziehungen (Architektonik), der Struktur der Neurone und des Charakters ihrer Verbindungen in den peripheren, subcorticalen und corticalen Abschnitten der Analysatoren zusammen mit den Verbindungen (Leitungsbahnen) dieser Abschnitte auf den verschiedenen Stufen der Evolution der Wirbeltiere gestattet es, einige morphologische Gesetzmäßigkeiten, die die Kompliziertheit der ganzen Konstruktion bestimmen, aufzudecken.
In unserer Auffassung von der Entstehung und weiteren Entwicklung, Komplizierung und Vervollkommnung des Hirnbaues als materieller Grundlage der funktionellen Wechselbeziehungen innerhalb des Organismus und zwischen ihm und der äußeren Welt gehen wir von folgenden zwei Grundvoraussetzungen aus.
Wir nehmen an, daß das Fundament der neuronalen Organisation das biologisch bedingte Prinzip der universellen Wechselbeziehungen aller reizaufnehmenden Elemente (Rezeptoren) mit allen Elementen, die die Antwortreaktionen auf die Reize realisieren (Effektoren) und über die der Organismus verfügt, ist. Ein beliebiger Rezeptor oder eine Kombination von Rezeptoren kann mit einem beliebigen Effektor oder einer Kombination von Effektoren zusammenhängen. Dieses anatomische Prinzip wird durch ein Schema einer allgemeinen Überkreuzung ("Gitter") der Nervenbahnen, durch die die einzelnen rezeptorischen Punkte des Körpers oder ihre Gruppen mit den effektorischen Punkten vereinigt werden, dargestellt (Abb. 28 a). Wie im Kap. 4 gezeigt wird, liegt das prinzipiell gleiche Ausgangsschema auch der geometrischen Konstruktion der Schaltketten und ihrer in den Analysatoren vereinigten Leitungsbahnen, speziell den Systemen der Analysatoren, zugrunde.
Die auf diese Weise materialisierte cerebrale Substanz der allgemeinen funktionellen Verbindungen der Rezeptoren mit den Effektoren findet ihren realen Ausdruck in der dem

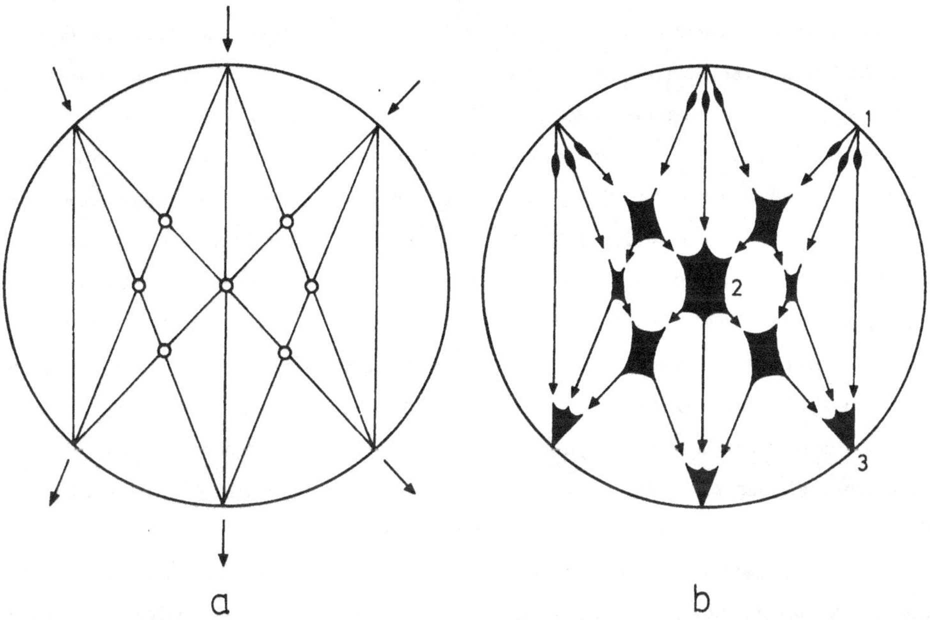

Abb. 28. a) Schema eines "Gitters" der Bahnen für die Übertragung nervaler Impulse von den rezeptorischen (obere Pfeile) zu den effektorischen (untere Pfeile) Punkten des Körpers. b) Schema eines elementaren Neuronennetzes. Es illustriert die Entstehung der Neurone an Punkten der Überkreuzung der Linien, die die Rezeptoren mit den Effektoren verbinden. Die Pfeile bezeichnen die Schaltrichtungen der nervalen Impulse. 1-Rezeptor; 2-Neuron; 3-Effektor.

lebenden Organismus eigenen Fähigkeit, in weiten Grenzen und mit großer Plastizität sich an die ständig wechselnde Umwelt reflektorisch anzupassen und mit potentieller Bereitschaft auf alle möglichen Kombinationen innerer und äußerer Reize zu reagieren.
Unsere zweite Voraussetzung, die unmittelbar aus dem eben Gesagten hervorgeht, betrifft die gleichzeitige Entstehung der strukturellen Differenzierung aller Elemente der reflektorischen Tätigkeit. Diese Voraussetzung schließt die Annahme ein, daß die Neurone als Verbindungsapparat zwischen Rezeptoren und Effektoren sich nicht zufällig formieren, sondern vollkommen gesetzmäßig in den Kreuzungspunkten der Impulsströme, die von den rezeptorischen zu den effektorischen Punkten des Körpers verlaufen, entstehen.
Wie aus dem Schema der Abb. 28 b hervorgeht, entstehen und festigen sich die Neurone strukturell besonders an Punkten der Wechselwirkung von nach Herkunft und Bedeutung verschiedenen nervalen Impulsen. So ist das Neuron am Anfang seiner Entwicklung während

der Evolution der tierischen Organismen ein Apparat des Zusammenlaufens (Konvergenz) und des Auseinanderlaufens (Divergenz) der in ihm umgeschalteten Impulse. Es ist anzunehmen, daß in den real tätigen Nervensystemen (wahrscheinlich nur mit seltenen Ausnahmen) alle Neurone untereinander zusammenhängen und nach demselben Prinzip arbeiten. Wir erinnern uns, daß die Konvergenz der verschieden entstehenden nervalen Impulse an einzelnen Neuronen mit ihrer nachfolgenden Divergenz überzeugend nachgewiesen wurde in verschiedenen Formationen des Zentralnervensystems: in der Hirnrinde, in den subcorticalen Regionen (Thalamus, subcorticale Kerne der großen Hemisphären, Amygdaloid-Kernkomplex), in der Formatio reticularis des Hirnstamms. Besonders deutlich kommt die Konvergenz heterogener afferenter Impulse an den effektorischen (motorischen) Neuronen zum Ausdruck, die von SHERRINGTON mit einem "Trichter" verglichen wurden. Die sich in den Motoneuronen vollziehende Synthese vieler Impulse, die von den Rezeptoren und aus verschiedenen Ebenen des ZNS kommen, vergleicht BERNSTEIN bildhaft mit mehreren Spielern, die mit einem Bogen auf einem Violoncello spielen.

Während der progressiven Zentralisation des Nervensystems, die von einer immer stärker werdenden Vorherrschaft des Großhirns über das Rückenmark begleitet wird (Cephalisation), gehen im Zusammenhang mit der anwachsenden Kompliziertheit der Wechselwirkungen zwischen den Neuronen wesentliche Umwandlungen der Neuronennetze vor sich. Das betrifft sowohl die Struktur der einzelnen Neurone als auch das ganze System der interneuronalen Verbindungen. Solche Veränderungen (Abb. 1) drücken sich aus in einer Vermehrung der Endverzweigungen der peripheren afferenten Nervenfasern, die die Impulse von den Rezeptoren wegleiten, und der mit ihnen verbundenen protoplasmatischen Ausläufer, der Dendriten der Nervenzellen. Gleichzeitig damit wächst auch die Zahl der Verzweigungen (Kollateralen) an, die von den Nervenfasern (Axonen) der Nervenzellen, die im zentralisierten Nervensystem selbst liegen, abgehen.

Im Ergebnis dieser Vervollkommnung der neuronalen Organisation bilden sich immer engere und differenziertere Kontakte zwischen den einzelnen Neuronen, die sich gemeinsam an der Verwirklichung bestimmter reflektorischer Akte beteiligen, heraus. Die Neurone schließen sich auch bei der fortschreitenden Übertragung der Impulse im Reflexbogen zu einem Ring der Rückkopplung zusammen. So entsteht der anatomisch-physiologische Mechanismus der in den Nervenzentren lang andauernden Einbehaltung von Spuren der in sie eintretenden Erregungen und der Nachbildung (Reproduktion) der erarbeiteten Reaktionen. In den Analysatoren und speziell in ihren corticalen Abschnitten erreichen die genannten Eigenschaften der neuronalen Organisation im Vergleich zu den übrigen Formationen des ZNS den höchsten Kompliziertheitsgrad (Kap. 4, 2).

3.2. Die progressive Differenzierung der Neurone

Bei den sehr niedrig entwickelten Wirbeltieren ist das ZNS noch relativ schwach differenziert (Abb. 29 a). Die Neurone, die die Impulse aus der Peripherie empfangen, sie innerhalb des ZNS verteilen und an die Peripherie zurücksenden, sind in funktioneller Beziehung noch nicht deutlich voneinander abgesondert. Nach ihren strukturellen Besonderheiten können diese Neurone charakterisiert werden als Übergangselemente zwischen effektorischen und reticulären Neuronen, da sie noch die Eigenschaften beider in sich vereinigen. Auf den weiteren Stufen der Evolution geht in der Zusammensetzung dieses primitiven koordinierenden Mechanismus eine strukturelle Differenzierung und räumliche Abgrenzung der Neurone

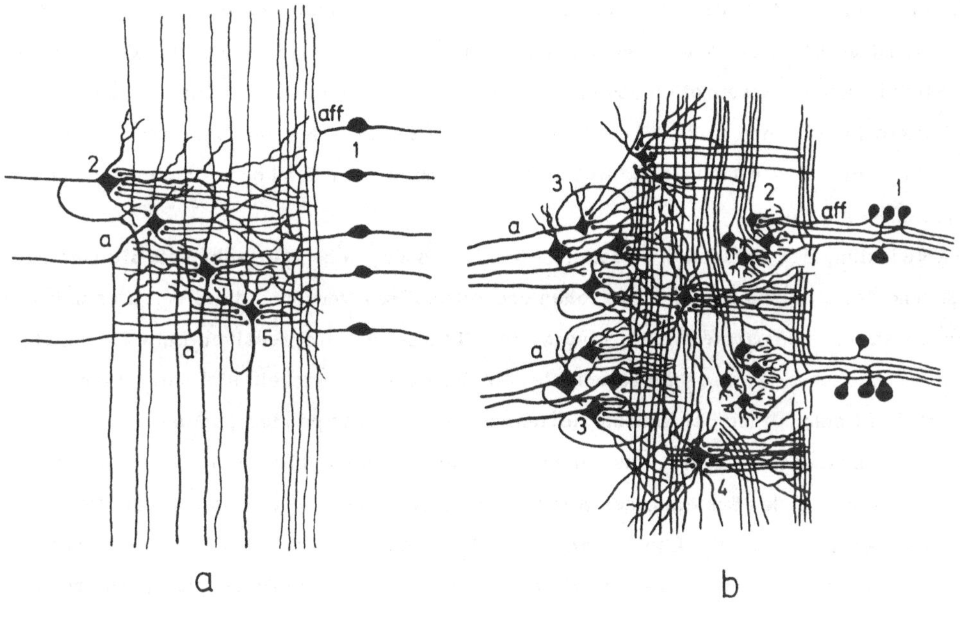

Abb. 29. a) Neuronaler Aufbau des ZNS niedrigentwickelter Wirbeltiere. 1-peripheres sensibles Neuron; 2-5-zentrale Neurone eines gemischten Typs, aus denen sich im weiteren (s. Schema b) die effektorischen (motorischen) und die reticulären Neurone differenzieren; (POLJAKOW 1959); b) Neuronaler Aufbau des ZNS bei höher entwickelten Wirbeltieren. 1-peripheres sensibles Neuron; 2-neuronale Umschaltknoten im Verlauf der Analysatoren; 3-effektorische (motorische) Neurone; 4-reticuläre Neurone; aff-afferente Fasern; a-Axone (POLJAKOW 1959).

unterschiedlicher funktioneller Bedeutung vor sich. Dieser Prozeß verläuft in den folgenden Hauptrichtungen (Abb. 29 b): Auf der einen Seite sondert sich der vollziehende Teil des koordinierenden Mechanismus ab, der durch die Gruppen der effektorischen (motorischen) Neurone (Abb. 29 b -3) dargestellt wird und die direkt die motorischen und sekretorischen Organe des Körpers innervieren. Auf der anderen Seite sondern sich Gruppen zentraler Schaltneurone (Interneurone) ab, die für die Koordination der Wechselwirkung zwischen den effektorischen Neuronen geeignet sind und zu örtlichen segmentalen Reflexapparaten des axialen Teiles des ZNS gehören.

Wie schon im Kap. 1,3 erörtert wurde, bilden die Neurone, die den übersegmentalen Teil des koordinierenden Mechanismus zusammensetzen, in ihrer Gesamtheit die Formatio reticularis des Rückenmarks und der Stammteile des Gehirns. Die reticulären Neurone schalten sich in örtliche Reflexbögen als zusätzliche Zwischenglieder der Umschaltung der zentripetalen afferenten Impulse, die von den entsprechenden Rezeptoren kommend in das ZNS gelangen, ein. Sie verteilen diese Impulse dann auf verschiedene motorische Nervenzentren. Diese Elemente spielen neben den rückläufigen Kollateralen, die von den Axonen der effektorischen Nervenzellen abgehen, eine besonders wichtige Rolle in der Schließung der Rückkopplungsringe (Abb. 47 c und d) in den Reflexbögen des Rückenmarks und der Stammhirnteile. Das hat eine sehr wesentliche Bedeutung für den koordinierten Verlauf verschiedener Reflexe.

Die Entwicklung der Analysatoren stellt, wie wir wissen, neben der sehr detaillierten Absonderung der Gruppen der effektorischen und reticulären Neurone, die die örtlichen koordinierenden Reflexapparate bilden, eine weitere Etappe der progressiven Entwicklung der Organisation des ZNS dar. Die Systeme der Analysatoren entwickeln sich als Apparat der Leitung und Umschaltung der konzentriertesten Ströme zentripetaler Impulse.

Die Hauptmasse der Elemente, aus denen die Schaltknoten aufgebaut sind und die im einheitlich durchgehenden System eines Analysators eingekoppelt sind, besteht aus efferenten Neuronen (Abb. 30), die die Impulse an das nachfolgende Glied der Schaltkette übermitteln. Die Axone dieser Nervenzellen enden als afferente Fasern in der Umschaltstation, zu der sie hinziehen.

Abb. 30. Systeme des Haut- und kinästhetischen Analysators (für die Schaltung von Rezeptionen aus den Bewegungsorganen). Dargestellt sind efferente Neurone mit langem Axon: 1-Endigungen sensibler Nervenfasern in der Haut und im motorischen Organ (Muskel); 2-periphere sensible Neurone im Ganglion spinale; 3-Umschaltkerne in der Medulla oblongata; 4-Umschaltkerne (Relais) im Thalamus; 5-hautkinästhetische (allgemeinsensible) Zone der Rinde; 6-motorische Rindenzone; 7-Bahn von der motorischen Rinde zu den motorischen Zentren des Gehirns und Rückenmarks (Pyramidenbahn); 8-effektorisches (motorisches Neuron des Rückenmarks; 9-motorische Endigung in der Skelettmuskulatur (POLJAKOW 1956).

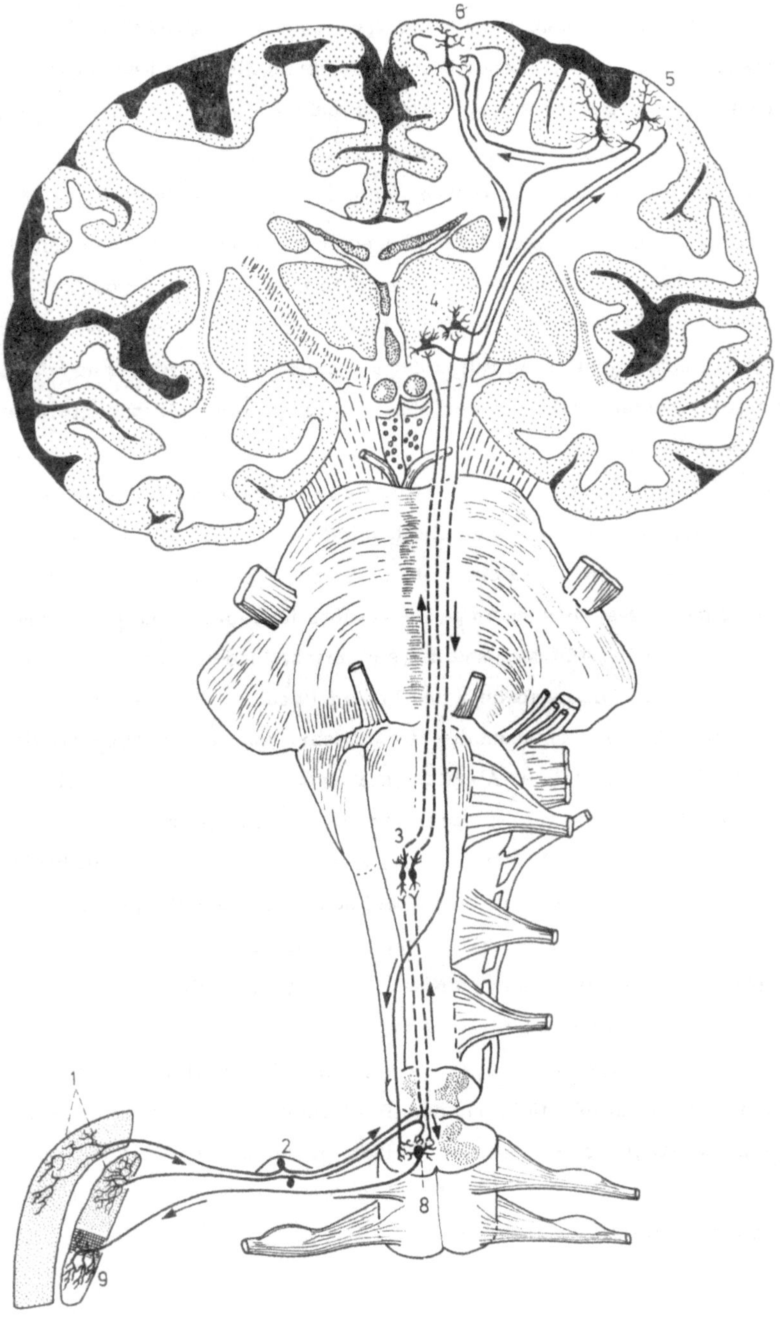

6
5
4
7
3
2
1
8
9

Auf allen Ebenen der Umschaltungen unterscheiden sich die efferenten Neurone der Analysatoren (Abb. 31 c) charakteristisch von den effektorischen Neuronen des koordinierenden Mechanismus (Abb. 31 a) und der Formatio reticularis (Abb. 31 b, 18) durch einen bedeutend größeren Verzweigungsgrad der vom Zellkörper abgehenden Dendriten. Die Endigungen der afferenten Fasern, die mit den Dendriten der efferenten Neurone Kontakt aufnehmen, haben die typische Form eines Pinsels oder einer Traube und sind ebenfalls durch einen hohen Verzweigungsgrad charakterisiert. Eine andere Besonderheit in den Umschalteinrichtungen der Analysatoren äußert sich in einer starken Entwicklung der seitlichen und rückläufigen Kollateralen der Axone der efferenten Neuronen, aus denen sich die Hauptmagistrale für die Übertragung der zentripetalen Erregungen aufbaut.

Diese Besonderheiten der Struktur in den Schaltknoten der Analysatoren sind offensichtlich durch einen höheren Grad der Konzentration der umzuschaltenden Impulse und die Kompliziertheit ihrer Verarbeitung im Prozeß der Übertragung von einer Gruppe efferenter Neurone auf eine andere bedingt.

Zugunsten dieser Vorstellungen über die Konstruktion der Elemente der Analysatoren und ihrer Wechselverbindungen sprechen auch die Resultate experimentell-physiologischer Untersuchungen (DURINJAN, 1963). Mit einer elektro-physiologischen Methode (Registrierung der sogen. evoked potentials) wurden einige wesentliche funktionell-topographische Beziehungen zwischen den Impulse leitenden und den sie umschaltenden Elementen in den Analysatoren aufgedeckt. In den Leitungsbahnen und Umschaltzentren der Systeme der Analysatoren sind Abschnitte vorhanden, in denen die Nervenfasern und Nervenzellen auffallend eng aneinander liegen. Besonders bei der Ableitung der evoked potentials aus solchen Nervenfaserbündeln und Ansammlungen von Nervenzellen werden in sehr charakteristischer Weise bioelektrische Potentiale (sogen. Fokus maximaler bioelektrischer Aktivität) bei Reizung der entsprechenden Abschnitte der sensiblen Oberflächen oder der Nerven beobachtet.

Dank der hohen Konzentration neuraler Elemente im Fokus der maximalen Aktivität werden hier Bedingungen geschaffen, die die synchrone Entladung vieler Elemente begünstigen.

Ein elektrophysiologischer Ausdruck dieses Prozesses ist die minimale latente Periode und maximale Amplitude der Schwankungen der erzeugten Potentiale. In jenen Abschnitten des ZNS (z.B. in der Formatio reticularis des Hirnstamms und in den ihre Fortsetzung bildenden sogen. unspezifischen Kernen des Thalamus), in denen sich die neuronalen Umschaltungen weniger dicht verteilen und in Beziehung zueinander zerstreuter liegen, erscheinen keine Brennpunkte der maximalen Aktivität.

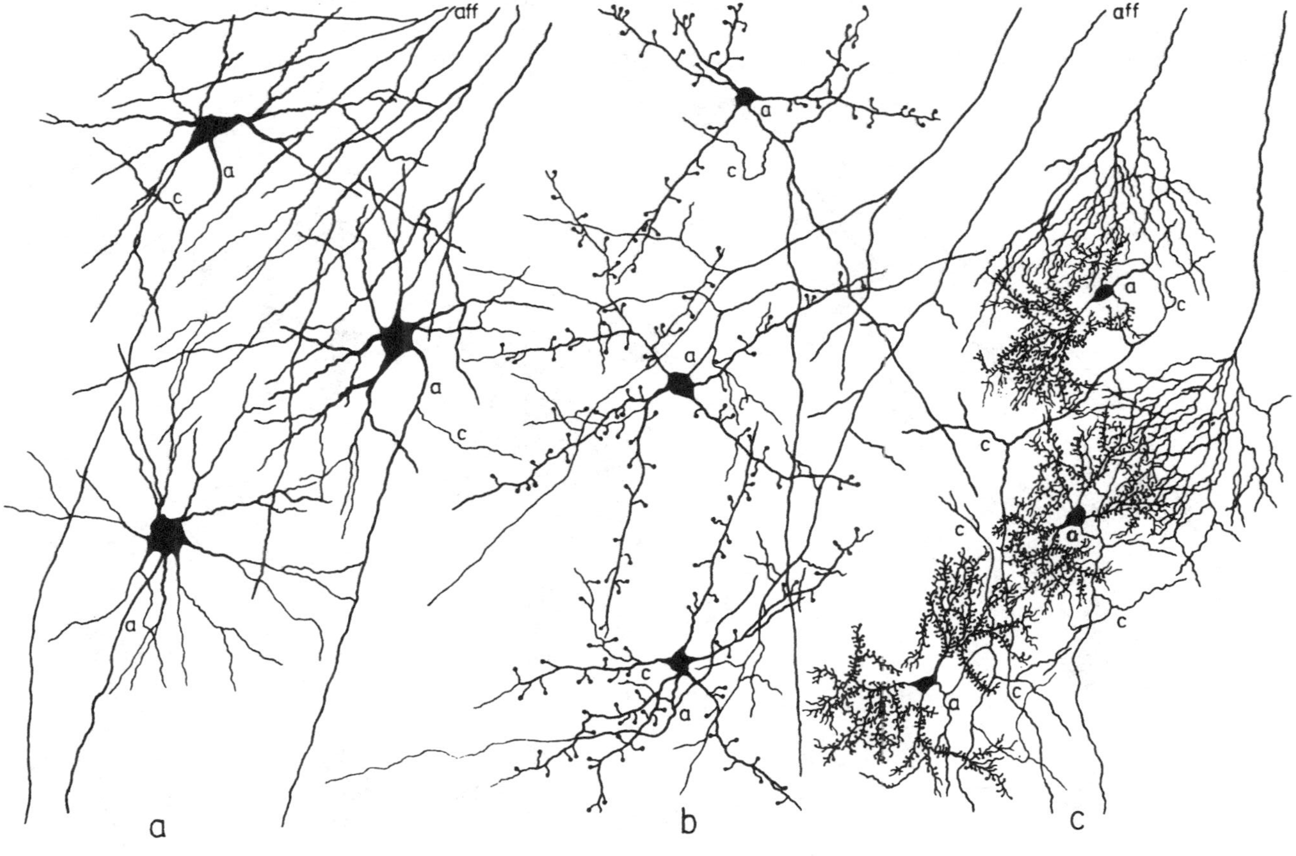

Abb. 31. Charakteristische Besonderheiten der Struktur der Neurone und der afferenten Fasern in den motorischen (efferenten) Kernen (a), in den Kernen der Formatio reticularis (b) und in den Schaltkernen der Analysatoren (c). aff-afferente Fasern; a-Axone der Nervenzellen; c-elementare (seitliche und rückläufigc) Kollateralen der Axone. Besonders zu beachten sind die Sträuche der Dendritenverzweigungen in den Schaltstationen der Analysatoren.

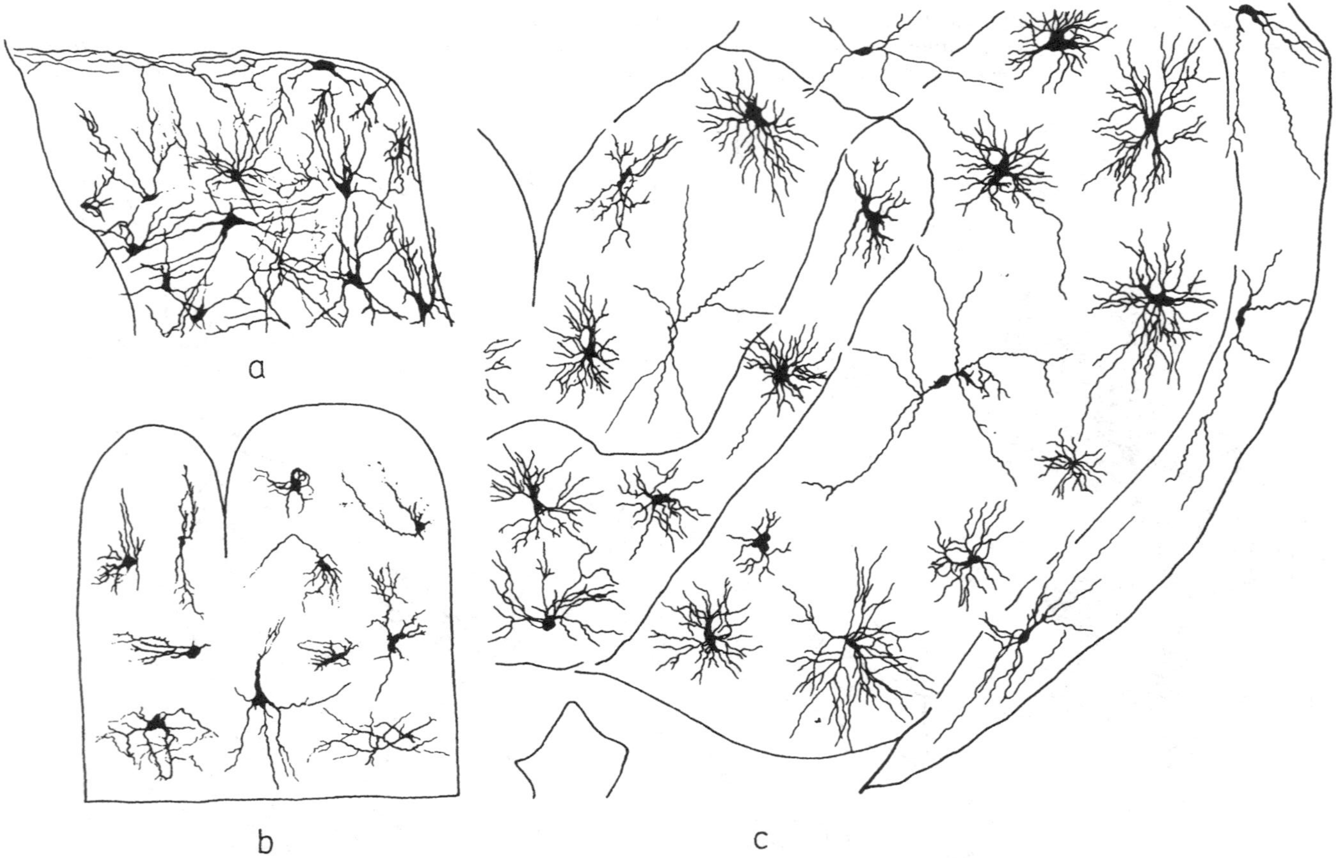

Abb. 32. a) Hinterhorn des Rückenmarks; b) Schaltkerne des Haut- und kinästhetischen Analysators in der Medulla oblongata; c) Schalt-(Relais) Kerne desselben Analysators im Thalamus (Zwischenhirn). Unter den vielen dichtverzweigten efferenten Neuronen befinden sich einige schwachverzweigte reticuläre Neurone. (a und b nach SHUKOWA, c nach LEONTOWITSCH).

3.3. Über Interneurone und ihre Bedeutung bei der reflektorischen Tätigkeit

Die speziellen Umschaltneurone (eingefügte oder intermediäre Neurone = Interneurone) werden als zusätzliche Elemente in die Ketten der direkten Übertragung der Impulse entlang der segmentalen Reflexbögen und der Analysatoren eingeschaltet. In den örtlichen reflektorischen Apparaten der Stammhirnteile und des Rückenmarks werden solche Elemente durch die oben erwähnten reticulären Neurone dargestellt (Abb. 3-7, Abb. 10-6, Abb. 15-2). Der Hauptunterschied der reticulären Neurone zu den effektorischen besteht darin, daß die reticulären Neurone keinen direkten Ausgang zur Peripherie haben. Sie verteilen sich in ihren Verzweigungen innerhalb der betreffenden Abschnitte des ZNS, während die effektorischen Neurone immer an den Ausgängen des ZNS liegen und ihre Axone zur Peripherie, zu den entsprechenden Muskeln oder Drüsen, schicken.

Auf der Grundlage der Untersuchungen der letzten Jahre ist anzunehmen, daß sogar die elementarsten Reflexe, die mit Hilfe der sogen. einfachen bineuralen Reflexbögen zustande kommen, nur bei Teilnahme von Interneuronen ordentlich ablaufen. Wie gezeigt sind die letzteren in den axialen Abteilungen des ZNS als reticuläre Elemente vorhanden (Abb. 11b -9). Eine noch größere Bedeutung müssen offensichtlich Elemente, die wir zur allgemeinen Gruppe der Interneurone rechnen, in Prozessen der koordinierten Wechselwirkung und der Übertragung der Impulse im alaysatorisch-koordinierenden Mechanismus und in den Systemen der Analysatoren haben. Die Anwesenheit solcher Elemente an Orten der Umschaltung der Impulse auf dem Wege der Analysatoren wurde nicht nur durch morphologische, sondern auch durch elektrophysiologische Untersuchungen bestätigt (ECCLES 1959, KOSTJUK 1962). So wurden in Relais-Kernen des kinästhetischen und des Hautanalysators in der Medulla oblongata, außerdem in der Hirnrinde und in anderen Formationen, Neurone gefunden, die in der Antwort auf einzelne Stimuli Entladungen in einer Frequenz von 1000 und mehr pro sec. generieren. Wie schon erörtert (Kap. 1,3), sind hochfrequente rhythmische Entladungen auf einzelne Stimuli eine charakteristische Besonderheit der Reaktion der Interneurone nach Reizung.

Die Interneurone, die zu den Analysatoren gehören, teilen wir in zwei Arten von Elemente ein. Zunächst ist zu beachten, daß die typischen, schwachverzweigten reticulären Neurone aus der Formatio reticularis tief in die Ansammlungen der dichtverzweigten efferenten Neurone, die die Schaltkerne der Analysatoren bilden, vordringen (SHUKOWA, LEONTOWITSCH, 1964). Solche Elemente wurden hier auch von anderen Untersuchern gesehen (M. and A. SCHEIBEL, 1955), jedoch konnten diese nicht ihre Identität mit den Neuronen der Formatio reticularis erkennen.

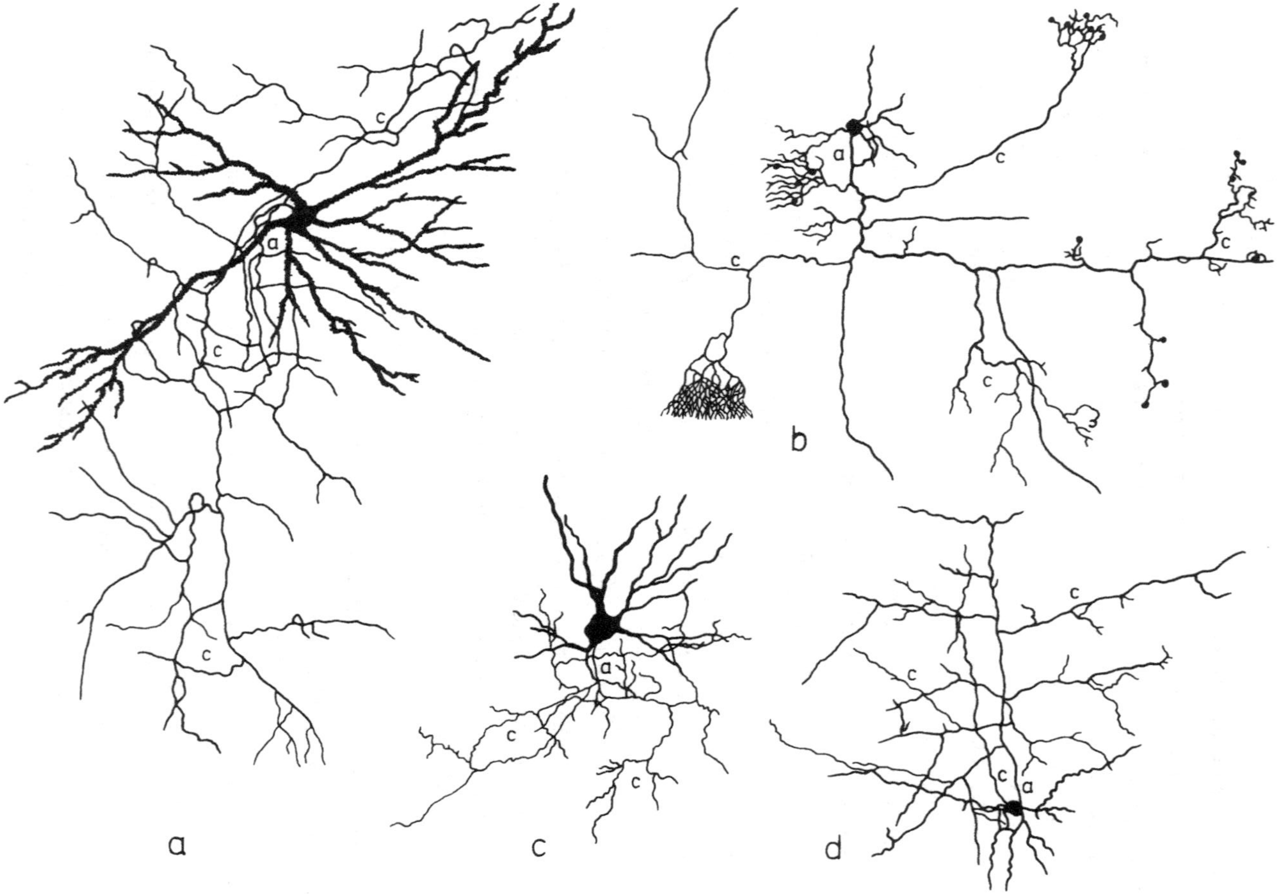

Abb. 33. Verschiedene Typen Interneurone. a) reticuläres Neuron im Hinterhorn des Rückenmarks (GOLGI 1894); b) reticuläres Neuron in der Medulla oblongata (M.u.A. SCHEIBEL 1958); c) Neuron mit kurzem Axon aus den subcorticalen Kernen der großen Hemisphären (LEONTOWITSCH 1952); d) Neuron mit kurzem Axon aus der Großhirnrinde (POLJAKOW 1956). a-Axone der Nervenzellen; c-Kollateralen der Axone.

Die Neurone der Formatio reticularis finden sich in den Kernen der Hinterhörner des Rükkenmarks (Abb. 32 a), in den sensiblen Kernen der Hirnnerven und in den Schaltkernen der Analysatoren, die in der Medulla oblongata liegen (Abb. 32 b), außerdem in den Formationen des benachbarten Subcortex, die als große Transitstationen auf dem Wege der Übertragung der zentripetalen Impulse zur Hirnrinde fungieren, und in den Relaiskernen des Thalamus (Abb. 32 c), im inneren und äußeren Kniehöcker.

Das Vorhandensein von Neuronen der reticulären Form im analysatorisch-koordinierenden Mechanismus und in den Systemen der Analysatoren ist nicht erstaunlich. Das ist offensichtlich dadurch bedingt, daß diese Elemente wesentliche Bedeutung für die Korrelation der funktionellen Verbindungen haben, die zwischen den Analysatoren und dem eigentlichen koordinierenden Mechanismus bei den Reaktionen des Organismus auf Signale, die aus seinem äußeren und inneren Milieu kommen, entstehen.

Für das Verständnis der Kompliziertheit der Einrichtungen der Analysatoren ist es besonders wichtig, sich den Fakt vor Augen zu halten, daß in ihnen neben den reticulären (Abb. 33 a, b) auch andere Arten spezieller Umschaltelemente gefunden wurden, die durch Neurone mit kurzem Axon (oder Übergangsformen zu solchen Neuronen) dargestellt werden (Abb. 33 c, d). Elemente dieser oder jener Art verteilen sich unter die Hauptmasse der efferenten Neurone, die die zentripetalen Impulse auf dem Wege der Analysatoren umschalten.

Die Hauptunterschiede zwischen den reticulären Neuronen und den Neuronen mit kurzem Axon bestehen in folgendem. Die reticulären Neurone haben ein mehr oder weniger langes Axon, das sich mit seinen Verzweigungen in der Achse des ZNS ausdehnt und Kontakte mit Gruppen effektorischer Neurone oder anderer reticulärer Neurone, die in verschiedenen Segmenten des Rückenmarks oder auf verschiedenen Ebenen der Stammteile des Großhirns liegen (Abb. 33 a, b, Abb. 15 -2), aufnehmen. Die kurzen Axone, wie das die grundlegenden Studien über die neuronale Struktur des Gehirns von GOLGI und CAJAL gezeigt haben, gehen nicht wie üblich über die Grenzen der relativ schmalen Abschnitte der Substantia grisea, in der sich entsprechende Zellen befinden, hinaus. Die Endverzweigungen der kurzen Axone verteilen sich an den Körpern und Dendriten der benachbarten Zellen (Abb. 46 -2- Sternzellen mit kurzem Axon in der Schicht IV der Hirnrinde).

Die interneuronalen Verbindungen, die durch die Interneurone sowohl mit längeren als auch mit kürzeren Axonen hergestellt werden, spielen eine sehr wichtige Rolle in der gemeinsamen Tätigkeit verschiedener Gruppen efferenter Neurone. Im Prozeß der Übertragung der Impulse von den afferenten auf die efferenten Elemente wird mit Hilfe der Interneurone die funktionelle Einheitlichkeit der efferenten Neurone begünstigt, da die Interneu-

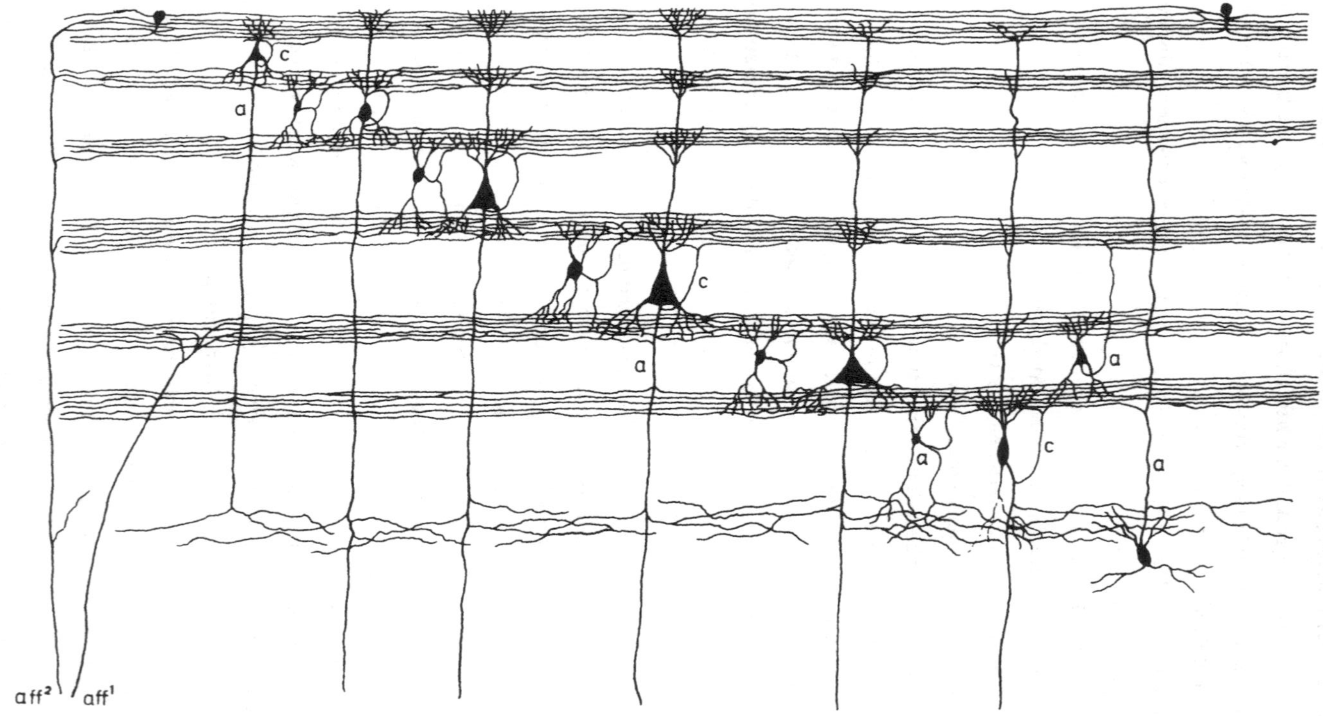

Abb. 34. Schema der horizontal orientierten, die graue Substanz der Hirnrinde durchziehenden Geflechte, die von den Verzweigungen der Dendriten und Axone der Nervenzellen gebildet werden. Dargestellt sind Pyramidenzellen mit langem absteigenden Axon und sternförmige Zellen mit kurzem Axon. Die seitlichen und rückläufigen Kollateralen der langen Axone und die Verzweigungen der kurzen Axone vermischen sich mit den Geflechten der Hirnrinde. aff^1-afferente Projektionsfaser, die aus den subcorticalen Schaltinstanzen der Systeme der Analysatoren Impulse in die Hirnrinde leitet. aff^2-afferente Assoziationsfaser, die Impulse zu einem Rindenpunkt von anderen Rindenpunkten her heranbringt; a-Axone der Nervenzellen; c-rückläufige Kollateralen der Axone der Pyramidenzellen (POLJAKOW 1962).

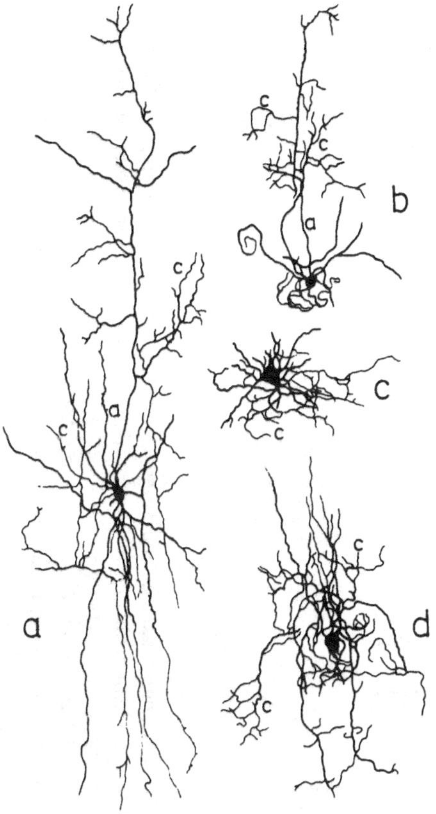

Abb. 35. Verschiedene Formen von Sternzellen mit kurzem Axon in der Hirnrinde. a u. b) Sternzellen mit aufsteigendem Axon, von dem viele seitliche Äste abgehen; c) Sternzelle, bei der sich die sehr feinen und zarten axonalen Verzweigungen in der Nähe des Zellkörpers verteilen und sich dabei teilweise mit den Dendritenverzweigungen der Zelle überkreuzen; d) Sternzelle, bei der das Axon sich in eine Vielzahl sehr feiner und dichter Endverzweigungen aufteilt, die in verschiedenen Richtungen innerhalb der grauen Substanz verlaufen; a-Axone; c-Axonkollateralen (POLJAKOW 1956 - 1961).

rone mit ihren Axonverzweigungen bestimmte Gruppen efferenter Neurone, die gemeinsam an der Realisierung dieser oder jener Etappen des reflektorischen Aktes teilnehmen (Abb. 15 -2, Abb. 36 -2), umfassen.

Neurone mit kurzem Axon sind zahlreich in den Rindenabschnitten des analysatorisch-koordinierenden Mechanismus, z. B. in der Kleinhirnrinde, in der Rinde der oberen Vierhügel, die den Lobi optici der niederen Wirbeltiere und der Vögel entsprechen, vorhanden. Aber besonders reich und vielgestaltig treten diese Neurone in den höheren cerebralen Enden der Systeme der Analysatoren auf (supraaxialer Teil des ZNS) - in den subcorticalen Kernen der großen Hemisphären (Abb. 33 c) und hauptsächlich in der Hirnrinde (sogen. Sternzellen der Rinde, Abb. 33 c). Diese Art von Elementen ist hier ein wesentlicher Bestandteil der kompliziert differenzierten Verflechtungen der dendritischen und axonalen Verzweigungen der Nervenzellen, die die graue Substanz der Hirnrinde durchdringen (Abb. 34).

Die Verzweigungen der kurzen Axone der Sternzellen erreichen in der Hirnrinde eine beson-

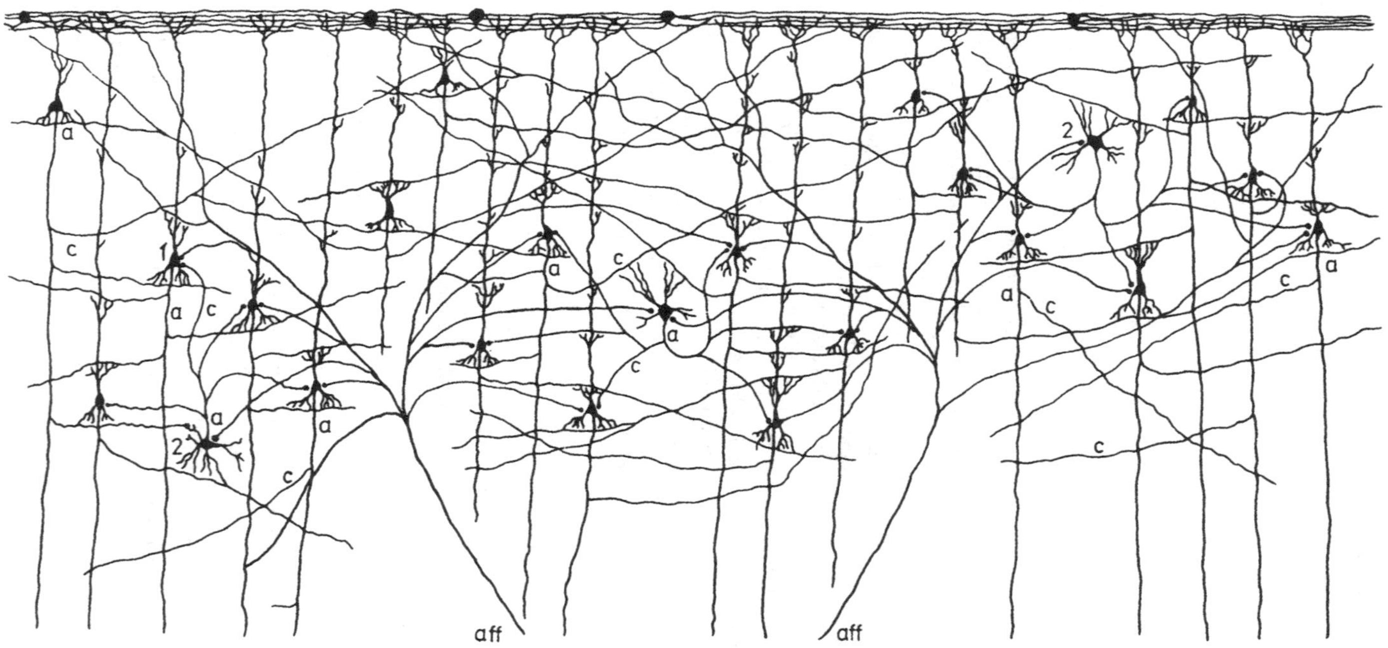

Abb. 36. Elemente der neuronalen Organisation, die dem beweglichen funktionellen Mosaik der Hirnrinde zugrundeliegen. Dargestellt sind zentripetale afferente Fasern (aff), die aus den subcorticalen Abschnitten der Analysatoren in die Hirnrinde gelangen und zahlreiche Kontakte sowohl mit efferenten Neuronen mit langem Axon (1-Pyramidenzellen) als auch mit Interneuronen (2-Sternzellen mit kurzem Axon) bilden. Jede Sternzelle vereinigt mit ihren Verzweigungen des kurzen Axons eine Gruppe Pyramidenzellen und bildet so mikroskopische "Kombinationszentren". a-Axone; c-Kollateralverzweigungen der Axone (POLJAKOW 1961).

ders große Kompliziertheit und Feinheit. Auf Grund einer solchen Konstruktion ist das Innere der grauen Substanz der Hirnrinde in eine große Anzahl mikroskopischer "Kombinationszentren" einzuteilen. Diese Organisation ist vermutlich die morphologische Basis für das bewegliche funktionelle Mosaik erregter und gehemmter Hirnrindenpunkte, über das PAWLOW schrieb. Die Sternzellen mit kurzem Axon sind offensichtlich neben der Hauptmasse der efferenten Neurone wichtige strukturelle Komponenten der materiellen Basis der in der Hirnrinde ablaufenden Prozesse der Analyse und Synthese, der logischen Operationen.

Wir erörterten die strukturellen Unterschiede zwischen den reticulären Neuronen und den Neuronen mit kurzem Axon, die durch Besonderheiten der interneuronalen Verbindungen, die mit Hilfe dieser Interneurone hergestellt werden, bedingt sind. Neben den genannten Unterschieden existieren auch gewisse strukturelle Übereinstimmungen, die diese Elemente einander näherbringen und eine Zusammenfassung zu einer allgemeinen Gruppe von Interneuronen rechtfertigen. Die eine solche Vorstellung bestätigenden Fakten gehören hauptsächlich zu den Besonderheiten der Kontakte oder synaptischen Verbindungen zwischen den Neuronen.

Mit elektrophysiologischen Methoden wurden auch eigenartige funktionelle Charakteristika der Neurone, die wir zu der allgemeinen Gruppe der Interneurone rechnen, gezeigt. Ihre spezifische Besonderheit ist, wie schon erwähnt, die Fähigkeit, hochfrequente rhythmische Entladungen - bis zu 1000 Impulsen und mehr pro Sekunde - als Antwort auf einen einzelnen Stimulus zu generieren. Eine solche Reaktion ist charakteristisch für einzelne reticuläre Neurone im axialen Teil des ZNS (KOSTJUK 1962), aber auch für die intermediären Neurone (mit kurzem Axon) der Hirnrinde. In funktioneller Beziehung analoge Elemente wurden auch in den subcorticalen Formationen der Systeme der Analysatoren gefunden.

3.4. Über Formen der Kontakte und der funktionellen Wechselbeziehungen zwischen den Neuronen

Im Zentralnervensystem, das durch eine große Vielgestaltigkeit der interneuronalen Verbindungen charakterisiert ist, kann man zwei Hauptformen von Kontakten (Synapsen) unterteilen. Der Hauptmodus der Verbindungen zwischen Neuronen sind die Endverzweigungen der Axone, (Abb. 37, s. Anhang), die an die Körper und Dendriten anderer Nervenzellen herantreten und an ihnen mit kleinen Verdickungen (Abb. 38 -1-2-3-4, Abb. 39, s. Anhang) verschiedenster Formen endigen. Solche synaptischen Endapparate, die nach unseren Beobachtungen schon sehr früh im embryonalen Leben entstehen, sind offensichtlich für die Übertragung der direkten unmittelbaren Einwirkungen eines Neurons auf andere befähigt.

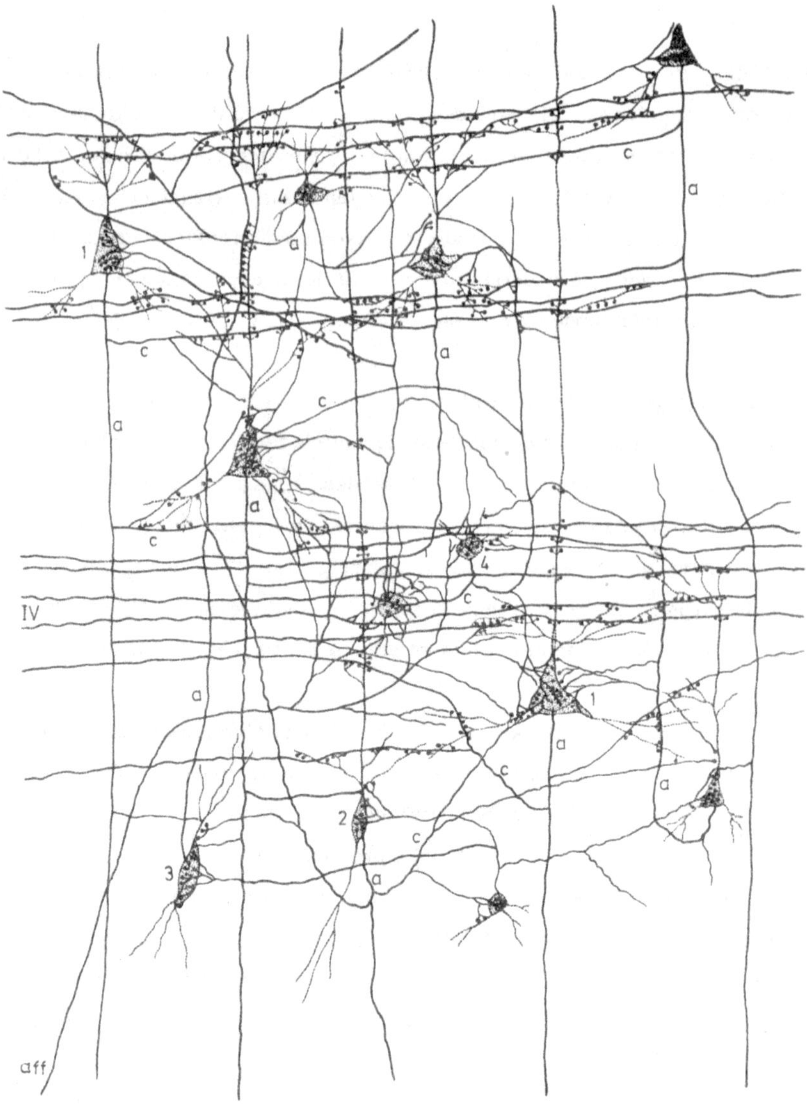

Abb. 38. Verschiedene Formen von Kontakten oder synaptischen Verbindungen mit unterschiedlicher funktioneller Bedeutung zwischen den Neuronen der Hirnrinde. aff-afferente Faser aus den subcorticalen Abschnitten der Analysatoren, deren Endverzweigungen Kontakte sowohl mit efferenten als auch mit Interneuronen der Rinde herstellen; a-Axone; c-Kollateralen der Axone; 1-Pyramidenzellen mit langem Axon; 2-spindelförmige Zelle mit langem Axon; 3-spindelförmige Zelle mit aufsteigendem Axon; 4-Sternzellen mit kurzem Axon. Die Verzweigungen der Axone treten an die Körper und Dendriten der Nervenzellen heran und bilden an ihnen Endsynapsen. Zu beachten sind die perizellulären "Nester" oder "Körbchen", die von den Endverzweigungen der kurzaxonigen Sternzellen an den Körpern und Dendriten der Pyramidenzellen und Sternzellen gebildet werden. Neben den Endkontakten sind auch Tangentialkontakte zu sehen, die von den Axonkollateralen mit den "Dornen" der Dendriten der Nervenzellen hergestellt werden. Diese Kontakte sind besonders gut im Verlauf der langen horizontalen Nervenfasern entwickelt (POLJAKOW 1961).

In späteren Stadien der Ontogenese formiert sich neben der weiteren Entwicklung und Komplizierung der axonalen Endkontaktapparate in den höheren cerebralen Teilen der Analysatoren im Zusammenhang mit dem progressiven Wachstum der Dendritenverzweigungen eine andere Art von Kontaktverbindungen. Diese Form der Kontakte wird mit Hilfe protoplasmatischer Auswüchse an den Dendriten der Nervenzellen, der sogen. Dendriten appendices ("Dornen", Abb. 40 a -1-2-3-5-7, s. Anhang), verwirklicht. Diese Strukturen, die an ihren Enden eine Verdickung zeigen ("Köpfchen"), stellen wie auch die Endigungen der Axone eigenartig spezialisierte synaptische Gebilde dar. Die Köpfchen der "Dornen" stellen sowohl direkte Kontake mit an sie herantretenden axonalen Endästchen als auch hauptsächlich tangentia Kontakte mit dicht an ihnen vorbeilaufenden Axonästen und Axonkollateralen her (Abb. 40 b, 38).[1]

Eine solche Form von Kontakten, die von uns zuerst in Chrom-Silber-Präparaten entdeckt wurden, konnte auch durch die elektronenmikroskopischen Untersuchungen von GRAY (1959) u.a bestätigt werden.

Die Tangentialkontakte der axonalen Verzweigungen mit den Dendritenappendices dienen vermutlich vorwiegend der Gewährleistung indirekter Einflüsse eines Neurons auf andere. Impulse, die an ein Neuron als Endort adressiert sind, können mit Hilfe der genannten Kontakte gleichzeitig den funktionellen Zustand vieler anderer "außenstehender" Neurone beeinflussen.

Die in der Ontogenese (und wahrscheinlich auch in der Phylogenese) später als die Endkontakte entstehenden Tangentialkontakte sind offenbar eine Ergänzung zur Hauptform der interneuronalen Verbindungen im ZNS. Die Entstehung der Tangentialkontakte als Ergänzung der Endkontakte war offensichtlich bedingt durch die weitere Komplizierung der ganzen Sphäre der axonalen und dendritischen Verzweigungen in den höchstorganisierten Abteilungen des ZNS während der Phylo- und Ontogenese.

Die End- und Tangentialkontakte haben, wie wir annehmen, wesentliche unterschiedliche Bedeutung für den funktionellen Zustand des Neurons. Von den Endkontakte, die für eine Verwirklichung direkter Einwirkungen des einen Neurons auf andere spezialisiert sind, hängt wahrscheinlich in höchstem Maße der Übergang eines beeinflußten Neurons aus einem

1 Kontakte axonaler Verzweigungen mit den "Dornen" der Dendriten wurden zuerst von uns in der Hirnrinde des Menschen im Jahre 1947 gefunden. Im weiteren wurden sie von den Mitarbeitern unseres Laboratoriums (SCHKOLNIK-JARROS, LEONTOWITSCH) auch in corticalen und subcorticalen Formationen verschiedener Tiere festgestellt. Der erste Hinweis auf diese Kontakte findet sich in einer Arbeit von SCHKOLNIK-JARROS (1950). Eine ausführliche Beschreibung dieser Strukturen zusammen mit einer Interpretation ihrer möglichen funktionellen Bedeutung gaben wir in einer Reihe von Arbeiten (POLJAKOW 1953, 1955, 1961, 1963).

Hauptfunktionszustand in einen anderen (aus dem Zustand der Erregung in den Zustand der Hemmung und umgekehrt) ab. Demgegenüber haben wahrscheinlich die indirekten Einflüsse, die mit Hilfe der Tangentialkontakte realisiert werden, nur Hilfsbedeutung für die Wechselwirkungen der Neurone. Sie fördern oder hemmen den Übergang eines Neurons von einem Hauptfunktionszustand in einen anderen. Damit wird der allgemeine Zustand jedes einzelnen Neurons in diesem oder jenem Moment des ablaufenden reflektorischen Aktes durch die Wechselwirkung von direkten und indirekten Einflüssen von der Seite vieler anderer Neurone aus bestimmt. Vermutlich spielt der Dendritenapparat, der auf sich die Hauptmasse der Tangentialkontakte konzentriert, dabei die Rolle eines feinen Modulators des funktionellen Zustandes des Neurons. Mit der Entwicklung der Dendritenverzweigungen erhöht sich entsprechend die funktionelle Plastizität und Reaktionsfähigkeit des Neurons, seiner "Feinfühligkeit" für Veränderungen des Zustandes anderer Neurone.

Für das Verständnis des Charakters der Einwirkungen, die die Neurone im Prozeß ihrer gemeinsamen Tätigkeit aufeinander ausüben, ist es wichtig, das Verhältnis in der Verteilung zwischen End- und Tangentialkontakten an der Oberfläche des Perikaryons und seiner Dendriten bei verschiedenen Neuronen zu beachten. Wie von uns ermittelt wurde, sind die Struktur, die Zahl und die Anordnung der "Dornen" bei Neuronen unterschiedlicher funktioneller Bedeutung verschieden.

In den Rindenabschnitten sowohl des analysatorisch-koordinierenden Mechanismus (Kleinhirn) als auch besonders der Systeme der Analysatoren sind die Dendritenverzweigungen der efferenten Neurone mit langem Axon mit zahlreichen, dicht aneinander liegenden, kurzen "Dornen" bedeckt. Demgegenüber besitzen in der Regel der Körper der Nervenzellen und die von ihm abgehenden Anfangsteile der Dendritenstämme keine "Dornen". In der Hirnrinde finden sich solche typischen Elemente als Pyramidenzellen (Abb. 40 a - 1,2). Eine ähnliche Struktur besitzen auch die langaxonigen efferenten Neurone der höchstorganisierten Abschnitte der subcorticalen Kerne der großen Hemisphären (Abb. 40 a -3).

Wie neurohistologische Untersuchungen ergaben, sind die meist dornenlosen Zellkörper zusammen mit den von ihnen abgehenden Anfangsabschnitten der Dendriten bei den efferenten Neuronen der Ort der hauptsächlichen Anlagerung von Endkontakten. Auf der Grundlage dessen ist anzunehmen, daß der Hauptfunktionszustand (Erregung oder Hemmung) des efferenten Neurons in erster Linie von Impulsen bestimmt wird, die auf den zentralen Teil der gesamten rezeptorischen Oberfläche des Neurons einwirken. Demgegenüber kann die Tatsache, daß die Mehrzahl der Dendritenverzweigungen des efferenten Neurons seitliche Anhängsel trägt, als Ausdruck dafür angesehen werden, daß dieses Gebiet des Neurons der Aufnahme zusätzlicher indirekter Einflüsse auf seinen Zustand dient. Die efferenten corticalen Neurone sind folglich höchst empfänglich für alle möglichen Impulse, die die Hirnrinde aus verschiedenen, tiefer und entfernter liegenden Quellen erreichen und in allen Richtungen innerhalb der grauen Substanz zirkulieren.

Die kurzaxonigen Zellen der Rinde und der subcorticalen Kerne (Abb. 33 c, d, 35), die für eine andere Art interneuronaler Verbindungen spezialisiert sind, haben an ihren Dendriten entweder keine "Dornen" oder nur einzelne verlängerte Anhängsel. Es muß beachtet werden, daß die Dendriten der reticulären Neurone des Hirnstammes und des Rückenmarks (Abb. 40, a -6) ebenfalls relativ selten längere Formen von "Dornen" haben (Abb. 40 a -7, 31 b). Nach diesem Merkmal besitzen die reticulären Neurone eine gewisse Ähnlichkeit mit den kurzaxonigen Neuronen des Cortex und der subcorticalen Kerne der großen Hemisphären. Das Vorhandensein solcher Ähnlichkeiten in der Feinstruktur zwischen kurzaxonigen und reticulären Neuronen war uns Grundlage dafür, diese und andere zu einer allgemeinen Gruppe der Interneurone, in der alle diese Elemente auch in funktioneller Beziehung einander verwandt sind, zusammenzufassen.

Die physiologische Bedeutung der eben erörterten Unterschiede in der Struktur der Dendriten bei efferenten und Interneuronen (einschl. der reticulären Neurone und der kurzaxonigen Zellen) sehen wir in folgendem. Die efferenten Neurone der Hirnrinde und der subcorticalen Kerne der großen Hemisphären (auch die in der Achse des ZNS liegenden corticalen Anteile des analysatorisch-koordinierenden Mechanismus) mit ihren kräftig entwickelten, mit zahlreichen "Dornen" bedeckten Dendritenverzweigungen stellen offensichtlich mächtige Kollektoren der Impulse dar, die sowohl direkt an sie adressiert sind als auch auf indirektem Wege (durch Tangentialkontakte an den "Dornen") auf ihren funktionellen Zustand einwirken.

Demgegenüber sind die Interneurone (sowohl die mit kurzem Axon als auch die reticulären Neurone mit mehr oder weniger langem Axon), die an ihren Dendriten nur selten oder keine "Dornen" tragen, offensichtlich Orte der vorwiegenden Anlagerung von Endsynapsen. Das heißt, sie sind in der Hauptsache der Herstellung von Endkontakten mit anderen Neuronen angepaßt. Charakteristisch für die Elemente dieser Art mit wenigen, verlängerten Formen von Appendices an den Dendriten ist die damit im Zusammenhang stehende Tatsache, daß die Interneurone vorwiegend Endkontakte herstellen und nur relativ wenige oder einzelne Tangentialkontakte bilden. Solche Vorstellungen betreffen insbesondere die Neurone der Formatio reticularis; hier gelang es, zahlreiche, die Dendriten in bedeutender Ausdehnung bedeckende Endsynapsen, aufzufinden. (KOSIZYN 1962). Nach diesen strukturellen Besonderheiten ist die gesamte rezeptorische Oberfläche der Zellen mit kurzem Axon, auch der reticulären Neurone, vergleichbar mit dem zentralen Teil der efferenten Neurone.

Diese beiden Formen der Interneurone sind offensichtlich hauptsächlich für die Konvergenz der Impulse, die einen unmittelbaren Einfluß auf ihren funktionellen Zustand haben, spezialisiert. Ihrerseits sind sie selbst vorwiegend Quellen direkter Einflüsse auf andere Neurone.

Für die letztere Vorstellung spricht nach unseren Beobachtungen, daß die Axone der Sternzellen der Rinde ihre Endverzweigungen in Form feinster Verflechtungen ausbilden, die wie ein "Nest" oder wie ein "Körbchen" die Körper und Anfangsabschnitte der Dendriten der efferenten Neurone - der Pyramidenzellen - umgeben (Abb. 38 -1). Daraus ist zu schlußfolgern, daß die Sternzellen in der Lage sind, unmittelbar auf die efferenten Neurone, die sie funktionell zu einer gemeinsamen Tätigkeit vereinigen, einzuwirken. Die Seltenheit von Dendritenappendices, die den Interneuronen eigen ist, kann darauf hinweisen, daß diese Elemente offensichtlich für die Herstellung ausgewählter differenzierter Kontakte mit afferenten und anderen Neuronen spezialisiert sind. Die speziellen Umschaltelemente (Interneurone) verschiedener Art, die die direkten Einflüsse konzentrieren und verteilen, haben wahrscheinlich sehr wesentliche Bedeutung für die Bestimmung des funktionellen Zustandes (Erregung oder Hemmung) der efferenten Neurone.

Die genannten Besonderheiten der interneuronalen Verbindungen, die mit Hilfe der Interneurone hergestellt werden, stimmen überein mit unseren Vorstellungen über die besondere Rolle dieser Elemente in den Prozessen der feinen Koordination der gleichzeitigen und aufeinanderfolgenden Einschaltung in die Tätigkeit der einen und Ausschaltung aus der Tätigkeit anderer Gruppen efferenter Neurone.

4. GRUNDSCHEMA DER UMSCHALTUNGEN IM NEURONENNETZ

4.1. Zentrale Umschalteinrichtungen in den Analysatoren

Im vorangehenden Kapitel wurden Faktenmaterial angeführt und einige Vorstellungen über Entstehung und Komplizierung des Neuronennetzes erörtert. Wir betrachteten auch die Elemente, aus denen der koordinierende Mechanismus und die Analysatoren zusammengesetzt sind. Dabei haben wir die wichtige Rolle der Interneurone im Aufbau sowohl des koordinierenden Mechanismus als auch der Analysatoren besonders hervorgehoben. In diesem und in den nächsten Abschnitten verweilen wir etwas ausführlicher bei den Besonderheiten der Organisation der neuronalen Umschaltungen in den Analysatoren und versuchen genauer den Platz zu bestimmen, den die Interneurone im Gesamtsystem der neuronalen Umschaltungen einnehmen.

Wie entwickelten sich diese Elemente und wie stehen sie auch im topographischen Sinne in Wechselwirkung mit anderen Neuronen?

Um eine Antwort auf diese Frage, die eine wesentliche Bedeutung für das Verständnis des Sinnes der gesamten Konstruktion hat, zu finden, erörterten wir nochmals das Problem der Entstehung der geregelten reflektorischen Tätigkeit des Organismus.

Wie schon gezeigt, ist die charakteristische Eigenschaft eines reflektorischen Vorganges beliebigen Kompliziertheitsgrades, daß er unter normalen Bedingungen immer koordiniert verläuft. Diese Regel betrifft gleichermaßen alle Etappen des ablaufenden reflektorischen Aktes. Die Klärung der neuronalen Mechanismen, die die Tätigkeit der Analysatoren gewährleisten, besonders ihrer höheren und am kompliziertesten organisierten Abteilungen, hat grundlegende Bedeutung für die Antwort auf die oben gestellten Fragen.

Auf der Grundlage der von uns erarbeiteten Hypothese über die Entstehung der Neuronennetze (Abb. 28) entwarfen wir ein Schema über die Bildung der elementaren Koordinationseinrichtung. Dieses Schema besteht aus einer minimalen Anzahl aufeinander einwirkender Elemente - aus insgesamt nur zwei rezeptorischen und zwei effektorischen Punkten (Abb. 41 a). (Offensichtlich schwindet im allgemeinen bei Vorhandensein von nur einem Rezeptor und einem Effektor die biologische Notwendigkeit für die Schaffung eines speziellen Koordinationsapparates).

Wie aus der Abb. 41 b (s. Anhang) zu ersehen ist, schaltet die elementare koordinierende Einrichtung auf dem Stadium der Entstehung eines differenzierten Neuronennetzes neben den Verbindungen zur direkten Übertragung der Impulse von den Rezeptoren zu den Effektoren

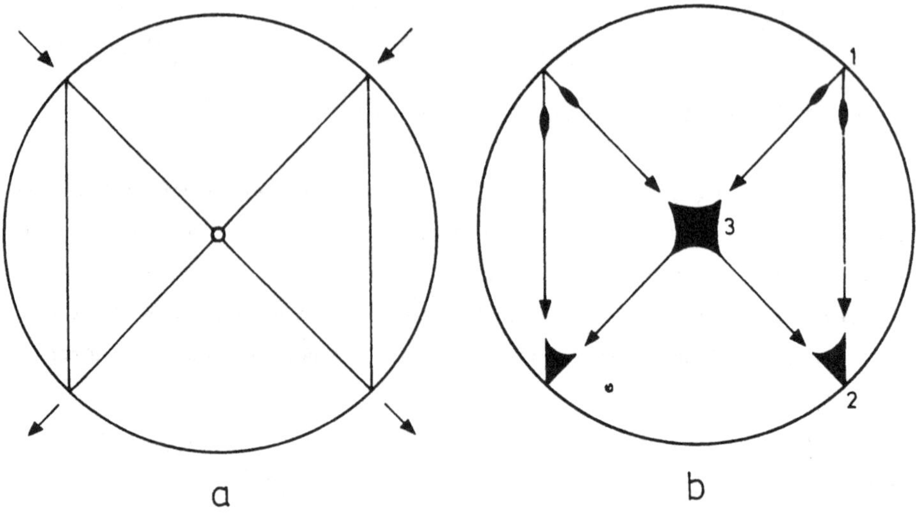

Abb. 41. Schema der Entstehung einer elementaren koordinierenden Einrichtung. a) einfachste Kombination der wechselseitigen Verbindungen zwischen zwei rezeptorischen und zwei effektorischen Punkten. b) elementares Fragment eines Neuronennetzes, das aus zwei Rezeptoren (1), zwei Effektoren (2) und einem Interneuron (3) besteht.

auch den Prototyp eines Interneurons (3) in sich ein. Dabei lagert sich dieses Element, das in einem entwickelten koordinierenden Mechanismus dem reticulären Neuron entspricht, zwischen die zentralen Abschnitte beider Reflexbögen ein (Abb. 11 b -9).

Wenden wir uns der Frage über die Entstehung der Umschalteinrichtung in den Analysatoren zu, so gehen wir von der früher getroffenen Feststellung aus, daß sich in der Evolution der tierischen Welt die Analysatoren als weitere Komplizierung der funktionellen Möglichkeiten entwickeln, die im eigentlichen koordinierenden Mechanismus schon im Moment seiner Entstehung liegen. Die Reorganisation der Schaltsysteme in den Analysatoren im Vergleich zu denen des koordinierenden Mechanismus (Abb. 11 b) verstehen wir als Verstärkung der elementaren koordinierenden Einrichtung (des elementaren Fragmentes des koordinierenden Mechanismus) im Zusammenhang mit der kolossalen Komplizierung der Signale, die von den Analysatoren übertragen werden.

Dieser Prozeß wird anschaulich, wenn wir das Schema der elementaren koordinierenden Einrichtung (Abb. 11 b) in der Weise umwandeln, daß die Elemente so in aufsteigender Richtung orientiert werden (Abb. 42 a), wie auch die Neurone in den Schaltknoten der Analysatoren liegen (Abb. 42 b). Wir sehen dann, daß auch in den Analysatoren die Interneurone mit kurzem Axon zwischen die efferenten Neurone mit langem Axon eingeschaltet werden und so parallele Ketten der Impulsübertragung entstehen. Damit besteht eine grundlegende Übereinstimmung der Lage dieser Elemente in den Analysatoren, in der Formatio reticularis, in den Reflexbögen des Rückenmarks und den Stammteilen des Großhirns.

Diese Reorganisation der zentralen Schalteinrichtung in den Analysatoren brachte in diesen im Vergleich zum koordinierenden Mechanismus folgende Veränderungen mit sich. Im koordinierenden Mechanismus formierte sich eine solche Einrichtung unmittelbar zwischen den Eingängen und den Ausgängen des ZNS. In den Analysatoren wird sie in Ketten der aufeinanderfolgenden Übertragung der zentripetalen Impulse aus tiefer gelegenen Ebenen des ZNS in höher liegende "einmontiert". Die Entwicklung der Neurone mit kurzem Axon in den

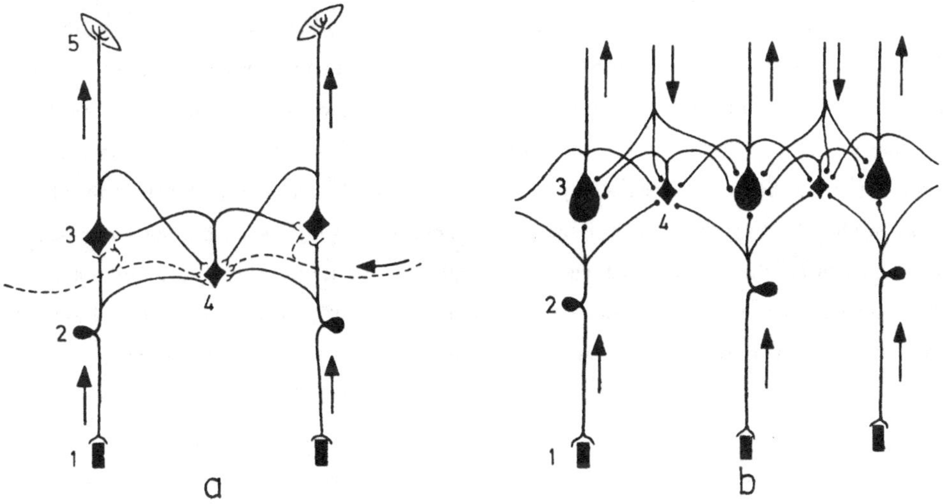

Abb. 42. a) Umgewandeltes Schema der elementaren koordinierenden Einrichtung (vgl. mit Abb. 10 b), das in derselben Richtung orientiert ist (siehe b) wie die neuronalen Schaltketten in den Analysatoren. Die gestrichelten Linien entsprechen der Abb. 10 b. 1-Rezeptor; 2-peripheres sensibles Neuron; 3-effektorisches Neuron; 4-Interneuron; 5-Effektor; b) Schema des Aufbaues der neuronalen Umschaltung im Analysator (Verstärkung der elementaren koordinierenden Einrichtung). 1-Rezeptor; 2-peripheres sensibles Neuron, das zentripetale afferente Impulse von den Rezeptoren sowohl auf efferente Neurone mit langem Axon (3) als auch auf Interneurone mit kurzem Axon (4), die im Schaltkern liegen, überträgt. Neben den aufsteigenden zentripetalen Bahnen (Pfeile nach oben) sind absteigende zentrifugale Bahnen (Pfeile nach unten) dargestellt, die den gestrichelten Linien auf Schema a) entsprechen. Wie aus Schema b) zu ersehen ist, ist das allgemeine Prinzip der Verteilung der Endverzweigungen an den efferenten und Interneuronen einheitlich sowohl für die zentripetalen als auch für die zentrifugalen Fasern.

Analysatoren ist einer der wesentlichsten morphologischen Hinweise für die feinen und kompliziert differenzierten Prozesse der Umschaltung der Impulse im analysatorisch-koordinierenden Mechanismus und besonders in den Systemen der Analysatoren. Es ist anzunehmen, daß in den Analysatoren die Interneurone, die in die Zonen der synaptischen Verbindungen zwischen den efferenten Neuronen eingeordnet sind, eine sehr wichtige Rolle in den Prozessen der Umwandlung ("logische Verarbeitung") der Informationen und ihrer "Filtration" spielen. Das begünstigt die Auswahl der wesentlichsten und bedeutendsten Signalisationen.
Die weitere Komplizierung der Umschaltungen in den Analysatoren war bedingt durch die gleichzeitige Entwicklung der Apparate für die aufsteigenden zentripetalen und die absteigenden zentrifugalen Impulsübertragungen. Letztere werden durch die Endverzweigungen der Axone der auf höherer Ebene liegenden Neurone dargestellt, die mit den Neuronen der tiefer liegenden Ebenen Kontakt aufnehmen (Abb. 42 b).
Man kann sich vorstellen, daß auch im Analysator, analog zu den interneuronalen Beziehungen in der elementaren koordinierenden Einrichtung (Abb. 11 b), ein ebensolches prinzipielles Schema der Konvergenz der an die efferenten und kurzaxonigen Interneurone herantretenden auf- und absteigenden Leitungsbahnen existiert (Abb. 42 b). Die efferenten und Interneurone, die die Schaltknoten der Analysatoren bilden, befinden sich so unter dem ständigen Einfluß von oben und von unten kommender, einander entgegengesetzter Impulsströme.
Mit Hilfe dieses Mechanismus wird wahrscheinlich die Abstimmung und die Selbstabstimmung der Analysatoren auf die Wirkung der Reize als wesentliche Komponente der aktiven Konzentration der Aufmerksamkeit auf das zu untersuchende Objekt verwirklicht.
Wir sind noch weit entfernt von einem klaren Verständnis des physiologischen Wesens der komplizierten koordinierenden Prozesse, die in den cerebralen Teilen der Analysatoren ablaufen und die Adäquatheit ihrer Tätigkeit gegenüber den äußeren Stimulationen gewährleisten. Es ist jedoch offensichtlich, daß die Grundlage dieser Prozesse prinzipiell dieselben reziproken Wechselbeziehungen der Erregung und Hemmung in der funktionellen Kopplung der Neuronengruppen sind, wie sie in den elementaren koordinierenden Einrichtungen bestehen. UCHTOMSKI betonte, daß in reziproken Beziehungen die verschiedenartigsten Kombinationen (Konstellationen) der Neuronengruppen herangezogen werden können, die in unterschiedlichen Abschnitten des ZNS liegen. Solche Vorstellungen gestatten es, einige Phänomene zu erklären, die bei elektrophysiologischen Experimenten (JUNG 1958) beobachtet wurden: In verschiedenen Gliedern der Analysatoren und zu verschiedenen Momenten der Reizeinwirkung wurden bestimmte Gruppen von Neuronen entdeckt, die wahlweise (mit Erregung oder Hemmung) auf Einschaltung, Ausschaltung und Veränderung der Wirkung der Reize reagierten ("on" and "off"-Effekte).

Nach unseren Beobachtungen, die die Hirnrinde des Menschen betreffen, zeigen die Interneurone (Sternzellen mit kurzem Axon) häufig die Tendenz, sich zwischen die Gruppen efferenter Neurone mit langem Axon (Pyramidenzellen) einzulagern (Abb. 36). Diese Besonderheit der Rindenorganisation kann darauf hinweisen, daß die Sternzellen mit kurzem Axon funktionell die Gruppen der efferenten Neurone, zwischen denen dynamische, reziproke Beziehungen hergestellt werden, vereinigen. Eine solche Form der Wechselverbindungen zwischen den Pyramiden- und den Sternzellen entspricht den in unseren Schemata dargestellten (Abb. 42 a, b) topografischen Beziehungen zwischen den efferenten und den Interneuronen des koordinierenden Mechanismus und der subcorticalen Schaltinstanzen der Analysatoren. Wir verweilen kurz bei dem von uns dargestellten Mechanismus der Entstehung der Interneurone mit kurzem Axon in den Analysatoren.

Einer der fundamentalsten Grundzüge der Konstruktion der Analysatoren ist die Gesetzmäßigkeit, die als Regel der teilweisen gegenseitigen Überlappung der Neurone (LORENTE de NO 1934, Abb. 43) formuliert wurde. Morphologisch wird eine solche Einrichtung dadurch charakterisiert, daß in allen Umschaltstationen des ZNS die Endverzweigungen ein- und derselben Nervenfaser an mehrere efferente Neurone herantreten. Dabei geraten die Endverzweigungen der verschiedenen Nervenfasern übereinander, d.h. überlappen sich. Damit stellt ein- und dasselbe efferente Neuron Kontakte her mit mehreren benachbart liegenden afferenten Nervenfasern, d.h. befindet sich unter dem Einfluß von Impulsen, die auf verschiedenen Leitungsbahnen herankommen. Wichtig ist zu bemerken, daß das Prinzip der gegenseitigen Überlappung der Verzweigungen der Nervenfasern offensichtlich schon auf dem Niveau der Vereinigung der Neurone mit den Rezeptoren seinen Ausdruck findet. Wie die von OTELIN (1961) durchgeführten Versuche zeigen, erhalten bestimmte Hautrezeptoren (Vater-Pacinische Körperchen) von mehreren peripheren Nervenfasern Endigungen (polyaxonale Rezeptoren nach OTELIN).

Wir betrachten die genannte Gesetzmäßigkeit der strukturellen Organisation der Umschaltungen als Spezialfall des von uns postulierten universellen Schemas der gegenseitigen Überkreuzungen von Bahnen, durch die alle Rezeptoren mit allen Effektoren vereinigt werden (Kap. 3, Abb. 28). Auch für die Regel von LORENTE de NO ist bestimmend, daß jedes Neuron im Schaltkern als Punkt der Konvergenz und Divergenz der entlang der Neuronenketten übertragenen Impulse auftritt.

Entsprechend dem in der Abb. 44 dargestellten Schema entstehen die Interneurone mit kurzem Axon nach der von uns im Kap. 3,1 dargelegten Konzeption über den physiologischen Mechanismus der Herausbildung von Neuronen an Punkten der Kreuzung von Impulsströmen, die über die Endverzweigungen der afferenten Fasern und über die rückläufigen Kollateralen

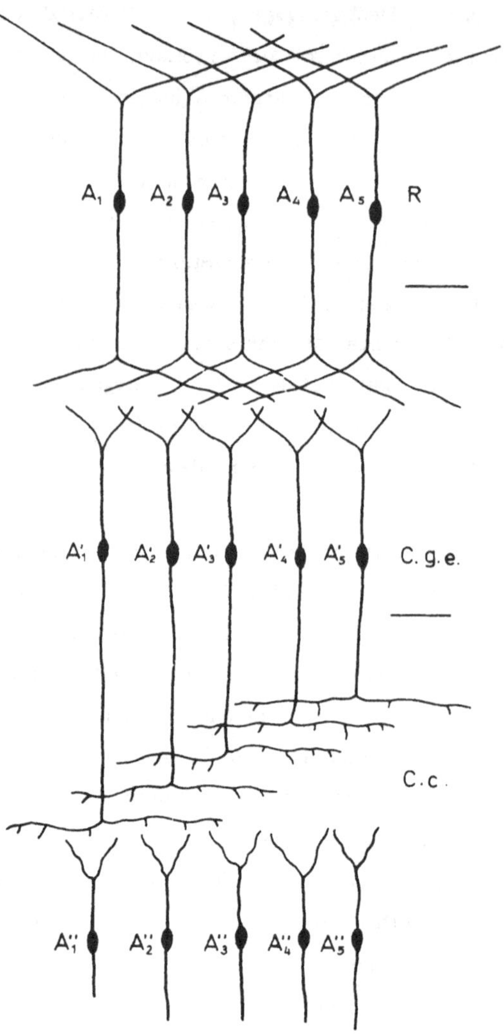

Abb. 43. Schema von LORENTE de NO (1934), das die teilweise gegenseitige Überlappung der Neuronenäste in den Umschaltinstanzen des optischen Analysators zeigt. A_1 - A_5-Neurone der Netzhaut (R); A'_1 - A'_5-Neurone des subcorticalen Schaltkerns (Corpus genicul. lat. - C.g.l.); A''_1 - A''_5-Neurone der Sehrinde (C.c.)

der Axone der efferenten Schaltneurone übertragen werden (vgl. a und b in Abb. 44). Ausgehend von dieser Vorstellung ist es insbesondere möglich, eine rationelle Erklärung für die Entstehung der inneren Körnerschicht der Hirnrinde (Schicht IV, Abb. 46) zu geben. Diese Rindenschicht spielt eine sehr wesentliche Rolle bei der Umschaltung der aus den subcorticalen Abschnitten der Analysatoren zur Hirnrinde verlaufenden Impulse. Sie enthält Ansammlungen zahlreicher sogen. körnerähnlicher Zellen mit einer stern- oder pyramidenförmigen Gestalt und mit kurzem, sich nach allen Seiten hin ausdehnenden oder bogenförmig nach oben hin gekrümmten Axon. Die Verzweigungen der kurzen Axone der verschiedenen Zellen verflechten sich miteinander und überlappen sich dabei vielfach. Auf dieser Ebene

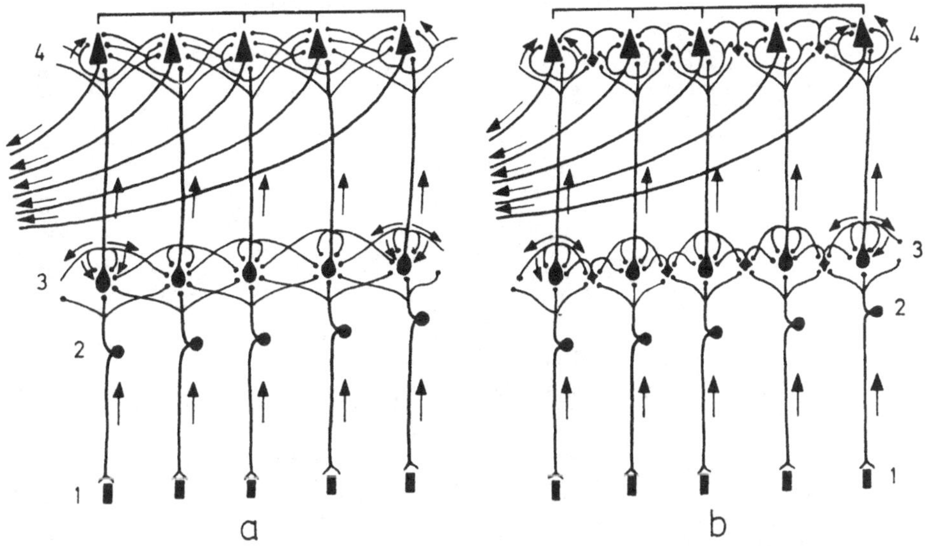

Abb. 44. a) Vereinfachtes Schema (vgl. mit b) der Schalteinrichtung eines Analysators, das einem niedrigen Entwicklungsniveau entspricht. 1-Rezeptoren; 2-periphere sensible Neurone; 3-subcorticale Abschnitte des Analysators; 4-corticale Zone des Analysators. Dargestellt sind efferente Neurone mit langem Axon. Auf diesem Schema wird in den entsprechenden Schaltebenen nur die gegenseitige Überdeckung der Endverzweigungen der afferenten Fasern und der rückläufigen Kollateralen der langen Axone der efferenten Neurone gezeigt. Außerdem sind auch rückläufige Kollateralen "auf sich selbst" dargestellt, die an denselben Zellkörper heranziehen, von dem das zugehörige Axon entspringt. b) Komplizierteres Schema (vgl. mit a) einer Schalteinrichtung, die einem höheren Entwicklungsniveau des Analysators entspricht. Neben den Elementen, die schon in Schema a) enthalten sind, werden hier auch Interneurone mit kurzem Axon gezeigt, die an den Punkten der Überlappung der axonalen Endverzweigungen und der rückläufigen Kollateralen entstehen.

der Rinde, in der sich die Ansammlungen kurzaxoniger Interneurone der Schicht IV konzentrieren, sind auch dichte Verflechtungen sich gegenseitig überdeckender Endverzweigungen der afferenten Fasern, die aus den subcorticalen Formationen des Gehirns kommen, vorhanden. Wir bemerken gleichzeitig, daß entsprechend unserer Schemata diese afferenten Fasern Kontakte nicht nur mit den Interneuronen des Sterntyps, sondern auch mit den langaxonigen efferenten Neuronen der Pyramidenschicht III (Unterschicht III_3) und der Schicht V der Rinde herstellen (Abb. 38).

Das in der Abb. 44 dargestellte allgemeine Schema der neuronalen Schaltketten ist selbstverständlich nur eine Abstraktion, die nicht alle Kompliziertheiten der realen Beziehungen

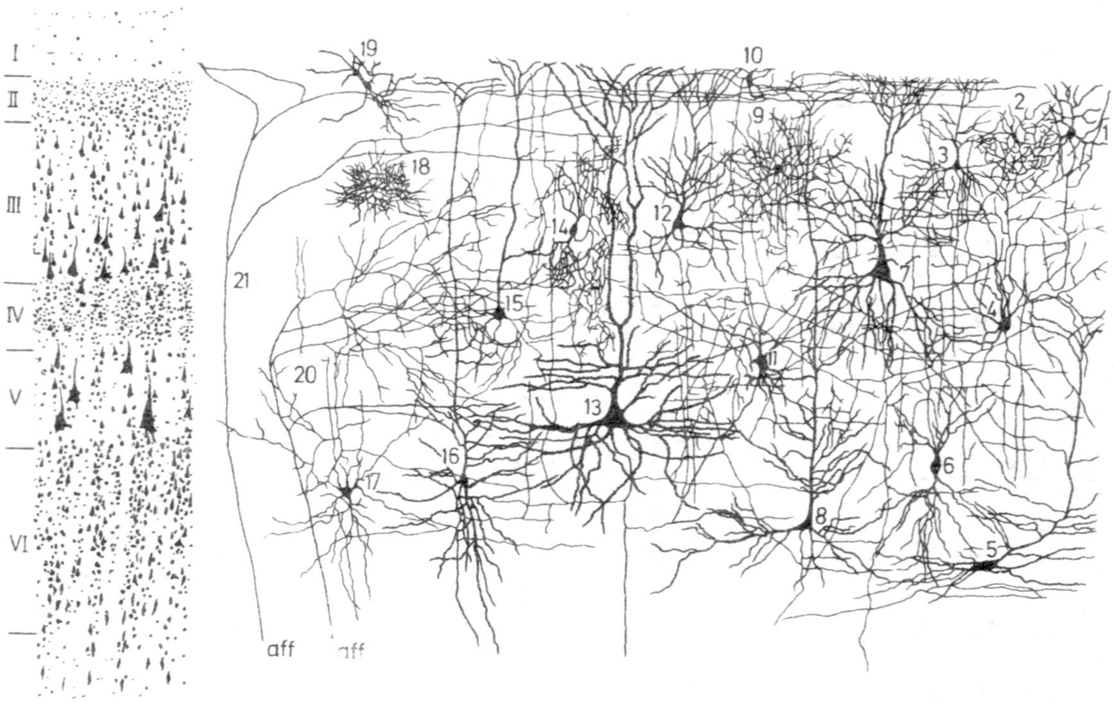

Abb. 45. Karte des neuronalen Aufbaues der Hirnrinde des Menschen 1, 3, 5, 7, 8, 12, 13, 16 = Neurone mit langem Axon (Pyramiden- und spindelförmige Zellen); 2, 4, 6, 9, 10, 11, 14, 17, 18, 19 = Neurone mit kurzem Axon (Sternzellen); 20, 21 = afferente Fasern der Hirnrinde (aff). Links sind die zytoarchitektonischen Schichten der Hirnrinde dargestellt. (POLJAKOW 1953).

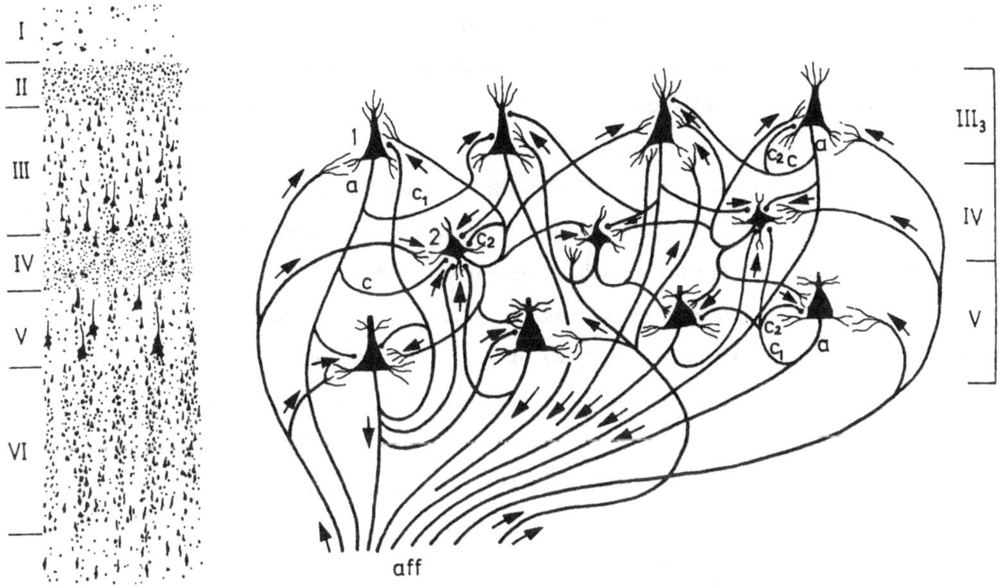

Abb. 46. Halbschematische Zeichnung der interneuronalen Verbindungen der Hirnrinde auf den Ebenen der Unterschicht III_3, der Schicht IV und der Schicht V. Links werden die zytoarchitektonischen Schichten der Rinde gezeigt. aff-afferente Fasern aus den subcorticalen Schaltstationen der Analysatoren. Dargestellt sind Pyramidenzellen mit langem Axon (1) der Unterschicht III_3 und Schicht V und Sternzellen mit kurzem Axon (2) der Schicht IV. a-Axone; c-Kollateralen der Axone; c_1-aufsteigende Kollateralen der Axone der Pyramidenzellen; c_2-Kollateralen "auf sich selbst". Die Pfeile bezeichnen die Richtung der nervalen Impulse, die sich am geschlossenen Ring der Rückkopplung und gegenseitigen Erregung der Neurone beteiligen. Zur Vereinfachung des Schemas sind nur einige der real vorhandenen Verbindungen zwischen afferenten Fasern und Pyramiden- bzw. Sternzellen der Rinde dargestellt.

zwischen afferenten Fasern, efferenten und Interneuronen in den verschiedenen Ebenen des ZNS und auf den verschiedenen Stadien der individuellen und artlichen Entwicklung berücksichtigt. In der Evolution der Wirbeltiere entfaltet sich die strukturelle Spezialisierung der neuronalen Schaltketten in verschiedenen Richtungen. In Abhängigkeit von der funktionellen Spezialisierung der entsprechenden Formationen ist dieser Prozeß durch Verstärkung einiger morphologischer Merkmale bei gleichzeitiger Abschwächung anderer gekennzeichnet. So zeigen nach den Untersuchungen von SHUKOWA, LEONTOWITSCH und SCHKOLNIK-JARROS die subcorticalen Schaltkerne der Systeme der Analysatoren (sogen. Relais-Kerne) eine schwache Entwicklung der Kollateralen der langen Axone der efferenten

Neurone. Sie sind für die schnelle und genaue Übertragung der Signalisationen von der Peripherie zur Hirnrinde nach dem Prinzip der somatotopischen Projektion spezialisiert. Nach unseren Beobachtungen sind die Kollateralverzweigungen der langen Axone der efferenten Neurone gemeinsam mit den Verzweigungen der kurzen Axone der Interneurone besonders in den Formationen gut entwickelt, die nach dem Rindentyp aufgebaut und für die Verwirklichung der feinsten, differenzierten und kompliziert integrierten Formen der Verarbeitung der umgeschalteten Signale verantwortlich sind. Eine ähnliche Konstruktion zeigen auch die phylogenetisch neuen Abschnitte der subcorticalen Kerne der großen Hemisphären. Sie haben sich in der Onto- und Phylogenese aus denselben Bereichen des Endhirns entwickelt, wie die vollentwickelten corticalen Formationen und zeigen ebenfalls eine grundsätzliche Ähnlichkeit mit den letztgenannten strukturellen Besonderheiten der Neurone.

4.2. Über zentrale nervale Apparate der Wahrnehmung und der Einprägung

Eine der charakteristischsten Eigenschaften der Konstruktion der Umschalteinrichtungen der Analysatoren ist die Schaffung optimalster physiologischer Bedingungen für die Einprägung der Reizwirkungen. Wie die betreffenden Schemata (Abb. 47) zeigen, baut sich die

Abb. 47. a) Vereinfachtes Schema (vgl. mit b) der wechselseitigen Verbindungen zwischen afferenten Fasern (aff), Pyramidenzellen (1) und Sternzellen (2), das der kreisenden Zirkulation der Impulse in der Hirnrinde zugrundeliegt. a-langes Axon der Pyramidenzelle; a_1-kurze Axone der Sternzellen; c-Kollateralen der Axone. Die Pfeile bezeichnen die Richtung der Zirkulation der Impulse innerhalb der Rinde. Die Impulse gelangen über die afferenten Fasern in die Rinde und treten über die langen absteigenden Axone der efferenten Neurone aus der Rinde aus (POLJAKOW, 1953). b) Komplizierteres Schema (vgl. mit a) der kreisenden Zirkulation der Impulse in der Rinde, das prinzipiell dieselben funktionellen Wechselbeziehungen zwischen afferenten Fasern (aff), Pyramidenzellen (1) und Sternzellen (2) demonstriert. Zu beachten sind die rückläufigen axonalen Kollateralen, mit deren Hilfe das Neuron Kontakte "zu sich selbst" herstellt (Mechanismus der Selbsterregung der Neurone) (POLJAKOW, 1953). c) Schema der kreisenden Zirkulation der Impulse in reflektorischen nervalen Zentren des Rückenmarks. aff-afferente Faser, die die zentripetalen Impulse von den Rezeptoren herleitet; 1-Faser der Pyramidenbahn, die die zentrifugalen Impulse von der Hirnrinde herleitet; 2-effektorisches (motorisches) Neuron; 3-Interneuron; a-Axon; c-Kollaterale des Axons; d) "Modernisiertes" Schema des Reflexbogens. Gezeigt wird der Platz, den die Interneurone (1) im Reflexbogen einnehmen. 2-Rezeptor; 3-Effektor; 4-sensibles peripheres Neuron; 5-efferentes Umschaltneuron; 6-effektorisches Neuron.

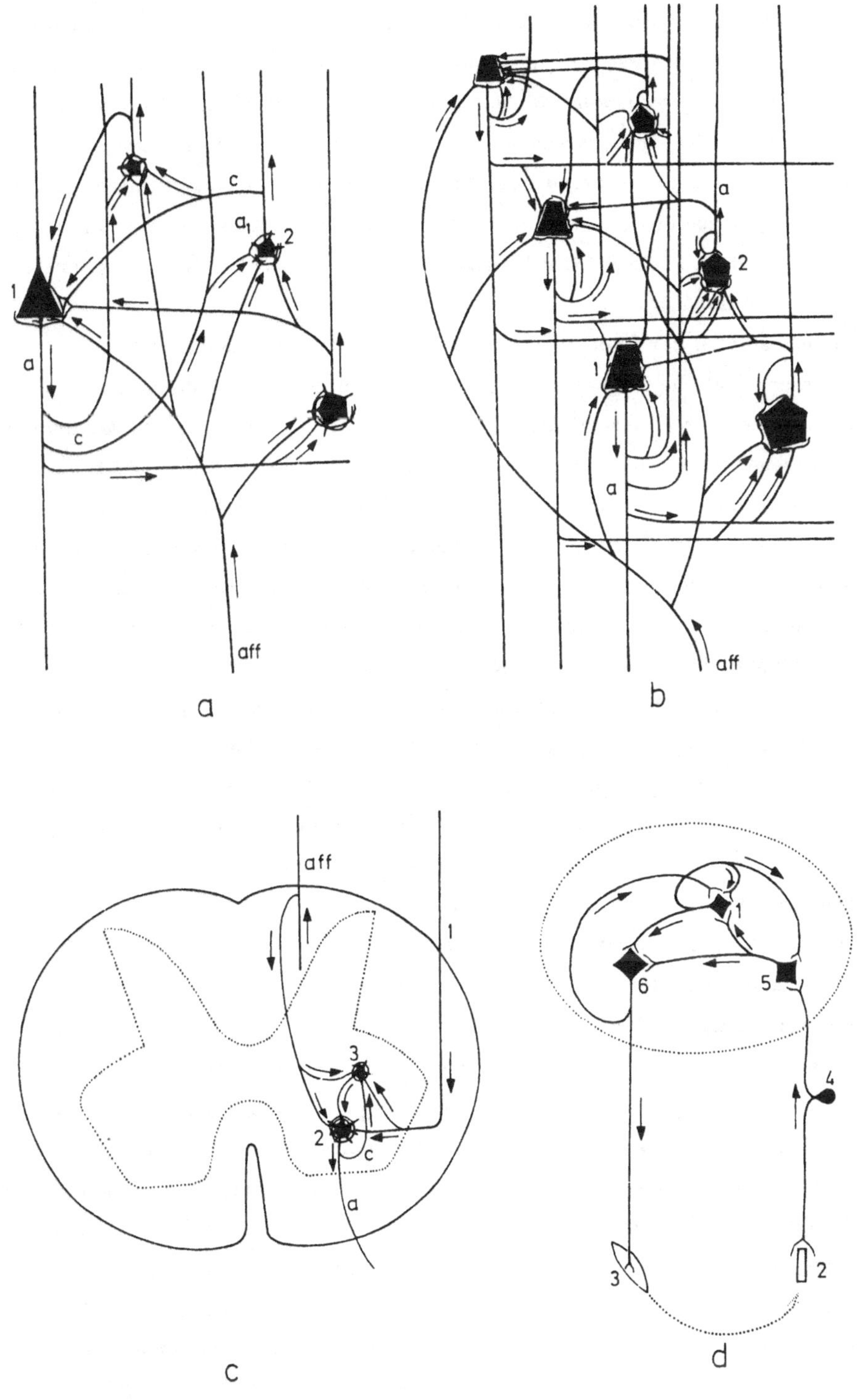

1
2
a
a_1
c
aff
3
4
5
6

gegenseitige Verkettung zwischen allen Umschaltelementen so auf, daß sie (entsprechend den Vorstellungen von FORBES 1922, LORENTE de NO, 1937 u.a. über die geschlossenen Kreise interneuronaler Verbindungen) eine lange kreisförmige Zirkulation der Impulse an Punkten ihrer Umschaltung und eine ständige gegenseitige Erregung der Neurone, die zwischen sich Impulse austauschen, gewährleisten. Damit besteht die Möglichkeit, latent dauerhafte Spuren der Erregungen während ihrer Übertragung durch die Analysatoren aufrechtzuerhalten. Das konnte auch in modernen neurophyisiologischen Untersuchungen durch Registrierung von Potentialen, die an verschiedenen Punkten der Impulsumschaltung abgeleitet wurden, gezeigt werden.

Am kompliziertesten ist der anatomisch-physiologische Mechanismus der latenten Einbehaltung von Erregungsspuren, der in sich als wesentlichsten Bestandteil die Interneurone des Sterntyps mit kurzem Axon einschließt, in den höchstorganisierten, während der Evolution zuletzt entstandenen corticalen Formationen der großen Hemisphären (Abb. 47 a, b). Die Sternzellen, die in die komplizierten Konstellationen der efferenten Neurone der Hirnrinde eingeschaltet sind und gemeinsam mit den subcorticalen Apparaten arbeiten, spielen offensichtlich eine wichtige Rolle in der Funktion der Einprägung der in die Rinde gelangenden Erregungen, aber auch in Prozessen der Bildung und Reproduktion der differenzierten Empfindungen und Wahrnehmungen der Objekte der äußeren Welt.

Die weitere Vervollkommnung des Mechanismus der gegenseitigen Erregung der Neurone in der Richtung einer noch feineren funktionellen Differenzierung besteht in der Bildung spezieller Apparate der Selbsterregung einzelner Neurone. Die anatomische Grundlage dieses Prozesses wird, wie das faktisch von uns für die Hirnrinde nachgewiesen wurde, durch die rückläufigen axonalen Kollateralen, die am Körper und an den Dendriten derselben Nervenzelle endigen (Abb. 44 b, 46, 47 b) dargestellt. BERITOW (1963) spricht diesen Details der Konstruktion der corticalen Enden der Analysatoren und speziell bestimmter Sternzellen der Hirnrinde mit sich überdeckenden Verzweigungen ihrer Dendriten und Axone, die er als spinngewebsartige Zellen bezeichnet, eine besondere Bedeutung zu (Abb. 47 b).

Für das Verständnis der funktionellen Bedeutung der Sternzellen in den komplizierten Prozessen der Wahrnehmung, Ansammlung und Einprägung der Erregungen und ihrer Spuren in der Hirnrinde sind die experimentell-physiologischen Untersuchungen von POPOWA (1960) von großem Interesse. In dieser Arbeit wurde der Versuch gemacht, den Charakter der Bewegungen und Wechselwirkungen nervaler Prozesse mit Hilfe der Methode des bedingten Reflexes festzustellen und sie mit dem unterschiedlichen neuronalen Aufbau der Systeme des optischen und des akustischen Analysators zu vergleichen. Aus der Analyse der Ergebnisse konnte auf das Vorhandensein einer bestimmten Korrelation zwischen Struktur und

Funktion geschlossen werden. Es wurde in der Arbeit sehr deutlich die längere Aufrechterhaltung der Folgeprozesse der bedingten Reflexe, die größere Dauer der latenten Periode und die geringere Lebhaftigkeit der nervalen Prozesse im System des optischen Analysators im Vergleich zum akustischen gezeigt.
Diese physiologischen Erscheinungen hängen mit feinen Besonderheiten der Strukturen der corticalen Enden beider Analysatoren und speziell mit den Verschiedenheiten im Aufbau und in der Verteilung der Sternzellen zwischen Seh- und Hörrinde zusammen (Abb. 48). Im zen-

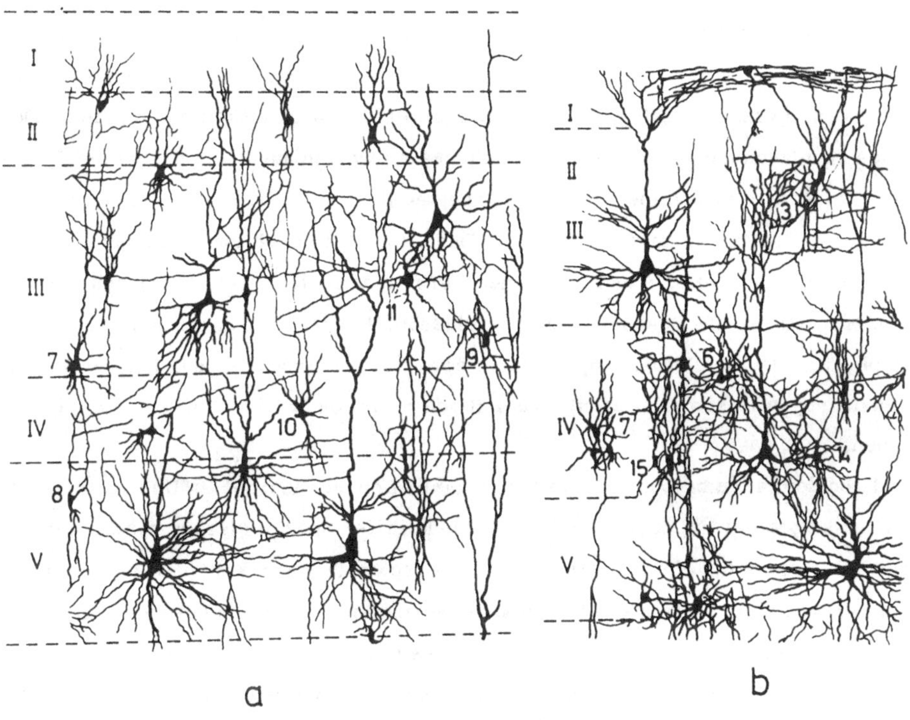

Abb. 48. a) Neuronaler Aufbau der akustischen Rinde des Hundes (Feld T_3 nach der zytoarchitektonischen Karte von ADRIANOW und MERING). b) Neuronaler Aufbau der optischen Rinde des Hundes (Feld O_1 nach derselben Karte). Links sind die Rindenschichten markiert. Bei Vergleich von a und b ist zu sehen, daß die Sternzellen der Hörrinde (a - 7, 8, 9, 10, 11) weniger zahlreich vertreten sind und eine bedeutend geringere Verzweigung ihrer Äste aufweisen als die Sternzellen der Sehrinde (b - 3, 6, 7, 8, 14, 15), deren Äste sehr feine und dichte Verzweigungen in der grauen Substanz der Hirnrinde bilden. (a nach POPOWA, 1960; b nach SCHKOLNIK-JARROS, 1954).

tralen Sehfeld der Rinde sind nach SCHKOLNIK-JARROS (Abb. 48 b) die Sternzellen sehr konzentriert und zahlreich vorhanden und bilden dichte und feine axonale Verzweigungen.

Die kurzen Axone der Sternzellen in den Feldern der Hörrinde (Abb. 48 a) bilden bedeutend stärker räumlich verteilte, seltene Verästelungen und auch die Sternzellen selbst sind hier seltener als in der Sehrinde. Die Impulse in der Sehrinde werden also bedeutend häufiger umgeschaltet als in der Hörrinde. Entsprechend sind damit im visuellen Cortex Bedingungen vorhanden, die die längere Leitung und Verweildauer der Impulse begünstigen.
Diese Besonderheiten der Organisation, die einer Einprägung der in das Gehirn eintretenden verschiedenartigen äußeren und inneren Signalisationen angepaßt sind, haben offensichtlich direkte Beziehung zum Hauptproblem der Orientierung und reflektorischen Bewegung des Organismus in Raum und Zeit. Das Tier und der Mensch sind nicht nur dazu fähig, die um sie herum und in ihnen gegenwärtig ablaufenden Ereignisse zu empfangen und auf sie zu reagieren, sondern sie sind "begabt", latent Einprägungen der Wirklichkeit zu sammeln. Der Organismus kann auch nicht unmittelbar motorische Antworten auf Reize geben; die Spuren wirksamer Reizursachen und die durch sie erzeugten Reaktionen werden als Gedächtnisbilder vergangener Ereignisse aufrechterhalten. Das ist die Fähigkeit zur Sammlung von Erfahrungen, die für die Strategie und Taktik des Verhaltens in der Zukunft ausgenutzt werden.
Der vom Menschen erlebte Zusammenhang psychischer Erscheinungen hat seine Grundlage in realen physiologischen Prozessen, die in entsprechenden Strukturen der Hirnrinde ablaufen und Beziehungen zu komplizierten, in der Rinde räumlich-zeitlich ablaufenden Integrationen haben.
Ausgehend von dem allgemeinen Schema der Organisation der neuronalen Umschaltung, das in Abb. 44 b dargestellt ist, kann man Unterschiede in der Spezialisierung bestimmter Elemente dieses Schemas für eine reflektorische Widerspiegelung von Ereignissen, die in Raum und Zeit verlaufen, durch den Organismus vermuten. Es können besondere Grundzüge der Konstruktion hervorgehoben werden, die einerseits der Realisierung der Reaktionen des Organismus nach außen und auf Objekte im umgebenden Raum und andererseits der Gewährleistung einer in der Zeit latent verlaufenden kontinuierlichen psychischen Aktivität angepaßt sind.
Für die genaue Widerspiegelung räumlicher Beziehungen der Sachen und Erscheinungen ist bestens die Konstruktion geeignet, in der die neuronalen Schaltketten nach dem Verlauf der Analysatoren orientiert sind. Nach dem Prinzip der geometrischen Übereinstimmung werden die reizaufnehmenden Punkte der Körperoberfläche mit gleichnamigen (gleichbedeutenden) Punkten der corticalen Enden der Analysatoren vereinigt (Abb. 49 a). Am deutlichsten findet diese Konstruktion des Gehirns ihren Ausdruck in der sogen. somatotopischen Projektion "Punkt auf Punkt" (Abb. 59).
Was die Widerspiegelung und Speicherung der Reihenfolge des Verlaufes der Ereignisse

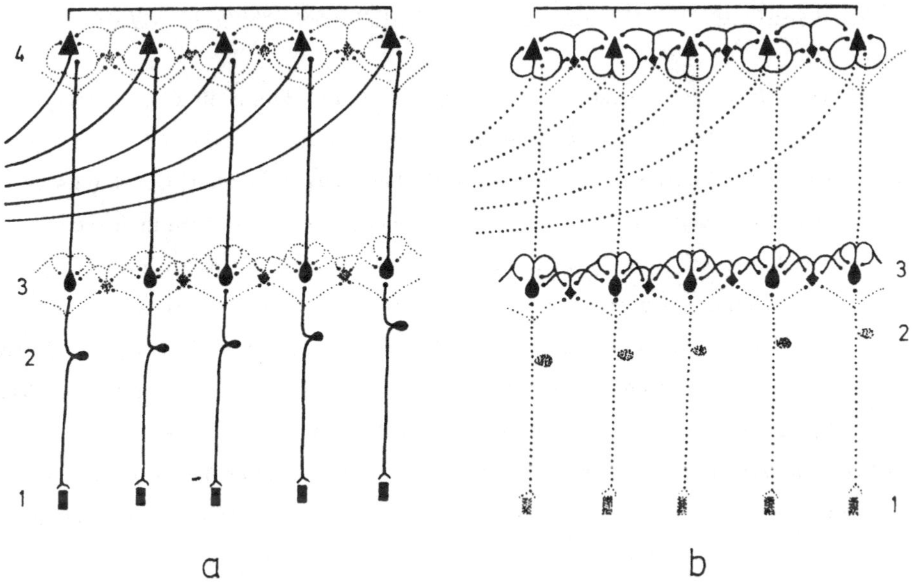

Abb. 49. Schema zweier Aspekte der neuronalen Organisation, die wir als morphologische Grundlage des reflektorischen Ausdrucks räumlicher (a) und zeitlicher (b) Beziehungen durch den Organismus betrachten. Schwarz = Elemente der neuronalen Organisation, die eine dominierende Bedeutung in der entsprechenden Form der reflektorischen Tätigkeit besitzen. Punktiert = Elemente, die die Rolle des helfenden Untergrundes in der Aktivität der führenden Neuronenkomplexe spielen. Erklärung siehe Text.

in der Zeit im Gedächtnis betrifft, so hängt diese Funktion wahrscheinlich mit anderen Besonderheiten der Gesamtkonstruktion zusammen. Ausgehend von modernen Vorstellungen über die Feinstrukturen der interneuronalen Verbindungen in den Umschaltinstanzen der Analysatoren (Abb. 47) betrachten wir als hauptsächliches materielles Substrat dieses Prozesses besonders die Gruppen von Neuronen, die für die Aufrechterhaltung einer andauernden, latent verlaufenden Zirkulation nervaler Impulse in geschlossenen Ringen interneuronaler Verbindungen spezialisiert sind (Abb. 49 b). Das auf Abb. 44 b als Ausgangsschema dargestellte "Gitter" der Umschaltungen in den Systemen der Analysatoren kann als Prototyp des Apparates für die Widerspiegelung der realen Einheit von Raum und Zeit der materiellen Welt im Gehirn angesehen werden.

4.3. Über die strukturelle Grundlage der funktionellen Lokalisation im Gehirn

Der Physiologe MUNK (19. Jahrhundert) verglich die Hirnrinde mit einer geographischen Karte, auf der zahlreiche, deutlich gegeneinander abgegrenzte "Provinzen" aufgetragen sind, die genau den Sinnesorganen und den motorischen Apparaten des Körpers entsprechen. Eine detaillierte Einteilung der Rinde bei höherorganisierten Säugetieren in verschiedene architektonische Regionen, Subregionen, Felder und Unterfelder ist dadurch bedingt, daß das corticale Zentrum des Systems eines Analysators (wir meinen hier die Formationen des vollentwickelten Neocortex) einen komplizierten Komplex darstellt, der sich aus mehreren, nach Bau und funktioneller Bedeutung unterschiedlichen Abteilungen zusammensetzt. Das System eines jeden Analysators - des optischen, akustischen, Haut- und kinästhetischen Analysators - besitzt in der Hirnrinde sein spezielles abgesondertes Territorium, das einer Hirnregion entspricht (Abb. 50 a, b, 51 a, b). Dieses Hirngebiet hat Beziehungen zur feinsten Analyse und kompliziertesten Synthese der Reize, die vom peripheren Ende des betreffenden Analysators aufgenommen werden. Solche Regionen wurden von PAWLOW als Kernzonen (= corticale Zonen) der Analysatoren bezeichnet.

Abb. 50. Karten der Verteilung der corticalen Enden der Systeme der Analysatoren auf der Oberfläche der Hirnhemisphären des Menschen und der ihnen entsprechenden zytoarchitektonischen Regionen und Felder der Rinde. a) äußere; b) innere Oberfläche der Hemisphären. Die Ziffern bezeichnen die Felder innerhalb der Regionen. Die corticalen Zonen werden dargestellt durch: Optischer Analysator = Regio occipitalis; Akustischer Analysator = obere temporale Subregion; Hautkinästhetischer Analysator (Zone der Körperfühlsphäre) = postzentrale Region, Regio praecentralis = motorische Rindenzone. Die visuelle Zone schließt in sich ein das zentrale Feld 17 und die peripheren Felder 18 und 19; entsprechend - Hörzone: Feld 41 und Felder 42 und 22; Hautkinästhetik: Feld 3 und Felder 1 und 2; Motorische Zone: Feld 4 und Felder 6 und 8. Die Überlappungszonen der Analysatoren (interanalysatorische Zonen) werden dargestellt durch die obere (Felder 5 und 7) und untere (Felder 40 und 39) parietale Region, die mittlere temporale (Feld 21) und die temporo-parieto-occipitale Subregion (Feld 37); ihnen entspricht die frontale Region (Felder 9,46,10). Besonders hervorgehoben sind die sprachmotorischen (Felder 44 und 45 der unteren Frontalwindung), die sprachakustischen (hinteres Gebiet des Feldes 22 der oberen temporalen Subregion) und die sprachoptischen (benachbarte Abschnitte des Sehfeldes 19 und des unteren parietalen Feldes 39) Gebiete. Die innere (limbische Region) und untere (basale frontale und basale temporale Subregionen) Oberfläche der Hemisphären zusammen mit den in der Tiefe der Sylvischen Spalte verborgenen Inselgebieten sind in funktioneller Beziehung weniger bedeutsame Formationen des Neocortex. Zusammen mit den sich an sie anschließenden Formationen der intermediären, archicorticalen und palaeocorticalen Rinde haben diese Gebiete des Neocortex vorwiegend Beziehungen zur Regulation des inneren Zustandes des Organismus, zu seinen vitalen Reaktionen und zum Riech- und Geschmacks-Analysator.

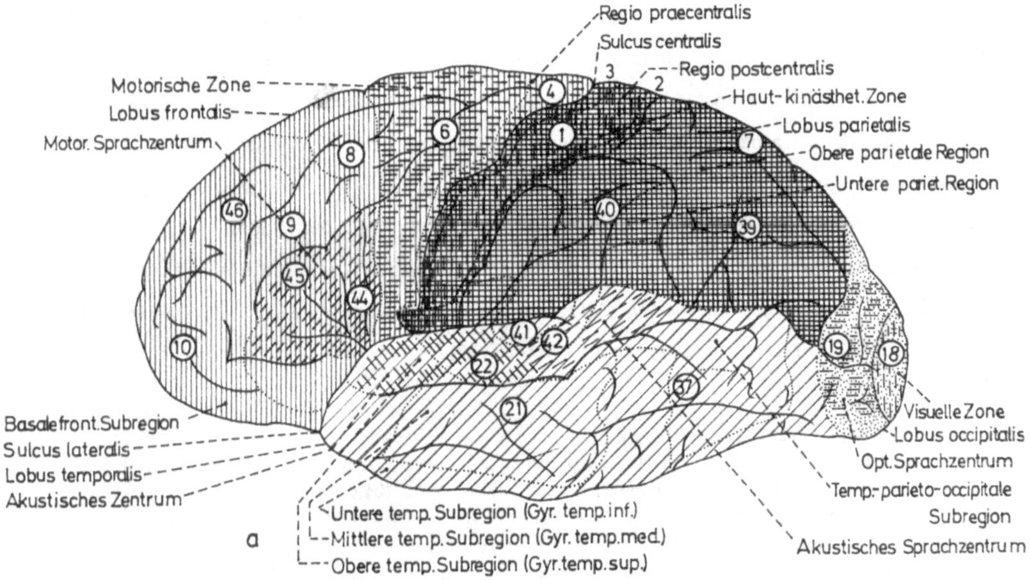
Regio praecentralis
Sulcus centralis
3
2
Regio postcentralis
Haut-kinästhet. Zone
Lobus parietalis
Obere parietale Region
Untere pariet. Region
Motorische Zone
Lobus frontalis
Motor. Sprachzentrum
4
6
1
7
8
46
9
40
39
45
44
41
42
10
22
19
18
21
37
Basale front. Subregion
Sulcus lateralis
Lobus temporalis
Akustisches Zentrum
Visuelle Zone
Lobus occipitalis
Opt. Sprachzentrum
Temp.-parieto-occipitale Subregion
Untere temp. Subregion (Gyr. temp. inf.)
Mittlere temp. Subregion (Gyr. temp. med.)
Obere temp. Subregion (Gyr. temp. sup.)
Akustisches Sprachzentrum

a

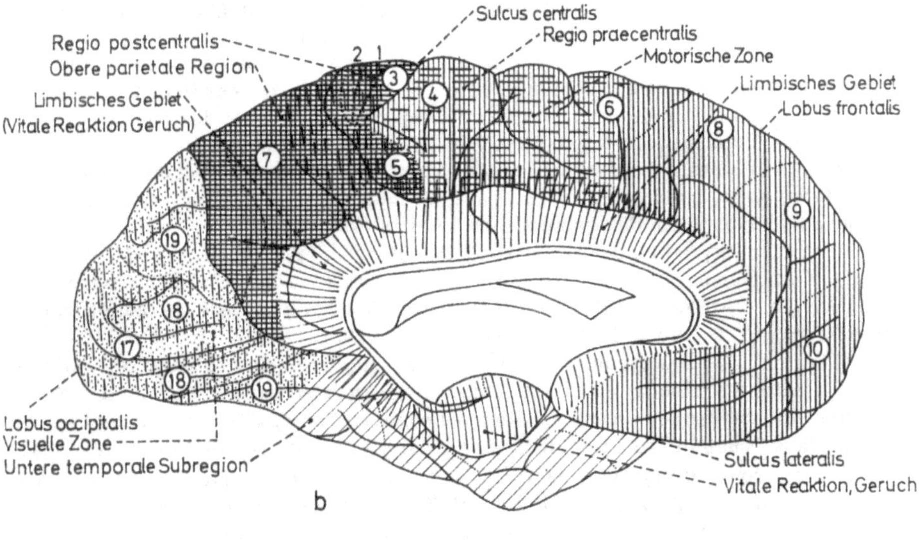
Sulcus centralis
Regio praecentralis
Motorische Zone
Limbisches Gebiet
Lobus frontalis
Regio postcentralis
Obere parietale Region
Limbisches Gebiet
(Vitale Reaktion Geruch)
2 1
3
4
6
8
7
5
9
19
18
17
10
18
19
Lobus occipitalis
Visuelle Zone
Untere temporale Subregion
Sulcus lateralis
Vitale Reaktion, Geruch

b

Die Konzeption von PAWLOW über die corticalen Zonen der Analysatoren wurde durch zahlreiche morphologische Untersuchungen bestätigt. So hatte in den Versuchen von LASHLEY (1960) die Isolierung der visuellen Zone der Hirnrinde von all ihren Verbindungen mit anderen Rindenregionen bei der Ratte keinen Einfluß auf die Regulation des Verhaltens des Tieres durch optische Reize. Affen verlieren dabei nicht die Fähigkeit, zwischen Farben, Helligkeit und Formen der Gegenstände zu unterscheiden.

Innerhalb jeder corticalen Zone werden eine Reihe verschieden spezialisierter Rindenfelder unterschieden. Diese hängen mit der peripheren sensiblen Oberfläche der Systeme der Analysatoren, d.h. mit den entsprechenden Sinnesorganen über eine unterschiedliche Anzahl von Umschaltungen im benachbarten und entfernten Subcortex zusammen (Abb. 56 und 59). Im Verlauf der fortschreitenden Evolution der Säugetiere, die einen Neocortex besitzen, kristallisieren sich innerhalb der speziellen Regionen des Neocortex (optische, akustische, Haut- und kinästhetische Zone) besondere Abteilungen, die sogen. zentralen Felder der corticalen Zonen heraus (Abb. 50 und 51, Felder 17, 41, 3, 4). Diese Felder sind auf Grund ihrer strukturellen und funktionellen Besonderheiten zu einer maximal deut-

Abb. 51. Schemata der topografischen Wechselbeziehungen zwischen den Feldern der Rindenzonen und der Überlappungszonen der corticalen Enden der Systeme der Analysatoren an der äußeren (a) und inneren (b) Oberfläche der Hirnhemisphären des Menschen. Die Ziffern bezeichnen in gleicher Weise wie in Abb. 50 die zytoarchitektonischen Felder. Jede corticale Zone (KZ) ist mit unterschiedlichen Zeichen gegenüber den anderen Rindenzonen dargestellt: Opt.KZ = Kreise; Akust.KZ = Quadrate; Hautkinästh.KZ = Rhomben; Motor.KZ = Dreiecke.
Die Grenzen zwischen den corticalen Zonen sind durch grob gestrichelte Linien, die Grenzen zwischen den einzelnen Feldern durch feiner gestrichelte Linien markiert. Innerhalb jeder Zone ist das zentrale Feld durch Zeichen gröberen Ausmaßes, die ihm benachbarten peripheren Felder durch Zeichen mittleren Ausmaßes und die an der Peripherie der Zonen gelegenen Felder durch Zeichen kleineren Ausmaßes hervorgehoben. Die Zone der Überlappung des optischen, akustischen und hautkinästhetischen Analysators (Felder der oberen und unteren parietalen Region und der temporo-parieto-occipitalen Subregion) sind durch Mischung der Zeichen der entsprechenden Analysatoren dargestellt. Die Felder der frontalen Region sind durch dieselben Zeichen wie die motorische Zone der Rinde ausgewiesen. Die sprachmotorischen (Felder 44 und 45) und die sprachakustischen (ein Teil des Feldes 22) Gebiete sind durch geringe Veränderungen der Form der Zeichen, die für die entsprechenden corticalen Zonen zutreffen, abgesondert. Die Randgebiete des Neocortex, die an die intermediären, palaeocorticalen und archicorticalen Rindenformationen angrenzen - die limbische (Felder 23 und 24) und die in der Tiefe der Sylvischen Spalte verborgene insuläre Rinde, aber auch die funktionell ihnen nahestehenden Felder des Neocortex, die an der unteren und inneren Oberfläche des Lobus frontalis und Lobus temporals liegen (Felder 47, 11, 12, 20), sind durch horizontal sich erstreckende, abgeflachte Zeichen und unterbrochene horizontale Linien gekennzeichnet. Die Dichte der letzteren wächst mit der Annäherung an die intermediäre, archicorticale und palaeocorticale Rinde (nach der Klassifikation von FILIMONOFF) an. (POLJAKOW, 1961).

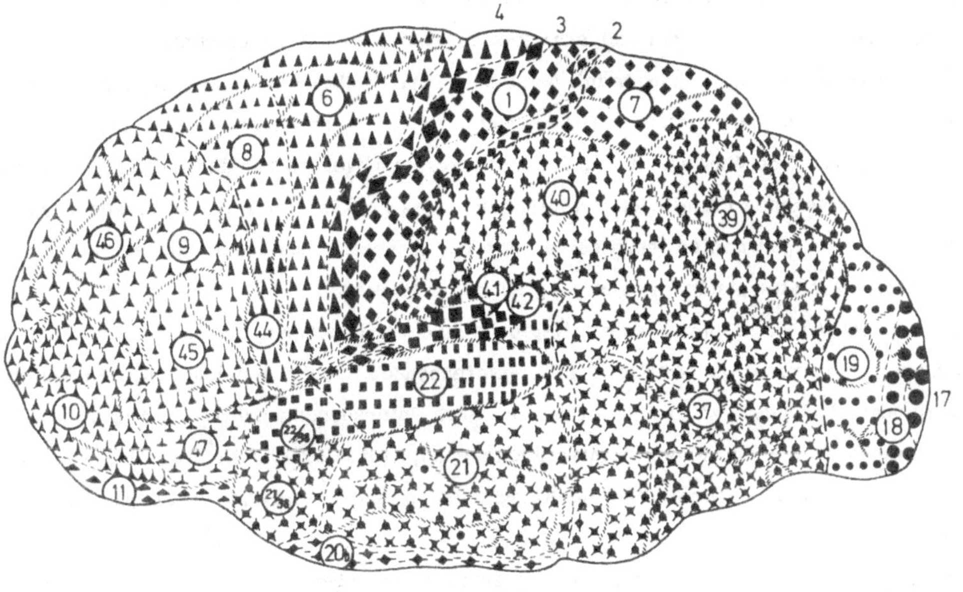
4
3
2
6
1
7
8
40
39
46
9
41
42
44
45
19
22
17
10
37
18
22/38
47
21
11
21/38
20l

a

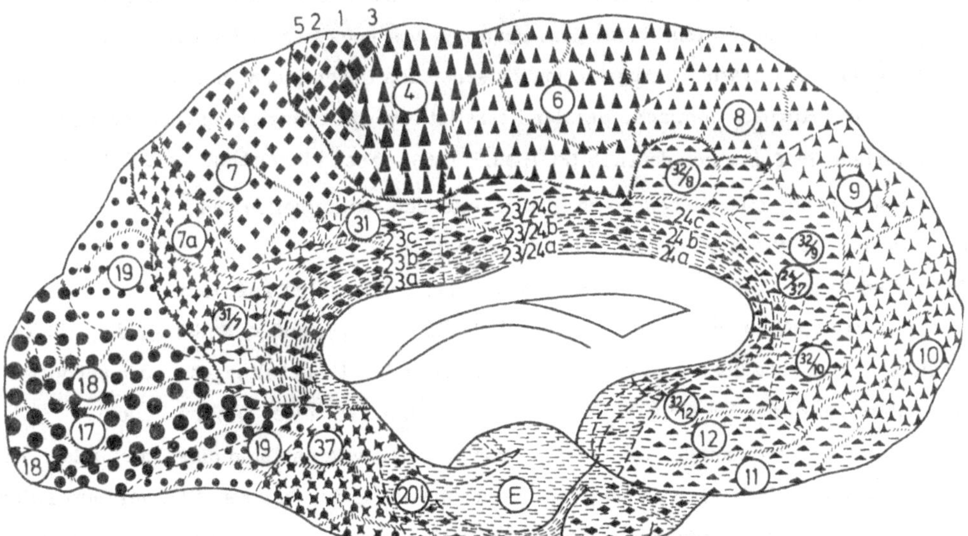
5 2 1 3
4
6
8
7
32/8
9
31
23/24c
24c
7a
23c
23/24b
24b
23b
23/24a
24a
23a
32/9
19
24/32
31/7
10
32/10
18
32/12
17
12
19
37
11
18
20l
E
20tc

b

lichen Unterscheidung und Deutung der einzelnen Reize befähigt und sind damit beim Menschen das materielle Substrat der sehr fein differenzierten Wahrnehmungen.

Diese Rindenformationen hängen mit den Sinnesorganen über eine minimale Anzahl von Umschaltungen in den subcorticalen Abschnitten der Systeme der Analysatoren zusammen (Abb. 56, 59). Von Wichtigkeit ist, daß diese Verbindungen sich in der Hauptsache nach dem Prinzip der genauen räumlichen Entsprechung jedes Punktes der reizaufnehmenden Oberfläche mit einem bestimmten Punkt der Rindenoberfläche aufbauen (nach dem Prinzip der oben erwähnten somatotopischen Projektion "Punkt auf Punkt").

Bei Primaten sind im optischen Analysator solche Verbindungen, die die Zone des scharfen Sehens der Netzhaut (gelber Fleck) mit entsprechenden Abschnitten des zentralen Sehfeldes verbinden, besonders zahlreich vorhanden. Nach Untersuchungen über die Anzahl der Fasern, die zum Polus occipitalis der Hemisphären ziehen, verläuft mehr als die Hälfte aller dieser Fasern aus den subcorticalen Relais-Kernen des optischen Analysators (Corpus genic.lat.) zur Sehrinde.

In der aufsteigenden Reihe der Säugetiere geht eine sehr detaillierte progressive Differenzierung der zentralen Abschnitte der Systeme der Analysatoren nach dem somatotopischen Prinzip nicht nur in den corticalen, sondern auch in den subcorticalen Stationen der Umschaltung der Impulse vor sich. So fehlt beim Kaninchen innerhalb des Realis-Kernes des Thalamus noch eine klare topografische Abgrenzung zwischen den Rezeptionen, die von den verschiedenen Teilen des Körpers kommen. Bei der Katze ist eine Differenzierung in diesem Kern nach somatotopischem Typ schon deutlich (ROBINER 1959). Noch klarer tritt sie bei den Primaten im Zusammenhang mit der bedeutend fortschreitenden strukturellen und funktionellen Differenzierung der Rindenzonen des Analysators auf.

Neben dem Zentralfeld in der corticalen Zone jedes Analysators werden periphere Felder abgegliedert (Abb. 50 und 51, Felder 18 und 19, 42 und 22, 1 und 2, 6 und 8), die mit der sensiblen Oberfläche über eine größere Zahl zusätzlicher Umschaltungen in den subcorticalen Abteilungen der Systeme der Analysatoren zusammenhängen (Abb. 56 und 59).

Wie Experimente und langjährige klinische Erfahrungen zeigten, sind diese corticalen Formationen für kompliziertere Formen der Widerspiegelung der äußeren Welt verantwortlich. Mit ihrer Beteiligung werden die Funktionen der Wahrnehmung, Einprägung und Herstellung von Wechselbeziehungen zwischen mehr oder weniger komplizierten Reizkombinationen verwirklicht. So zeigten sich nach Entfernung der Felder 18 und 19 beim Hund Störungen in der feinen Differenzierung optischer Reize. Die Tiere konnten nicht zwischen nahe verwandten Formen der Gegenstände unterscheiden, z.B. zwischen einem Achteck und einem Kreis (CHANANASCHWILI, 1962). Andere Untersucher stellten bei Affen nach ähnlicher

Verletzung des Gehirns vorübergehende Störungen der Sehschärfe, Tiefenwahrnehmung, Unterscheidung von Farben, Formen und Größen der Gegenstände und der Richtungen von Bewegungen fest (KOROLEWA, 1963). Beim Menschen entwickelten sich nach Reizung der Felder 18 und 19 im Gegensatz zur Reizung des Feldes 17 kompliziertere optische Wahrnehmungen: farbige Ringe, Kugeln, tierische Figuren, Gesichter usw. Wie die Untersuchungen von LURIJA u. Mitarb. zeigten, muß insbesondere von den peripheren Feldern der corticalen Zone des optischen Analysators die Funktion der gleichzeitigen Wahrnehmung vieler einzelner, das Gesamtbild des betrachteten Objektes zusammensetzender Details und deren Erhaltung im Bewußtsein abhängig sein.
Ein Beispiel für die komplizierte physiologische Synthese, die in der corticalen Zone des optischen Analysators verwirklicht wird, ist die folgende Beobachtung: In psychologischen Versuchen von AMES (1951) und AMES and ITTELSON (1952) betrachtete man durch ein Loch eines Korbes einen innerhalb des Raumes aufgehängten Stuhl. Dann wurden innerhalb des Korbes mit Hilfe von Drähten die einzelnen Teile des Objektes an verschiedenen Orten aufgehängt. Bei einer bestimmten Blickrichtung nahmen nun die Betrachter in der Perspektive so etwas wie das Ganze wahr. Diese Illusion der Wahrnehmung war auch dann vorhanden, wenn der Betrachter die Möglichkeit hatte, sich anschaulich davon zu überzeugen, daß die einzelnen Teile der optischen Wahrnehmung als Ganzes des Gegenstandes in Wirklichkeit räumlich voneinander entfernt waren.
Es ist anzunehmen, daß in den peripheren Feldern der corticalen Zonen die topografischen Beziehungen zwischen den Punkten der wahrnehmenden Oberfläche und den Punkten der corticalen Zone einen komplizierteren Charakter im Vergleich zu den Zentralfeldern tragen (Abb. 53). Insbesondere zeigt sich in den peripheren Feldern bestimmter Systeme der Analysatoren im Unterschied zu allen zentralen Feldern nicht das Prinzip der somatotopischen Projektion "Punkt auf Punkt". Nach allen Besonderheiten der strukturellen Organisation sind die peripheren Felder der corticalen Zonen in der Hauptsache für die Herstellung vielgestaltiger funktioneller Verbindungen zwischen den einzelnen Reizsignalen sowohl innerhalb einer corticalen Zone als auch im Komplex der zu den verschiedenen Analysatoren gehörenden corticalen Zonen verantwortlich.
Während der Evolution werden die topografischen Beziehungen zwischen den corticalen Bereichen der verschiedenen Systeme der Analysatoren im Zusammenhang mit dem Umbau ihrer funktionellen Beziehungen immer komplizierter. Diese Änderungen in den funktionellen Beziehungen sind auf die Einflüsse der komplizierter werdenden Umwelt auf den Organismus zurückzuführen. Gemeinsam mit der detaillierteren strukturellen Differenzierung der zentralen und peripheren Felder innerhalb der corticalen Zonen (Abb. 25 und 52) geht

ein territoriales Anwachsen der corticalen Zonen der verschiedenen Analysatoren vor sich. Dabei werden auch die topographischen Beziehungen zwischen ihnen komplizierter. Es bilden sich Zonen der Überlappung der cerebralen Enden der Analysatoren heraus.
Diese Überlappungszonen (man kann sie auch als internucleäre Rindenzonen bezeichnen) werden schon bei Primaten deutlich erkennbar und durch die gut abgesonderte corticale Zone dargestellt (auf Abb. 25 die Gebiete, die durch kleine Punkte gekennzeichnet sind).
Zu diesen Zonen gehören die obere parietale (Felder 5 und 7) und die untere parietale Region (Felder 40 und 39), die mittlere temporale (Feld 21) und die tempero-parieto-occipitale (Feld 37) Subregion, Abb. 46 und 47). In diese Gruppe corticaler Felder können auch ihrer funktionellen Bedeutung und ihrer Lage innerhalb der Reihe der restlichen Felder nach bestimmte Felder (9, 46, 10) der frontalen Region, die, wie schon bemerkt, in ihren Ausmaßen beim Menschen etwa 1/4 der Rindenfläche der großen Hemisphären einnimmt, einbezogen werden.
Die Neurone dieser corticalen Formationen hängen offensichtlich über eine größere Zahl zusätzlicher Umschaltungen in den subcorticalen Gebieten und auch in der Rinde mit den Sinnes- und Bewegungsorganen der Peripherie zusammen (Abb. 56, 59). In physiologischer Beziehung ist eine solche Schlußfolgerung erlaubt, weil die Reizung der peripheren Enden der Systeme der Analysatoren, die bestimmte Veränderungen des funktionellen Zustandes

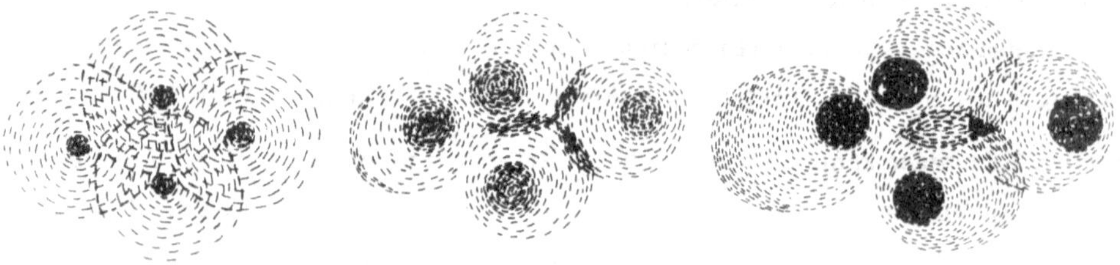

a b c

Abb. 52: Schemata, durch die die stufenweise progressive Differenzierung der Felder der Rindenzonen und der Überlappungszonen der corticalen Enden der Systeme der Analysatoren während der Evolution der Säugetiere demonstriert wird. Dargestellt ist die anwachsende Konzentration der zentralen Felder (dunkle Kreise) mit ihrer zunehmenden markanten Abgrenzung gegen die peripheren Felder der corticalen Zonen und die fortschreitende Erweiterung der Territorien der peripheren Felder (lichtere feine Striche) mit ihren ineinander übergehenden und die Überlappungszonen (größere Dichte der sich überkreuzenden feinen Striche) bildenden Bereichen. a) niedere Stufe der Differenzierung, bei der die corticalen Zonen der Analysatoren stark "verwaschen" und noch schwach voneinander abgesondert sind (Entwicklungsniveau des Neocortex bei Insectivoren). b) höhere Stufe der Differenzierung mit klarer Abgrenzung der corticalen Zonen und ihrer zentralen Felder. Die Überlappungszonen sind noch schwach ausgebildet. (Nager). c) ein noch höherer Grad der Differenzierung mit klarer Abgrenzung der Gruppen der Felder sowohl in den Grenzen der corticalen Zonen als auch der Überlappungszonen (Entwicklungsniveau des Neocortex bei niederen Primaten) (POLJAKOW, 1958).

der Neurone der zentralen und peripheren Felder der entsprechenden corticalen Zonen nach sich zieht, in der Tätigkeit der Neuronenkomplexe der Überlappungszonen nicht bemerkbar ist.

Vergleichend-anatomische und klinische Untersuchungen legen unbestreitbar Zeugnis darüber ab, daß die Formationen, die die Überlappungszonen bilden, Beziehungen haben zur Verallgemeinerung und Abstraktion konkreter Reizsignale aus Formen menschlicher Wahrnehmungen und Handlungen (cerebrale Mechanismen der Sprache, der Arbeitsprozesse, der schöpferischen Phantasie, des Denkens, der Erfahrung und Voraussicht). Die genannten Zonen sind wahrscheinlich wichtigste integrierte Teile des Apparates der logischen Operationen und der Widerspiegelung der kompliziertesten Systembeziehungen zwischen den Reizen (die zur Orientierung in der äußeren Welt dienen). Diese Formationen sind das materielle Substrat der Prozesse des Vergleiches und der Gegenüberstellung der Objekte nach wesentlichen Merkmalen ihrer Ähnlichkeiten und Unterschiede (Analyse und Synthese, Klassifikation), der Urteile, Schlußfolgerungen usw.

Die oben kurz umrissenen Unterschiede, die durch spezielle Besonderheiten der Konstruktion der Verbindungen bedingt sind, in der funktionellen Bedeutung der Felder, die die corticalen und Überlappungszonen der Analysatoren bilden, können insbesondere am Material der klinischen und pathomorphologischen Untersuchungen von PREOBRASCHENSKAJA (1952) demonstriert werden. Bei Schädel-Hirntraumen und dabei auftretenden Verletzungen der visuellen und angrenzenden Rindenzonen zeigten sich in Abhängigkeit von der Lokalisation des Herdes drei deutliche klinische Syndrome. Die Verletzung des zentralen optischen Feldes und seiner Verbindungen hatte eine mehr oder weniger stark ausgeprägte Störung der Wahrnehmungsfähigkeit der optischen Reize zur Folge. In Fällen einer starken Verletzung dieses Feldes zeigte sich eine corticale Blindheit. Bei Verletzung der peripheren Felder der optischen Zone und ihrer Verbindungen waren im klinischen Bild in erster Linie Störungen der Funktion des optischen Erkennens zu beobachten. Wenn zusätzlich auch die in der Nachbarschaft des visuellen Cortex gelegenen Felder der unteren Parietalregion und der temporo-parieto-occipitalen Subregion in den Herd einbezogen waren, traten Störungen noch komplizierterer Formen der corticalen Integrationen auf, bedingt durch die Wechselbeziehungen des optischen Analysators mit anderen Analysatoren. Dabei wurden Störungen der konstruktiven Praxie, der Orientierung im Raum, des Lesens und Schreibens beobachtet.

Mit der oberen parietalen Region, die wie gezeigt auch zu den Überlappungszonen der corticalen Enden der Analysatoren gerechnet werden kann, hängt nach manchen klinischen Beobachtungen die Formierung von Vorstellungen über den allgemeinen Bauplan des Körpers

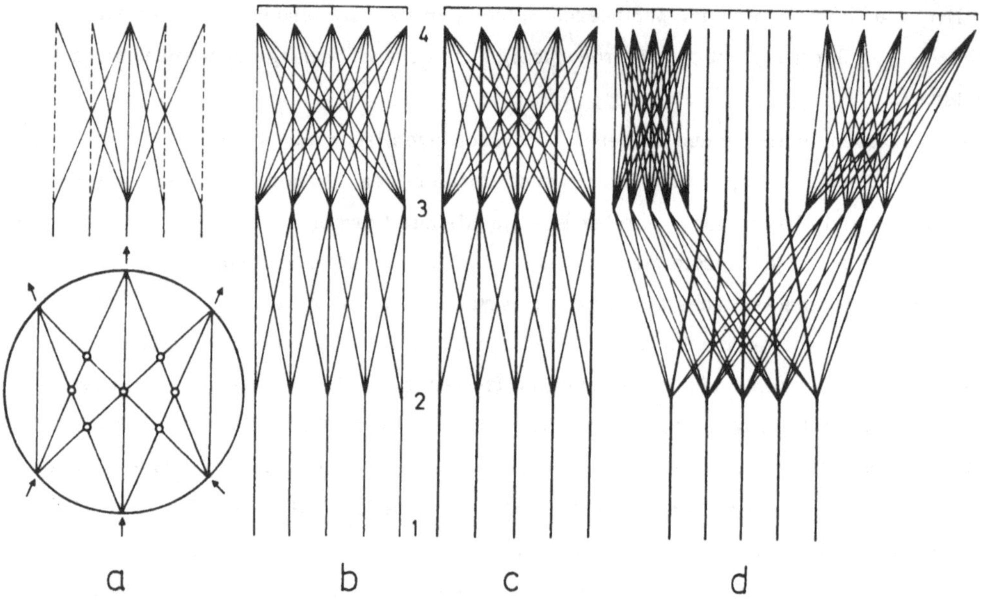

Abb. 53. Schemata, die die progressive Differenzierung der Grundkonstruktion eines "Gitters" der wechselseitigen Verbindungen zwischen allen Schaltebenen im Verlauf der Systeme der Analysatoren während der Phylogenese der Säugetiere illustrieren. a) das obige Schema zeigt die potentiellen Verbindungen zwischen jedem Punkt einer tiefer gelegenen Schaltebene mit jedem Punkt einer höhergelegenen Schaltebene und umgekehrt. Das untere Schema zeigt hier nochmals zum Vergleich das Ausgangsstadium eines elementaren Neuronennetzes (vgl. mit Abb. 28 a). b) Schema eines "Gitters" bei einem Säuger mit niedrig differenzierter cerebraler Organisation. Das "Gitter" der wechselseitigen Verbindungen zwischen allen Schaltebenen besitzt in seiner ganzen Ausdehnung einen gleichmäßigen Charakter. c) Schema eines "Gitters" bei einem Säuger mit höher differenzierter cerebraler Organisation. Innerhalb des "Gitters" sondern sich durch alle Schaltebenen hindurchgehende direkte Projektionen von bestimmten Punkten der empfangenden Oberfläche auf bestimmte Punkte der corticalen Oberfläche ab (hervorgehoben durch dickere Linien). d) Schema, das eine weitere Stufe der progressiven Entwicklung des "Gitters" der wechselseitigen Verbindungen darstellt. Absonderung des zentralen Feldes in den corticalen Zonen der Systeme der Analysatoren, in dem sich die direkten Projektionen "Punkt auf Punkt" konzentrieren, und der peripheren Felder, in denen sich vorwiegend indirekte, sich überkreuzende Verbindungen zwischen den Punkten der reizaufnehmenden und der corticalen Oberfläche sammeln. 1-Ebene der Rezeptoren; 2-Ebene der Umschaltung in tiefergelegenen (axialen) Abschnitten des ZNS (Ebene des entfernten Subcortex); 3-Umschaltebene im benachbarten Subcortex; 4-Schaltebene in der Hirnrinde.

und die räumlichen Beziehungen seiner Teile zusammen. Bei Verletzung dieses Gebietes werden Störungen der Körperhaltung, des Aufbaus gezielter Bewegungen und der Lage der verschiedenen Teile des Körpers im Raum beobachtet.

4.4. Allgemeines Schema der Wechselbeziehungen zwischen den verschiedenen Schaltebenen in den Analysatoren

Im Kap. 3,1 wurde ein Kreis von Fragen betrachtet, die die Probleme der Entstehung der Neuronennetze betrafen. Es wurden Vorstellungen darüber geäußert, daß das eigentliche Fundament der neuronalen Organisation das Prinzip der universellen Überkreuzung der wechselseitigen Verbindungen aller Elemente, die sich an der Übertragung und Umformung der nervalen Signalisationen beteiligen, ist (Abb. 28). Weiterhin erörterten wir, daß dasselbe allgemeine Konstruktionsprinzip des Gehirns auch die zentralen Schalteinrichtungen in den Analysatoren, deren Besonderheiten in den vorangehenden Abschnitten dieses Kapitels betrachtet wurden, erklären kann. Besonders die Idee des Aufbaus der Wechselverbindungen nach dem Typ eines "Gitters" ist nach unserer Auffassung ein Ausgangspunkt auf dem Wege zu einer rationellen Interpretation der komplizierten Gesetzmäßigkeiten, die die strukturelle Differenzierung der corticalen Enden der Systeme der Analysatoren und den Charakter ihrer Verbindungen untereinander und mit den subcorticalen Abschnitten (benachbarter und entfernter Subcortex) bestimmen.

Ausgehend von diesen Hypothesen ist es möglich, geometrische Schemata zu entwerfen (Abb. 53), die auf der einen Seite die genaue Projektion der Punkte der reizaufnehmenden Oberfläche auf die ihnen entsprechenden Punkte der höheren (corticalen) Enden der Systeme der Analysatoren und andererseits - indirekt - die Überkreuzung der Verbindungen dieses oder jenes reizaufnehmenden Punktes mit diesem oder jenem Punkt der cerebralen Enden der Systeme der Analysatoren wiedergeben.[1] Auf diese Weise werden notwendige Bedingungen für die Herstellung von Beziehungen zwischen den insgesamt möglichen Reizkombina-

1 Es fällt auf, daß eine erstaunliche Übereinstimmung zwischen unseren Schemata des universellen "Gitters" der wechselseitigen Verbindungen, das der Organisation des ganzen Systems der neuronalen Umschaltungen im Gehirn zugrunde liegt, mit dem Schema von MICHALEWITSCH und SCHORR über das Auffinden optimaler Varianten der Lösung von Aufgaben besteht. Um sich davon zu überzeugen, reicht es aus, unsere Abb. 53 mit den in Abb. 54 dargestellten Schemata von KONDRATOW (1961) zu vergleichen. Als ein anderes analoges Beispiel kann das Schema der Abb. 55 über das Prinzip der Tätigkeit des Perzeptrons von KRAISMER (1964) dienen.
Aus diesen Parallelen ist zu schlußfolgern, daß die wesentlichste Funktion, die durch die komplizierten Systeme der Analysatoren gewährleistet wird und einen adäquaten Ausdruck in deren Konstruktionen findet, auch charakterisiert ist durch eine "Suche". Sie läuft ab auf der Basis einer entsprechenden Organisation, die es gestattet, aus einer Anzahl von Möglichkeiten mit Hilfe der aufeinanderfolgenden, etappenweisen Analyse und Synthese der Signalisationen, die über das System der Umschaltungen im Analysator übertragen werden, die allerbeste Variante der Lösung einer biologischen Aufgabe herauszufinden.

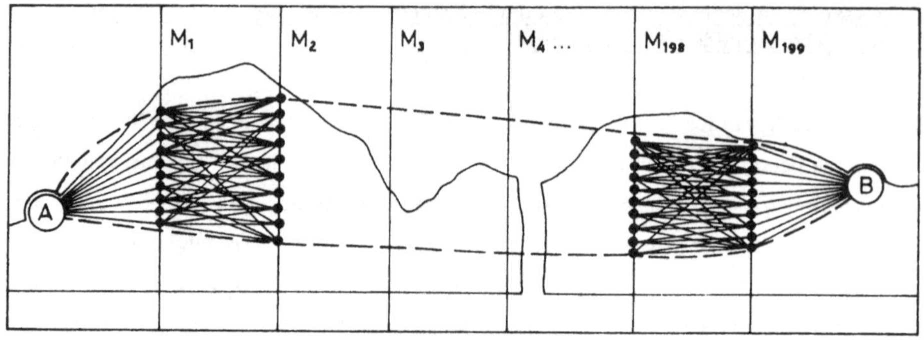

I

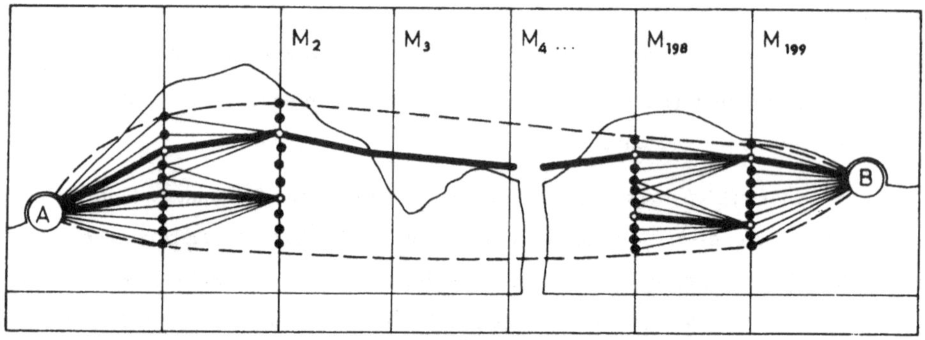

II

Abb. 54. I) Ausgangsschema, das die Suche nach der besten Variante einer Bahnstrecke zwischen den Punkten A und B demonstriert. Nach diesem Schema wächst die Zahl der möglichen Varianten von Teilnehmer zu Teilnehmer in einem geometrischen Verhältnis an und erreicht die astronomische Ziffer 10^{200}. II) Schema, das die Lösung dieser Aufgabe durch eine elektronische Rechenmaschine mit Hilfe der mathematischen Methode der stufenweisen Analyse zeigt. Unter den zahllosen potentiellen Möglichkeiten der Verbindungen zwischen den Teilnehmern wählt die Maschine die optimalen aus, wobei die Zahl der möglichen Verbindungen sich solange verringert, bis die einzelnen Zweige der Bahnen sich in einer einheitlichen optimalen Linie der zukünftigen Magistrale vereinigen.

tionen geschaffen. Das eben macht die Systeme der Analysatoren zu einem universellen Werkzeug für die adäquate Widerspiegelung (Modellierung) der Veränderungen der äußeren Umwelt und der allseitigen Berücksichtigung ihrer Signalbedeutungen für den Organismus. Zusammen damit können die auf Abb. 53 dargestellten Schemata der Wechselverbindungen das Verständnis der funktionellen Plastizität des Gehirns und des gegenseitigen Ersatzes seiner einzelnen Teile fördern. Diese Eigenschaften des Gehirns finden ihren klaren Ausdruck in den Erscheinungen der Kompensation und der teilweisen Wiederherstellung gestörter Funktionen nach herdförmigen Verletzungen des Gehirns. Es ist anzunehmen, daß diese Schemata auch für die Aufdeckung der Probleme der Zuverlässigkeit eines so komplizierten Systems, wie es das Gehirn ist, von Interesse sind.

Wir betrachten die progressive Differenzierung der Systeme der Analysatoren während der Evolution der Säugetiere als Prozeß der stufenweisen Absonderung aus anfangs relativ gleichmäßigen "Gittern" der wechselseitigen Verbindungen zwischen den Hirnebenen (Abb. 53 b) der verschiedenen Formen der Schaltorganisation, die die reizempfangenden und die corticalen Oberflächen der Systeme der Analysatoren miteinander vereinigen (Abb. 53 c, d). Auf der einen Seite geht im Zentralteil des ganzen Systems des Analysators eine immer mächtigere Entwicklung und Konzentration der Umschaltungen und Bahnen, mit deren Hilfe die direkten Projektionen ("Punkt auf Punkt") der reizaufnehmenden Peripherie auf das zentrale Feld der Rindenzone des Analysators hergestellt werden, vor sich. Auf der anderen Seite, parallel zu diesen Prozessen und wechselseitig mit ihnen verbunden, werden Ansammlungen von Umschaltneuronen und Leitungsbahnen abgesondert, die sich immer stärker für die Herstellung indirekter, sich überkreuzender Verbindungen zwischen den Punkten der sensiblen Oberfläche und den Punkten der peripheren Felder der corticalen Zone des Analysators spezialisieren.

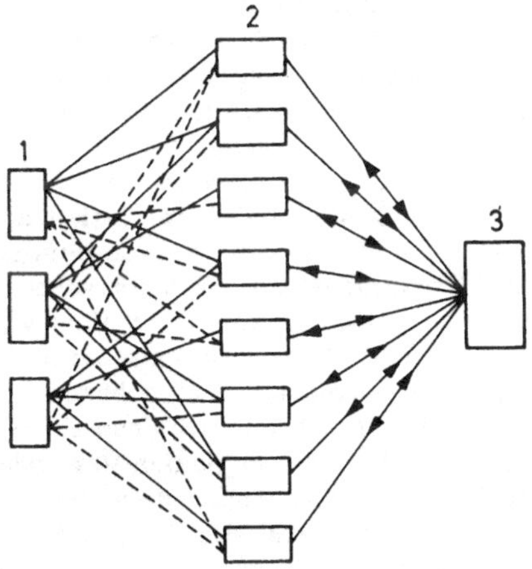

Abb. 55. Schema zur Erklärung des Prinzips der Tätigkeit des Perzeptrons. 1-drei rezeptorische Zellen; 2-acht assoziierende Zellen; 3-eine effektorische Zelle (KRAISMER, 1964).

Solche Vorstellungen über die Konstruktion des Gehirns stimmen überein mit Resultaten, die bei experimenteller Reizung oder Exstirpation sowohl der zentralen als auch der peripheren Felder der corticalen Zonen der Analysatoren erhalten wurden. Insbesondere kann auf diese Weise eine detaillierte, nach dem Prinzip der geometrischen Entsprechung "Punkt auf Punkt" organisierte Lokalisation der Projektionen einzelner Rezeptorengruppen auf die Zentralfelder bei Vorhandensein eines komplexen, gruppierten Partners der Elemente der sensiblen Oberfläche in den peripheren Feldern der corticalen Zonen erklärt werden.

Die Schemata der Abb. 53 beinhalten auch die Möglichkeit, einen der wesentlichsten Unterschiede zwischen der Konstruktion der corticalen Abschnitte der Systeme der Analysatoren und des analysatorisch-koordinierenden Mechanismus zu erkennen. Bei höheren Wirbeltieren ist das Kleinhirn eine hochentwickelte Abteilung des analysatorisch-koordinierenden Mechanismus. Die Rinde des Kleinhirns, die nach ihren Besonderheiten der neuronalen Organisation als Prototyp der Großhirnrinde betrachtet werden kann, unterscheidet sich von der letzteren in ihrer ganzen Ausdehnung durch einen gleichförmigen, homogenen, "monotonen" Aufbau. Im Kleinhirn erreicht der Aufbau nach dem Rindentyp noch nicht eine Stufe der morphologischen und physiologischen Differenzierung. Das wird nur möglich bei Absonderung der nach Struktur und Funktion unterschiedlich spezialisierten architektoni-

Abb. 56. Schema der topografischen Wechselbeziehungen zwischen Neuronenkomplexen im ZNS, die Assoziations- (intercorticale), Projektions- (cortico-subcorticale) und intracorticale Verbindungen gewährleisten. Die Neurone, die jeweils ein solches Verbindungssystem bilden, sind schwarz hervorgehoben im Gegensatz zu den Neuronen der übrigen Systeme, die punktiert dargestellt sind. 1-Rezeptor; 2-Effektor; 3-peripheres sensibles Neuron; 4-effektorisches (motorisches) Neuron; 5 + 6-Schaltneurone in den axialen Teilen des ZNS (Rückenmark und Stammhirnteile); 7-10 Schaltneurone in den supraaxialen subcorticalen Formationen (Kerne des Thalamus, Corpora geniculata, subcorticale Kerne der großen Hemisphären); 11, 14-in die Rinde eintretende afferente Projektionsfasern aus den subcorticalen Umschaltstationen; 13-Projektionsneuron der Rinde (Pyramidenschicht V), das den Anfang der cortico-motorischen Bahn bildet; 16-Assoziationsneuron der Rinde (Pyramidenunterschicht III_3); 18-Assoziationsneuron auf einer höheren Rindenebene (Pyramidenunterschichten III_2 und III_1); 19-in die Rinde eintretende afferente Assoziationsfaser; 12, 15, 17-Sternzellen, die die innercorticalen Verbindungen gewährleisten. I = Zentralfeld der corticalen Zone eines Analysators; System der Projektionsverbindungen der Rinde = 1-3-5-7-11-12-13-4-2; II = peripheres Feld der corticalen Zone eines Analysators; System der Projektions-Assoziations-Verbindungen der Rinde = 1-3-5-7-8-14-15-16-19; III = Feld der Überlappungszonen der Analysatoren; hervorgehoben ist das System der eigentlichen Assoziationsverbindungen der Rinde (19-17-18); ersichtlich ist die aufeinanderfolgende Verstärkung der neuronalen Schaltketten beim Übergang von den zentralen zu den peripheren Feldern und von ihnen zu den Überlappungszonen (POLJAKOW 1961).

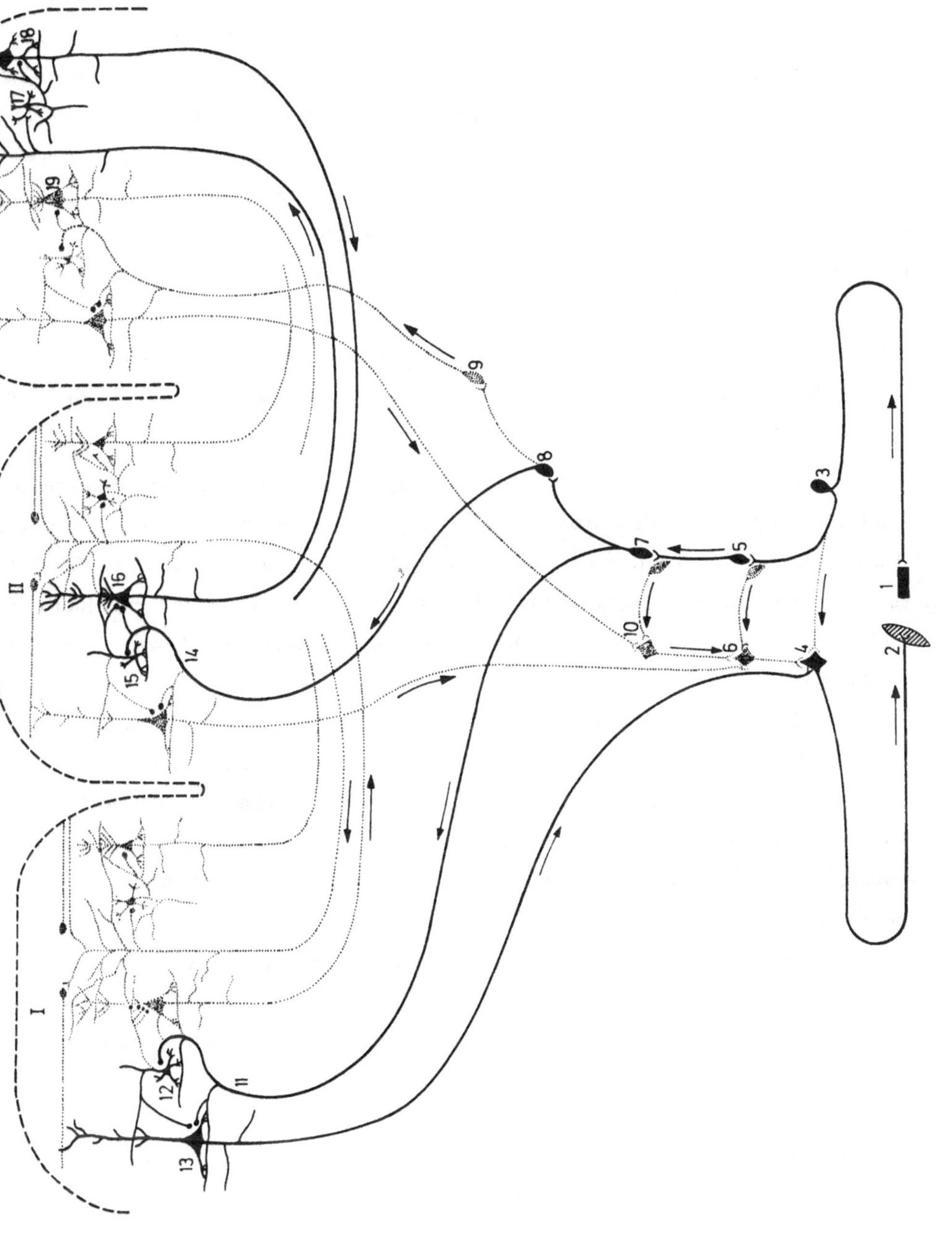

I
II
III
1
2
3
4
5
6
7
8
9
10
11
12
13
14
15
16
17
18
19

schen Regionen und Felder. Diese Grundzüge der Konstruktion sind dadurch bedingt, daß die Kleinhirnrinde im Unterschied zur Großhirnrinde wie nach einem Plan arbeitet, d.h. in ihrer ganzen Ausdehnung eine übereinstimmende Funktion der Analyse und Synthese eines allgemeinen Reizkomplexes verwirklicht. Entsprechend wird auch die Formierung des ganzen Systems der Umschaltungen, das mit der auf die Kleinhirnrinde projizierten sensiblen Oberfläche des Organismus zusammenhängt, schon in Stadien abgeschlossen, in denen das "Gitter" der Verbindungen zwischen den verschiedenen Schaltebenen noch einen relativ niedrig differenzierten und gleichmäßigen Charakter besitzt (Abb. 53 b). Nur mit der Entwicklung der Systeme der Analysatoren erreicht die Organisation der wechselseitigen Verbindungen zwischen allen Umschaltebenen den höchsten Differenzierungsgrad (Abb. 53 c, d). Die weitere Komplizierung der Konstruktion der Systeme der Analysatoren im Vergleich zum analysatorisch-koordinierenden Mechanismus wurde durch folgende Umstände bedingt: Während der progressiven Evolution der Säugetiere wird die funktionelle Wechselwirkung zwischen den Analysatoren immer verschiedenartiger. Im Ergebnis dieser Wechselwirkungen verbinden sie sich immer enger sowohl mit ihren subcorticalen als auch besonders mit ihren corticalen Abteilungen.

Die Entwicklung und Komplizierung des ganzen Systems der sich einander begegnenden Projektionsverbindungen zwischen den Sinnesorganen und den subcorticalen und corticalen Abschnitten der Systeme der Analysatoren ist verknüpft mit einer entsprechenden Entwicklung und Komplizierung zweiseitiger Verbindungen zwischen den einzelnen Feldern innerhalb der corticalen Zonen einzelner Analysatoren und zwischen den Rindenzonen aller Analysatoren.

In den am höchsten differenzierten corticalen Formationen, die nach der Klassifikation von FILIMONOFF zum vollentwickelten Neocortex gehören, kommt zu den Systemen der Projektions- (cortico-subcorticale) und der intracorticalen (über die Neurone mit kurzem Axon) Verbindungen noch das System der Assoziationsverbindungen (intercorticale oder cortico-corticale) hinzu. Die letzteren sind besonders kräftig bei den höheren Säugetieren, bei den Primaten und unter den Primaten beim Menschen (Abb. 56, s. auch Abb. 59) entwickelt. Dabei übersteigt die allgemeine Zahl der von der Rinde wegziehenden Projektions- und Assoziationsfasern offensichtlich mehr oder weniger bedeutend die Anzahl der zur Rinde hinziehenden Fasern. So entfallen nach den Ergebnissen von SHOLL (1956) in der Sehrinde der Katze auf 1 mm^3 etwa 100 000 Axone, von denen 3/4 efferent und nur 1/4 afferent sind.

Über das System der Assoziationsverbindungen können verschiedene Punkte der Rinde intensiv aufeinander einwirken und zwischen sich Erregungen austauschen. So wurde in den

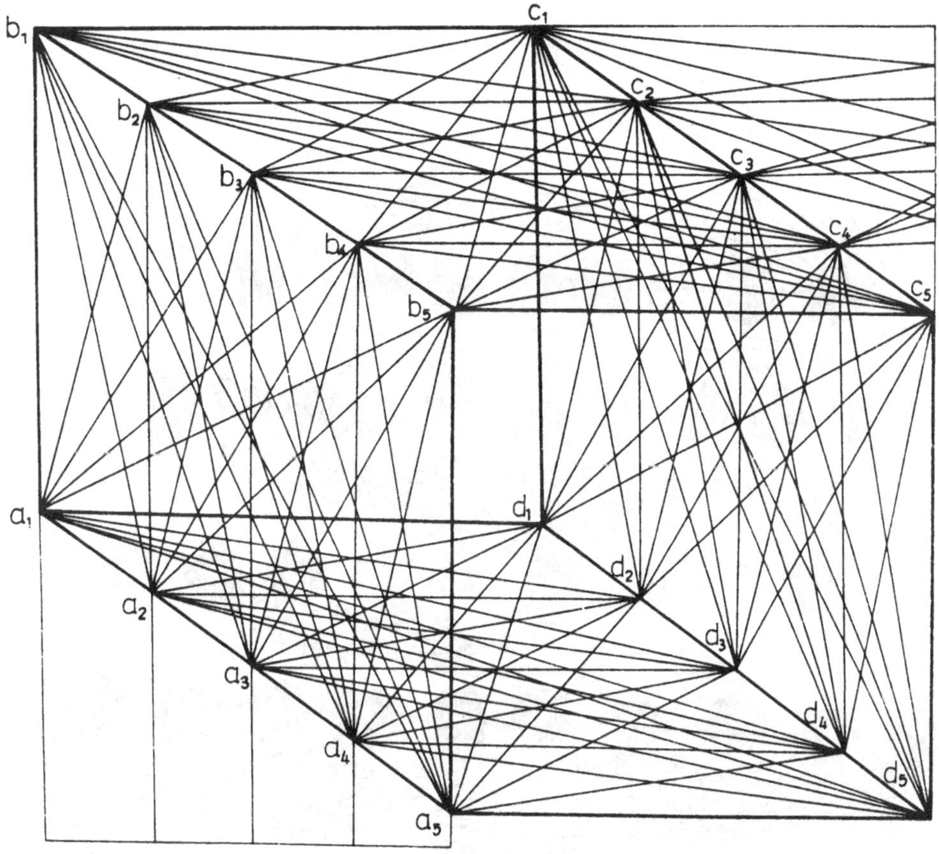

Abb. 57. Universelles Schema eines "Gitters" der wechselseitigen Verbindungen, durch das sowohl die funktionelle Vereinigung (über die Projektionsverbindungen) der Umschaltpunkte des Subcortex ($a_1 - a_5$) mit den entsprechenden Rindenpunkten ($b_1 - b_5$) als auch die funktionelle Vereinigung (über die Assoziationsfasern) verschiedener Neuronengruppen der Rinde gewährleistet wird (sich überkreuzendes "Gitter" der Verbindungen zwischen $b_1 - b_5$ und $c_1 - c_5$). Zu beachten ist, daß die corticalen Punkte $c_1 - c_5$ Verbindungen nicht nur mit den subcorticalen Punkten $a_1 - a_5$ durch Umschaltung in $b_1 - b_5$, sondern auch durch zusätzliche Umschaltungen im Subcortex in $d_1 - d_5$ (sogen. Assoziationskerne des Thalamus) vermitteln können. Auf dem Schema ist die Konstruktion der Umschaltung im Cortex und im Subcortex als ein Ganzes dargestellt.

Systemen des Haut- und kinästhetischen, aber auch des optischen und akustischen Analysators mit Hilfe der Methode der Neuronografie die Möglichkeit der Übertragung von Erregungen aus den zentralen Feldern der corticalen Zonen in die peripheren Felder über

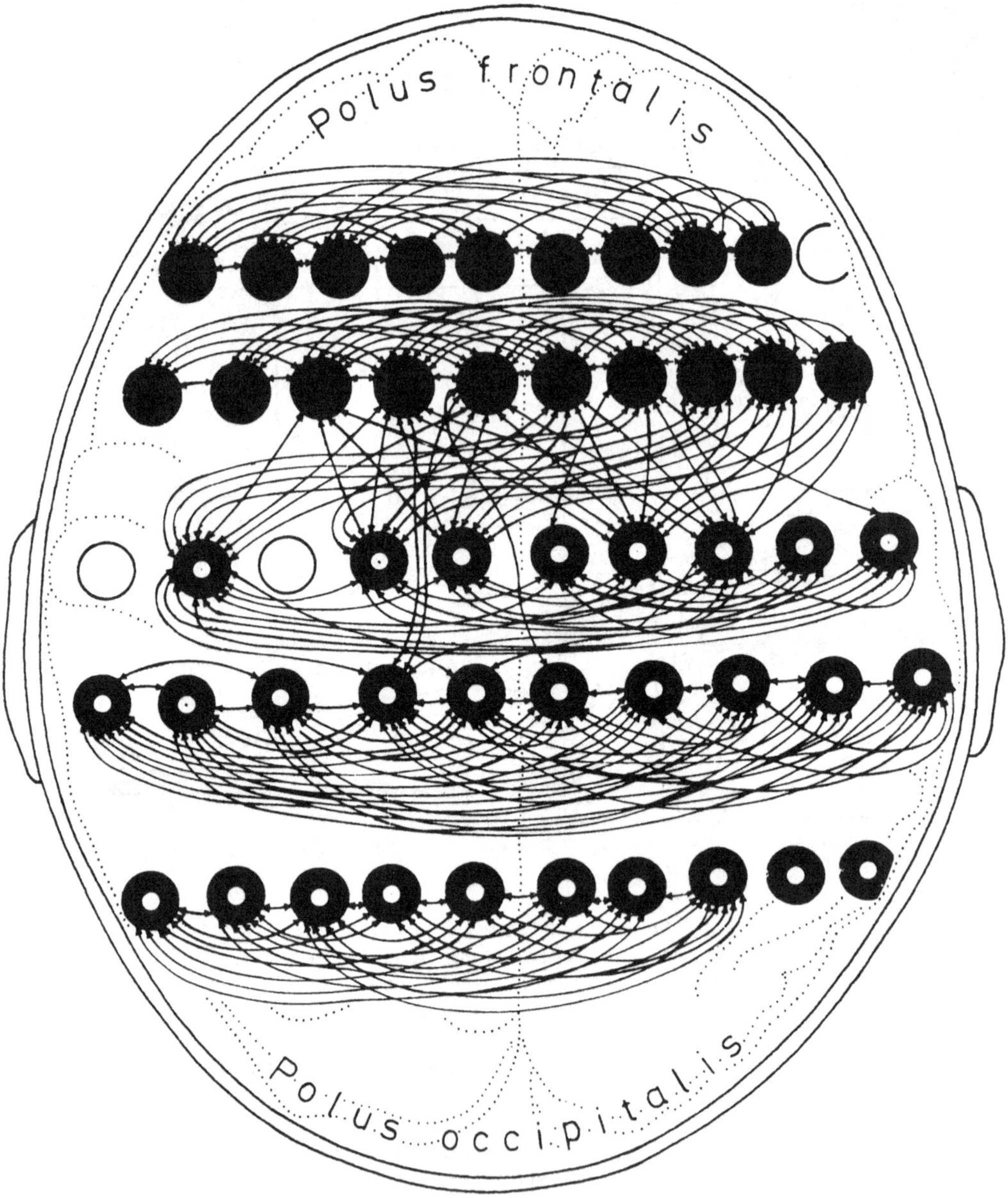

Abb. 58. Zeitweilige Korrelation der Hirnrindenpunkte des Menschen während der Denkarbeit (Lösung einer logischen Aufgabe, nach LIWANOW (1962).

Assoziationsverbindungen gezeigt. Mit derselben Methode konnten auch Assoziationsverbindungen zwischen verschiedenen Feldern der Seh- und Hörrinde nachgewiesen werden. Mit der Herausbildung des Systems der Assoziationsverbindungen werden anatomisch-physiologische Bedingungen geschaffen, die die kompliziertesten funktionellen Wechselwirkungen sowohl innerhalb des corticalen Endes ein und desselben Analysators als auch zwischen den corticalen Enden verschiedener Analysatoren ermöglichen.

Es ist anzunehmen, daß den Assoziations- wie auch den Projektionsverbindungen das für das ganze Zentralnervensystem universelle Prinzip der gegenseitigen Überkreuzung der Bahnen nach dem Typ eines "Gitters" zugrunde liegt (Abb. 57). Als experimentell-physiologische Bekräftigung eines solchen Schemas der strukturellen Organisation der Assoziationsverbindungen der Hirnrinde des Menschen betrachten wir die Resultate der elektrophysiologischen Untersuchungen von LIWANOW (1962), die das Problem der Korrelationsanalyse der Biopotentiale des Gehirns bei mehrkanaliger Ableitung gleichzeitig von vielen Rindenpunkten betreffen. Wie aus dem Schema der Abbildung 58 zu ersehen ist, bauen sich die funktionellen Verbindungen zwischen den korrelierenden Abschnitten der Rinde nach dem Prinzip der gegenseitigen Überkreuzung, d.h. nach dem Typ eines "Gitters" auf.

Der Einteilung der Rinde in architektonische Schichten und Unterschichten liegt die räumliche Abgrenzung von Neuronenkomplexen und Zonen synaptischer Verbindungen innerhalb der grauen Substanz der Rinde zugrunde, die für die Schließung cortico-subcorticaler, intercorticaler und intracorticaler Verbindungen (Abb. 56) geeignet sind. Die während der Evolution vor sich gehende Komplizierung der topografischen Beziehungen zwischen den Neuronenkomplexen, die Beziehungen zu den verschiedenen Systemen der Verbindungen innerhalb der Rinde und zwischen der Rinde und dem Subcortex haben, hat auch die progressive Differenzierung der Rinde in verschiedene zytoarchitektonische Regionen, Unterregionen, Felder und Unterfelder (Abb. 50, 51) zur Folge.

Die vergleichende Analyse unseres Materials über die Komplizierung des ZNS während der Phylo- und Ontogenese führt zu einer allgemeinen Schlußfolgerung über das Vorhandensein bestimmter Übereinstimmungen in der Entwicklung aller Systeme der Verbindungen, die die verschiedenen Abschnitte der Rinde untereinander und mit den subcorticalen Formationen vereinen.

Einer der allgemeinsten Züge dieser Gesetzmäßigkeit kann formuliert werden als stufenweise Verlängerung der neuronalen Umschaltketten in den Systemen sowohl der Projektions- als auch der Assoziationsverbindungen der Rinde beim Übergang von den zentralen zu den peripheren Feldern der corticalen Zonen und von ihnen zu den Überlappungszonen der Analysatoren (Abb. 59, s. auch Abb. 56). Dabei geht eine Absonderung zusätzlicher neuro-

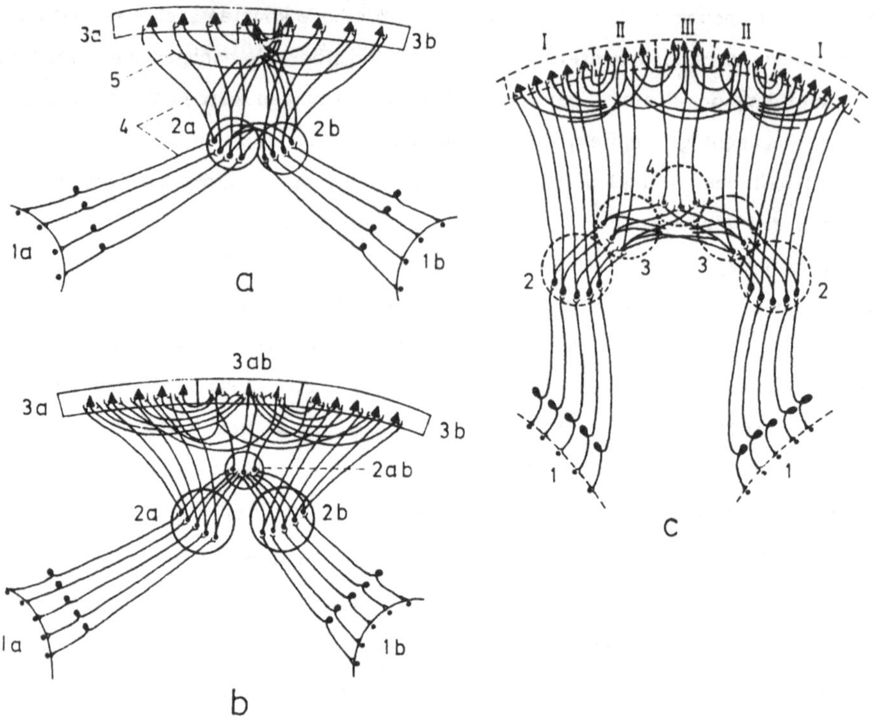

Abb. 59. Schemata, die die stufenweise Komplizierung der neuronalen Umschaltung und der Verbindungen in den Systemen der Analysatoren entsprechend der progressiven strukturellen Differenzierung ihrer corticalen und subcorticalen Umschaltinstanzen im Ergebnis der komplizierter werdenden funktionellen Wechselwirkungen zwischen den Analysatoren zeigen. a) 1a, 1b-periphere reizaufnehmende Oberfläche der Analysatoren; 2a, 2b-Hauptumschaltkerne im benachbarten Subcortex (sogen. Relaiskerne des Thalamus), die sich in die corticalen Zonen (3a, 3b) der Systeme der Analysatoren projizieren. Es wird der Beginn der Herausbildung zusätzlicher Projektions- (4) und Assoziationsverbindungen (5) an den Berührungspunkten und die Wechselwirkung zwischen corticalen und subcorticalen Abschnitten beider Analysatoren gezeigt. b) Bezeichnung wie in a. Gezeigt wird die Absonderung der zusätzlichen Umschaltstationen der Impulse in den subcorticalen Abschnitten (sogen. Assoziationskerne des Thalamus, 2 ab) und in der Rinde (Überlappungszonen der corticalen Enden beider Analysatoren, 3 ab). Es ist zu sehen, daß sich die Hauptumschaltkerne (Relais) in den subcorticalen Abschnitten (2a, 2b) in die corticalen Zonen projizieren, während sich die zusätzlichen Umschaltkerne (2 ab) in die Überlappungszonen (3 ab) projizieren. c) Dargestellt ist die weitere Verstärkung der neuronalen Schaltketten in den corticalen und subcorticalen Abschnitten beider Analysatoren entsprechend der komplizierter werdenden Projektions- und Assoziationsverbindungen. 1-periphere reizaufnehmende Oberfläche; 2, 3, 4-Kerne der aufeinanderfolgenden Umschaltung in den subcorticalen Gebieten (Kerne des Thalamus und Corpora geniculata). I = zentrale Felder; II = periphere Felder; III = Überlappungszone. Die hauptsächlichen subcorticalen Umschaltkerne (Relais, 2) projizieren sich in die zentralen Felder, während sich die zusätzlichen subcorticalen Umschaltkerne (3, 4) in die peripheren Felder und in die Überlappungszonen projizieren (POLJAKOW, 1959 - 1961).

naler Umschaltungen sowohl in den corticalen als auch in den subcorticalen Abteilungen der Analysatoren vor sich.

In der Hirnrinde zeigen sich solche zusätzlichen Gruppen von Schaltneuronen vorwiegend in den peripheren Feldern der corticalen Zonen und außerdem in den Überlappungszonen (Abb. 59 c, II, III). Die letzteren können als Zonen der Vermischung und engen funktionellen Wechselwirkung der Elemente der verschiedenen analysatorischen Funktionen betrachtet werden. In den subcorticalen Abschnitten findet dieser Prozeß seinen anatomischen Ausdruck in der Bildung der sogen. Assoziationskerne des Thalamus, in denen sich die Impulse von verschiedenen Analysatoren sammeln (Abb. 59 c -3, 4). In bestimmten Abteilungen des Thalamus existieren Neuronengruppen, die eine Rolle als Assoziations-Kollektoren der allgemeinen Sensibilität des Körpers (somatische Rezeptionen) spielen. Ein sehr wichtiger Assoziationskomplex des Thalamus ist das Pulvinar thalami als Ort der Konvergenz optischer und akustischer Rezeptionen. Alle diese Formationen des Thalamus vereinigen zahlreiche zweiseitige Verbindungen (zentripetale und zentrifugale) mit den Überlappungszonen der corticalen Enden der Analysatoren (obere und untere parietale Region, temporo-parieto-occipitale Subregion).

Daraus ist zu schlußfolgern, daß an Orten der Berührungspunkte und des Vordringens qualitativ verschiedener Impulsströme die neuronale Organisation einer maximalen Umwandlung ausgesetzt ist. Die sich im Resultat dieses Prozesses absondernden Überlappungszonen in den corticalen und in den mit ihnen zusammenhängenden subcorticalen Abteilungen der Systeme der Analysatoren sind wichtigste Bestandteile der cerebralen Mechanismen, mit deren Hilfe die Reaktionen auf komplizierteste Reizkombinationen und der Beziehung zwischen ihnen realisiert werden.

Die oben beschriebene Konstruktion der Wechselbeziehungen in den höheren cerebralen Enden der Systeme der Analysatoren ist die materielle Grundlage der verschiedenen Stufen des Überganges von der konkreten Sinneswahrnehmung und Einprägung zu abstrakt logischen Formen der Erkenntnis der Wirklichkeit und der Operation mit Beziehungen zwischen den geistigen Modellen.

5. ZUSAMMENFASSUNG

Während der Evolution der tierischen Welt vervollkommnet sich die Konstruktion des Gehirns als Organ der reflektorischen Tätigkeit im wesentlichen durch die Zunahme der Zahl aufeinanderfolgender und sich aufeinander aufbauender Ebenen der Umschaltung nervaler Signalisationen. Im Zusammenhang mit der Erweiterung der Anpassungsmöglichkeiten des Organismus erfolgt in dem anfangs schwach differenzierten Zentralnervensystem eine Absonderung immer komplizierter organisierter morpho-physiologischer Mechanismen, mit deren Hilfe die immer stärker verzweigten Ketten der inneren und äußeren Reaktionen, die auf die Befriedigung lebenswichtiger Bedürfnisse des Organismus ausgerichtet sind, verwirklicht werden. Entsprechend unserer Konzeption gehören zu solchen Mechanismen: der koordinierende, der analysatorisch-koordinierende Mechanismus und die Systeme der Analysatoren.

Die progressive Entwicklung der reflektorischen Tätigkeit wird durch für sich selbst organisierende biologische Systeme des tierischen (dynamischen) Typs spezifische Lebensbedingungen induziert. Sie beginnt mit der Fähigkeit des Organismus, koordinierte, d.h. in Raum und Zeit geregelte und Anpassungscharakter tragende Antworten auf Reize zu geben. Der koordinierende Mechanismus sondert sich in der Phylogenese sowohl bei Wirbellosen als auch bei Wirbeltieren am frühesten ab. Wir betrachten ihn als morphophysiologische Basis aller lebenswichtigen Autoregulationen, die innerhalb des Organismus ablaufen und sich in dessen Reaktionen auf äußere Reize im Prozeß der ständigen Anpassung an die Veränderungen der Umwelt äußern.

Die Analysatoren formieren sich nach unseren Vorstellungen während der Evolution der tierischen Welt als cerebrale Mechanismen, die zusätzlich zum koordinierenden Mechanismus über viele "Ein- und Ausgänge" zur Peripherie des Körpers verfügen. Die grundlegende biologische Aufgabe der genannten zentralen nervalen Formationen ist die Gewährleistung der afferenten Synthesen innerhalb der rezeptorischen Sphäre des Organismus. Dadurch werden im Vergleich zum koordinierenden Mechanismus notwendige anatomisch-physiologische Voraussetzungen für die Realisierung qualitativ höherer Formen der Verarbeitung aller in das ZNS eintretender Signalisationen geschaffen. Auf dieser Grundlage werden Programme für Antwortreaktionen erarbeitet, die eine bewegliche Anpassung an die schnell und verschiedenartig wechselnden Signalkombinationen der Reize garantieren. Das niedere Stadium der Entwicklung der Analysatoren, das anatomisch durch den analysatorisch-koordinierenden Mechanismus dargestellt wird, kann als Einrichtung charakterisiert werden, mit deren Hilfe eine funktionelle Vereinigung verschiedener auto-regulierender Anpassungen des ganzen Organismus erreicht wird. Eine solche Form der zentralen nervalen Integration, die den ganzen Komplex der vorwiegend zum animalen Leben des Organismus gehörenden Auto-Regulationen umfaßt, bezeichnen wir als Funktion der Auto-Kontrolle.

Das höchste Stadium der Entwicklung der Analysatoren wird durch die am kompliziertesten organisierten neuronalen Schaltketten, d.h. durch die Systeme der Analysatoren im eigentlichen Sinne, dargestellt. Die höheren (supraaxialen) Abteilungen der Systeme der Analysatoren werden bei den Wirbeltieren durch das Endhirn gebildet. Sie haben Beziehungen zu kompliziertest integrierten, sowohl angeborenen, als auch im Laufe des individuellen Lebens erworbenen Erscheinungen der reflektorischen Tätigkeit, aus der sich das Verhalten des Organismus als Ganzes aufbaut. Die in den phylogenetisch älteren corticalen und subcorticalen Formationen festgelegten Ketten angeborener (instinktiver) Reaktionen, die durch die Gesamtheit der biologischen Bedürfnisse des Organismus bedingt sind, vereinigen wir in dem Begriff der Auto-Steuerung. Die phylogenetisch neueren, corticalen und subcorticalen Formationen, mit denen die Prozesse der Sammlung individueller Erfahrungen, der Reprodutkion kompliziertester cerebraler Modelle der Umwelt und die Erarbeitung entsprechender Programme des Verhaltens zusammenhängen, betrachten wir als morphophysiologische Grundlage der Funktion der Steuerung im eigentlichen Sinne.

Die im Verlauf des axialen Teiles des ZNS liegenden Schaltstationen, die zu den Systemen der Analysatoren gehören, befinden sich unter dem ständigen Einfluß einander entgegengesetzt verlaufender (zentripetaler und zentrifugaler) Impulsströme und haben zahlreiche Kollateralverbindungen zu Neuronengruppen des koordinierenden und des analysatorisch-koordinierenden Mechanismus. Auf der Grundlage einer solchen Konstruktion werden nach unserer Auffassung die Funktionen der Regulation und Kontrolle ermöglicht, die entsprechend unserer Konzeption eine wichtige Hilfsbedeutung für die Funktionen der Auto-Steuerung und Steuerung haben.

Unter evolutionärem Aspekt betrachten wir die Entstehung und Entwicklung der Analysatoren als weitere Komplizierung und qualitative Umwandlung der Grundeigenschaften der neuronalen Organisation, die in elementarer Form schon dem koordinierenden Mechanismus eigen sind. Die Analysatoren bauen sich aus denselben Haupttypen der Neurone - efferente und intermediäre Umschaltneurone (Interneurone) auf wie auch der koordinierende Mechanismus. Die Komplizierung des allgemeinen Schemas der neuronalen Umschaltungen in den Analysatoren im Vergleich zum koordinierenden Mechanismus kann als Verstärkung paralleler und aufeinanderfolgend gekoppelter elementarer Einheiten des koordinierenden

Mechanismus betrachtet werden. Jedes dieser elementaren Fragmente des Neuronennetzes wird durch eine bestimmte Kombination von Wechselverbindungen zwischen afferenten Fasern, efferenten und Interneuronen gebildet.

In den Analysatoren werden die Interneurone neben den für den koordinierenden Mechanismus typischen reticulären Neuronen in der Hauptsache durch die feinen und komplizierter differenzierten Neurone mit kurzem Axon dargestellt. Sie sind besonders gut entwickelt in den höheren cerebralen Enden der Systeme der Analysatoren. Unter aktiver Teilnahme dieser Neurone wird die Koordination der Wechselwirkungen zwischen einzelnen Gruppen efferenter Neurone und den Umschaltketten, über die die für jedes Analysatorensystem spezifischen Signalisationen übertragen und verarbeitet werden, hergestellt. Die Neurone mit kurzem Axon spielen neben den rückläufigen Kollateralen der Axone der efferenten Neurone ebenfalls eine sehr wesentliche Rolle bei der Schließung der Kreise zirkulierender Impulse in bestimmten Neuronenkonstellationen, die sowohl in ein und derselben als auch in verschiedenen Ebenen des Zentralnervensystems lokalisiert sind. Durch eine entsprechende Organisation der Wechselverbindungen zwischen den afferenten Fasern und den efferenten und Interneuronen werden optimale Bedingungen für die feine Unterscheidung und adäquate Widerspiegelung einzelner Reizsignale und ihrer Komplexe in räumlich-zeitlicher Beziehung geschaffen. Eine solche Konstruktion besitzt auch wesentliche Bedeutung für die Aufrechterhaltung der Erregungsspuren von Reizen, die früher einwirkten, und ihrer Verbindung mit den laufenden Reaktionen. In der Hirnrinde sind besonders zahlreich nach Form und Besonderheiten der dendritischen und axonalen Verzweigungen verschiedenartig differenzierte Neurone mit kurzem Axon (Sternzellen) vorhanden. Das begründet unsere Vorstellungen über ihre wichtige Rolle in den Prozessen der corticalen Analyse und Synthese äußerer und innerer Signalisationen.

In den Formationen des vollentwickelten Neocortex, der bei den Säugetieren die höheren cerebralen Enden der Systeme der Analysatoren bildet, erreicht die Organisation verschiedener Formen der interneuronalen Verbindungen ihre höchste Komplizierung im Vergleich zu tiefer liegenden Ebenen des ZNS. Neben den Endkontakten der axonalen Verzweigungen an den Körpern und Anfangsteilen der Dendriten der Nervenzellen, die vorwiegend für eine direkte Beeinflussung eines Neurons auf andere bestimmt sind, wurden von uns in diesen cerebralen Formationen zahlreiche Tangentialkontakte beobachtet. Sie bestehen zwischen den Axonverzweigungen und den Appendices ("Dornen") der Dendriten der efferenten Neurone (Pyramiden- und spindelförmige Zellen). Mit Hilfe der Tangentialkontakte werden unserer Meinung nach indirekte Einflüsse, die von vielen anderen Neuronen kommen, auf den funktionellen Zustand des betreffenden Neurons ausgeübt. Die besonders gute Entwicklung dieser Kontakte in der Hirnrinde ist nach unserer Ansicht ein morphologischer Hinweis für die hohe funktionelle Plastizität der corticalen Neurone.

Die Sternzellen mit kurzem Axon (ebenso wie die reticulären Neurone) sind im Unterschied zu den efferenten Neuronen mit langem Axon nach ihren Besonderheiten der Feinstruktur und ihrer Verbindungen hauptsächlich für die Herstellung von Endkontakten mit anderen Neuronen spezialisiert. Diese morphologischen Fakten stimmen überein mit unseren modernen Vorstellungen über die Rolle der Interneurone in feinsten Prozessen der Differenzierung und Integration der Erregungen, die in die Hirnrinde eintreten und in ihrer grauen Substanz zirkulieren.

Die von uns erarbeitete Hypothese über die Entstehung natürlicher Neuronennetze gestattet es, eine einheitliche Vorstellung über den Charakter der progressiven Komplizierung der neuronalen Organisation in der Evolution der tierischen Welt zu entwickeln. Die Basis unserer Konzeption bildet ein Schema, in dem nach dem Prinzip eines "Gitters" sich die Verbindungen zwischen den Neuronen verschiedener Schaltebenen gegenseitig überkreuzen. Nach diesem Prinzip sind die Analysatoren von ihren peripheren bis zu ihren höheren corticalen Enden aufgebaut. Diese Konstruktion gestattet im Prinzip die Verbindung eines beliebigen reizaufnehmenden Punktes eines Analysators aus der Körperperipherie mit einem beliebigen Punkt der corticalen Zone des Analysators über eine Reihe intermediärer Umschaltungen im entfernten und benachbarten Subcortex.

Ausgehend von dieser Konzeption kann die Komplizierung der Konstruktion der Systeme der Analysatoren während der fortschreitenden Evolution als stufenweise Absonderung von wechselseitigen Verbindungen der neuronalen Schaltketten aus einem anfangs gleichförmigen "diffusen" Gitter dargestellt werden, die dann immer feiner spezialisiert für die Übertragung von Impulsströmen unterschiedlicher Qualität sind. Dabei sondert sich im Kernteil des Systems des Analysators eine Leitmagistrale ab, die die kürzeste, direkteste und mit einer relativ geringen Zahl intermediärer Umschaltungen versehene Projektion von der Peripherie auf das Zentralfeld der corticalen Zone des Analysators in den großen Hemisphären ermöglicht. Mit Hilfe solcher Projektionen, die nach dem somatotopischen Prinzip organisiert sind, werden die am stärksten konzentrierten Ströme "spezifischer" Signalisationen mit entsprechender Modalität übertragen. Damit wird eine hohe Fähigkeit der Systeme der Analysatoren für die feine Unterscheidung (Diskrimination) einzelner Eigenschaften der Signale der Reize garantiert.

Im Prozeß der Komplizierung der analytisch-synthetischen Tätigkeit in den Systemen der Analysatoren sondern sich neben relativ kurzen und direkten Bahnen der Umschaltungen der Impulse längere Neuronenketten mit einer größeren Anzahl intermediärer Umschaltungen ab, die die Elemente der reizaufnehmenden Oberfläche mit den peripheren Feldern der corticalen Zonen der Analysatoren vereinigen. Dieser Teil der Konstruktion der Systeme der Analysatoren gestattet es, kompliziertere vermittelnde Wechselwirkungen zwischen den Rezeptorengruppen und entsprechenden Komplexen corticaler Neurone herzustellen. Signale, die von einem Punkt der sensiblen Oberfläche ausgesandt werden, können so verschiedene corticale Punkte erreichen und zu einem Rindenpunkt können Signale aus verschiedenen reizaufnehmenden Punkten konvergieren. Durch eine solche Organisation der Wechselverbindungen werden die anatomisch-physiologischen Voraussetzungen geschaffen für die verschiedenartigsten Formen der Integration der feindifferenzierten Signale der Reize.

Der anatomische Ausdruck der immer komplizierter werdenden funktionellen Beziehungen zwischen den Systemen der Analysatoren in der Reihe der Säugetiere ist neben der weiteren strukturellen Differenzierung der corticalen Zonen der Analysatoren in zentrale und periphere Felder die Entstehung von Überlappungszonen der corticalen Enden der Analysatoren.

Im Unterschied zu den corticalen Zonen, die charakterisiert werden können als Regionen der Konzentration der für den betreffenden Analysator spezifischen Elemente bestimmter Modalität, werden in den Überlappungszonen Elemente verschiedener Analysatoren, die dicht nebeneinander liegen, versammelt. Diese "interanalysatorischen" Zonen, die durch Felder der oberen und unteren Parietalregion, der temporo-parieto-occipitalen Subregion und der frontalen Region dargestellt werden, erreichen ihren höchsten Entwicklungsgrad bei den Primaten und unter den Primaten beim Menschen. Die genannten corticalen Formationen haben Beziehungen zu verallgemeinernden Formen der analytisch-synthetischen Tätigkeit, die sich auf der Grundlage der komplexen Wechselwirkungen der Elemente verschiedener analysatorischer Funktionen aufbaut. In der strukturellen Organisation des Gehirns finden diese komplizierten Prozesse bei den Primaten ihren Ausdruck in einer bedeutenden Entwicklung der Assoziationsverbindungen der Rinde, die die corticalen Zonen verschiedener Analysatoren untereinander und mit den interanalysatorischen Überlappungszonen vereinen.

Die progressive Differenzierung der corticalen Zonen der Systeme der Analysatoren in zentrale und periphere Felder und die gleichzeitig vor sich gehende Absonderung der Überlappungszonen der Analysatoren in der Hirnrinde ist gekoppelt mit einer entsprechenden Reorganisation der neuronalen Umschaltungen auch im benachbarten Subcortex in Form der zusätzlich zu den Relaiskernen entstehenden sogen. Assoziationskerne des Thalamus. Es besteht eine gewisse Übereinstimmung in den Entwicklungsstufen zwischen allen Verbindungssystemen, die die verschiedenen Abschnitte der Hirnrinde untereinander und mit subcorticalen Formationen vereinigen. Diese Gesetzmäßigkeit kann formuliert werden als stufenweise Verlängerung der neuronalen Schaltketten in den Systemen sowohl der Projektions- als auch der Assoziationsverbindungen der Rinde beim Übergang von den zentralen zu den peripheren Feldern der corticalen Zonen der Systeme der Analysatoren und von diesen zu den Überlappungszonen. Dabei sondern sich zusätzliche neuronale Umschaltungen sowohl in den corticalen als auch in den subcorticalen Abschnitten der Analysatoren ab. Rückschauend kann festgestellt werden, daß das in der gegenwärtigen Zeit vorhandene Material über die Architektonik, den neuronalen Aufbau und die Verbindungen des Zentralnervensystems schon jetzt einige Verallgemeinerungen über die strukturelle Organisation reflektorischer Mechanismen mit unterschiedlicher funktioneller Bedeutung gestattet. Die vergleichende Analyse der Entstehung, Entwicklung und Komplizierung dieser Mechanismen während der Evolution der tierischen Welt bringt uns der Lösung der von PAWLOW gestellten Kardinalfrage, aus welchen Teilen die Analysatoren bestehen und wie diese Teile zusammenwirken, näher.

LITERATURANGABEN

AIRAPETJANZ, E. Sch.: Versuch des vergleichenden Studiums des Prinzips der Ersetzbarkeit in der interanalysatorischen Integration (russ.). In: Fragen der vergleichenden Physiologie der Analysatoren. Verlag MGU, 1960.

AMES, A.: Visual perzeption. Psychol. Monograph. 1951, Nr. 324.

AMES, A. and N.H. ITTELSON: The Ames demonstrations in perception. Princeton Univ. Press 1952.

ASRATJAN, E.A.: Physiologie des Zentralnervensystems (russ.). Verlag der Akad.d. Wiss. der UdSSR, Moskau 1953.

BECHTEREW, W.M.: Leitungsbahnen des Rückenmarks und des Großhirns. Teil 1-2 (russ.). Petersburg 1895 - 1898.

BERG, A.J.: Kybernetik im Dienst des Kommunismus (russ.). In: Mögliches und Unmögliches in der Kybernetik. Verlag d. Akad.d.Wiss.d.UdSSR, Moskau 1963.

BERITASCHWILI, J.S.: Über strukturelle und physiologische Grundlagen der psychischen Tätigkeit (russ.). In: Garsker Gespräche, Band 4: Strukturelle und funktionelle Besonderheiten der corticalen Neurone. Tbilissi 1963.

BERITOW, J.S.: Nervale Mechanismen des Verhaltens der höheren Wirbeltiere (russ.). Verlag d.Akad.d.Wiss.d.UdSSR, Moskau 1961.

BERNSTEIN, N.A.: Über den Aufbau der Bewegungen (russ.). Verlag Medgis, Moskau 1947.

BERNSTEIN, N.A.: Aktuelle Probleme der Physiologie der Aktivität (russ.). In: Probleme der Kybernetik, Ausg.6, Verlag Fismatgis, Moskau 1961.

BETHE, A.: Studien über die Plastizität des Nervensystems. Arch.Ges.Physiol. 224 (1926).

BIRJUKOW, D.A.: Ökologische Physiologie der nervalen Tätigkeit (russ.). Verlag Medgis, Leningrad 1960.

CAJAL, R.S.: Histologie du système nerveux de l'homme et des vertèbres. Tome 1-2, Paris 1909 - 1911, Madrid 1952.

CHANANASCHWILI, M.M.: Experimentelle Untersuchungen der zentralen Mechanismen der Sehfunktionen (russ.). Verlag Medgis, Leningrad 1962.

DSUGAJEWA, S.B.: Über direkte Verbindungen des Tractus opticus mit der Großhirnrinde (russ.). J.höhere Nerventätigk. 8/6 (1958).

DURINJAN, R.A.: Grundlegende Eigenschaften der zentralen Organisation der visceralen afferenten Systeme (experimentelle elektrographische Analyse) (russ.). Doktor-Diss. Moskau 1963.

ECCLES, J.: Physiologie der Nervenzellen (russ.). Verlag für ausländ. Literatur, Moskau 1959.

ESHBI, U.R.: Was ist eine vernünftige Maschine? (russ.). In: Mögliches und Unmögliches in der Kybernetik. Verlag der Akad.d.Wiss.d.UdSSR, Moskau 1963.

FESSAR, A.: Analyse der Schließung bedingter Reflexe auf der Ebene der Neurone (russ.). In: Elektroencephalografische Untersuchungen der höheren Nerventätigkeit. Verlag der Akad.d.Wiss.d.UdSSR, Moskau 1962.

FILIMONOFF, J.N.: Vergleichende Anatomie der Großhirnrinde der Säugetiere. Palaeocortex, Archicortex und intermediäre Rinde (russ.). Verlag der Akad.d.Med.Wiss.d. UdSSR, Moskau 1949.

FORBES, A.: The interpretation of spinal reflexes in terms of present knowledge of nerve conduction. Physiol.Rev. 2 (1922).

GALPERIN, P.Ja.: Geistige Tätigkeit als Grundlage der Herausbildung von Denkweisen (russ.). Fragen der Psychologie Nr. 6, 1957.

GASTO, G.: Die Rolle der Formatio reticularis bei der Erarbeitung bedingt-reflektorischer Reaktionen (russ.). In: Die Formatio reticularis des Gehirns. Verlag Medgis, Moskau 1962.

GERSCHUNI, G.W.: Reflektorische Reaktionen bei der Einwirkung äußerer Reize auf die Sinnesorgane des Menschen und ihre Beziehungen zur Wahrnehmung (russ.). Fisiol.J.UdSSR, 35/5 (1949).

GOLGI, C.: Untersuchungen über den feineren Bau des zentralen und peripheren Nervensystems. Jena 1894.

GRAY, E.G.: Axo-somatic and axo-dendritic synapses of the cerebral cortex; an electron microscopic study. J.Anat. 93 (1959).

HIS, W.: Die Entwicklung des menschlichen Gehirns. Leipzig 1904.

JUNG, R.: Exitation, inhibition and coordination of cortical neurons. Exp.Cell.Res., Suppl. 5, 1958.

KARAMJAN, A.J.: Evolution der Funktionen des Kleinhirns und der großen Hemisphären (russ.). Verlag Medgis, Leningrad 1956.

KOROLEWA, L.W.: Strukturell-funktionelle Veränderungen des optischen Analysators nach Entfernung des Lobus occipitalis des Großhirns bei Affen verschiedenen Alters (russ.). Kandidaten-Dissertat. Moskau, 1963.

KOSIZYN, N.S.: Besonderheiten der axo-dendritischen Verbindungen in der Formatio reticularis des Hirnstammes (russ.). Dokl.Akad.Wiss.UdSSR 147/2 (1963).

KOSTJUK, P.G.: Studium der funktionellen Besonderheiten verschiedener zentraler Neurone mit Hilfe intrazellulärer Mikroelektroden (russ.). Verlag Medgis, Moskau 1962.

KRAISMER, L.P.: Bionik, eine neue Wissenschaft. B.G. Teubner Verlagsgesellschaft Leipzig 1964 (Kleine naturwissenschaftl. Bibliothek, Reihe Physik, Band 4.)

KRUSCHINSKI, L.W.: Das Studium extrapolierter Reflexe bei Tieren (russ.). In: Probleme der Kybernetik, Ausg. 2, Verlag Fismatgis, Moskau 1959.

KRUSCHINSKI, L.W.: Formierung des Verhaltens der Tiere in der Norm und Pathologie (russ.). Verlag MGU 1960.

KUYPERS, H.G., A.L. HOFFMAN and R.M. BEASLEY: Distribution of cortical "feedback" fibers in the nuclei cuneatus and gracilis. Proc. Soc.Exp.Biol. Med. 108 (1961).

LASHLEY, K.S.: The neuropsychology of Lashley. Selected papers of K.S. LASHLEY New York, Toronto, London 1960.

LEONTJEW, A.N.: Probleme der Entwicklung der Psyche (russ.). Verlag d.Akad.d.Päd. Wiss.der RSFSR, Moskau 1959.

LIWANOW, M.N.: Anwendung elektronischer Zähltechnik zur Analyse bioelektrischer Prozesse des Großhirns (russ.). In: Biologische Aspekte der Kybernetik. Verlag d.Akad.d. Wiss.d.UdSSR, Moskau 1962.

LJAPUNOW, A.A.: Über steuernde Systeme in der lebenden Natur und eine allgemeine Konzeption der Lebensprozesse (russ.). In: Probleme der Kybernetik, Ausg. 10, Verlag Fismatgis, Moskau 1963.

LORENTE de NO, R.: Studies on the structure of the cerebral cortex II. Continuation of the study of the ammonic system. Z.Psychol.Neurol. 46 (1934).

LORENTE de NO, R.: Analysis of the activity of the chains of internuncial neurons. J.Neurophysiol. 1 (1937).

LURIJA, A.R.: Höhere corticale Funktionen des Menschen (russ.). Verlag MGU, 1962.

LURIJA, A.R.: Das Gehirn des Menschen und psychische Prozesse. Neuropsychologische Untersuchungen (russ.). Verlag der Akad.d.Päd.Wiss.der RSFSR, Moskau 1963.

MAKKEI, D.M.: Probleme der Bildung von Vorstellungen durch Automaten (russ.). In: "Automaten", Hrsg. K.E. SCHENNON und J. MAKKART, Verlag für ausländische Literatur, Moskau 1956.

MINAJEWA, W.M.: Der Aufbau des corticalen Endes und der subcorticalen Formationen des Hautanalysators während der Ontogenese des Menschen (russ.). In: Struktur und Funktion der Analysatoren des Menschen in der Ontogenese. Verlag Medgis, Moskau 1961.

MUNK, H.: Über die Funktionen der Großhirnrinde. Berlin 1881.

ORBELI, L.A.: Ausgewählte Arbeiten, Band 2. Adaptationstrophische Funktionen des Nervensystems (russ.). Verlag d.Akad.d.Wiss.der UdSSR, Moskau-Leningrad 1962.

OTELIN, A.A.: Einige Gesetzmäßigkeiten der Entwicklung des peripheren Endes des Hautanalysators während der Ontogenese des Menschen (russ.). In: Struktur und Funktion der Analysatoren des Menschen während der Ontogenese. Verlag Medgis, Moskau 1961.

PLATONOW, K.J.: Das Wort als physiologischer und Heilfaktor (russ.). Ausgabe 3, Medgis, Moskau 1962.

POLJAKOW, G.J.: Über feine Besonderheiten der Struktur des Großhirns des Menschen und die funktionellen Wechselwirkungen zwischen den Neuronen (russ.). Arch.anat.gistol.i.embriol. 30/5 (1953).

POLJAKOW, G.J.: Über strukturelle Mechanismen der interneuronalen Verbindungen in der Großhirnrinde des Menschen (russ.). Arch.anat.gistol i embriol. 32/2 (1955).

POLJAKOW, G.J.: Über einige Besonderheiten der Struktur der Neurone des Zentralnervensystems unter Anwendung verschiedener neurohistologischer Methoden. Mitt.II: Kontaktapparate der Dendriten der Nervenzellen (russ.). J.Neuropat.i psich. 62/2 (1961).

POLJAKOW, G.J.: Über strukturelle Mechanismen des funktionellen Zustandes der Neurone in der Hirnrinde (russ.). Internat.Konf.zum 100. Jahrestag des Erscheinens der Arbeit von J.M. SETSCHENOW: "Reflexe des Großhirns". 24.-30.11.1963, Thesen der Vorträge. Verlag der Akad.d.Wiss.d.UdSSR, Moskau 1963.

POLJAKOW, G.J.: Probleme der Regulation, Kontrolle und Steuerung unter neurophysiologischem Aspekt (russ.). In: "Probleme der Kybernetik", Ausgabe 11 (1964).

POPOWA, N.S.: Vergleichende Charakteristika der Dynamik nervaler Prozesse im akustischen und im optischen Analysator des Hundes in Beziehung zu den Besonderheiten ihres Aufbaus (russ.). Kandidaten-Dissert., Moskau 1960.

PRIBRAM, K.: Zur Theorie einer physiologischen Psychologie (russ.). Fragen der Psychologie, Nr. 2, 1961.

PRIBRAM, K.: Perspektiven der Entwicklung der Neuropsychologie (russ.). Fragen der Psychologie, Nr. 2, 1964.

PREOBRASCHENSKAJA, N.S.: Zur Frage über die Störungen der Wechselbeziehungen zwischen erstem und zweitem Signalsystem bei Verletzungen des cerebralen Endes des optischen Analysators (russ.). J.Neuropat.i psich. 52/4 (1952).

PREOBRASCHENSKAJA, N.S.: Einige zytoarchitektonische Angaben über die Entwicklung des corticalen Endes und des subcorticalen Abschnittes des optischen Analysators des Menschen (russ.). In: Arbeiten der zweiten wissenschaftlichen Konferenz über Morphologie und Physiologie des Wachstums. Verlag der Akad.d.Päd.Wiss.der RSFSR, Moskau 1955.

RASMUSSEN, G.L.: Further observation on the termination of the socalled olivary peduncle. Anat.Rec. 106 (1950).

ROBINER, J.S.: Über die Lokalisation des Hautanalysators im Cortex und im Thalamus bei Kaninchen und Katze (russ.). In: Entwicklung des Zentralnervensystems, Verlag Medgis, Moskau 1959.

SAPOROSHEZ, A.W.: Entwicklung der willkürlichen Bewegungen (russ.). Verlag der Akad.d.Päd.Wiss.der RSFSR, Moskau 1960.

SCHEIBEL, M.E. and A.B. SCHEIBEL: The inferior olive. J.Comp.Neurol. 102 (1955).

SCHKOLNIK-JARROS, E.G.: Zur Geschichte des Studiums der Feinstrukturen der Hirnrinde (russ.). J.Neuropat.i psich. 19/1 (1950).

SCHKOLNIK-JARROS, E.G.: Über die efferenten Verbindungen der Sehrinde (russ.). J.höhere Nerventätigk. 8/1 (1958).

SHERRINGTON, Ch.: Die integrative Tätigkeit des Nervensystems (russ.). Verlag Nauka, Leningrad 1969.

SHOLL, D.A.: The organisation of the cerebral cortex. London 1956.

SHUKOWA, G.P.: Einige Angaben über die interneuronalen Verbindungen im Rückenmark und in der Medulla oblongata (russ.). Arch.anat.gistol.embriol. 39/12 (1960).

SHUKOWA, G.P. und T.A. LEONTOWITSCH: Besonderheiten der neuronalen Struktur und der Topografie der Formatio reticularis (russ.). J.höhere Nerventätigk. 14/1 (1964).

STRATTON, G.M.: Vision without inversion of the retinal image. Psychol. Rev. 4 (1897).

TRAPESNIKOW, W.A.: Kybernetik und automatische Steuerung (russ.). In: Mögliches und Unmögliches in der Kybernetik. Verlag d.Akad.d.Wiss.d.UdSSR, Moskau 1963.

UCHTOMSKI, A.A.: Gesammelte Werke, Band 4: Grundlagen der Physiologie des Nervensystems (russ.). Verlag der Leningrader Universität, 1954.

UEXKÜLL, J.: Theoretische Biologie, 2. Aufl. Berlin 1928.

WEDENSKI, N.E.: Ausgewählte Werke. Teil 2: Erregung, Hemmung und Narkose (russ.). Verlag d.Akad.d.Wiss.d.UdSSR 1951.

WIENER, N.: Neue Kapitel der Kybernetik. Steuerung und Nachrichtenübermittlung im Tier und in der Maschine (russ.). "Sowjetskoje Radio", Moskau 1963.

WYGODSKI, L.S.: Entwicklung der höheren psychischen Funktionen (russ.). Verlag d.Akad.d.Päd.Wiss.d.RSFSR, Moskau 1960.

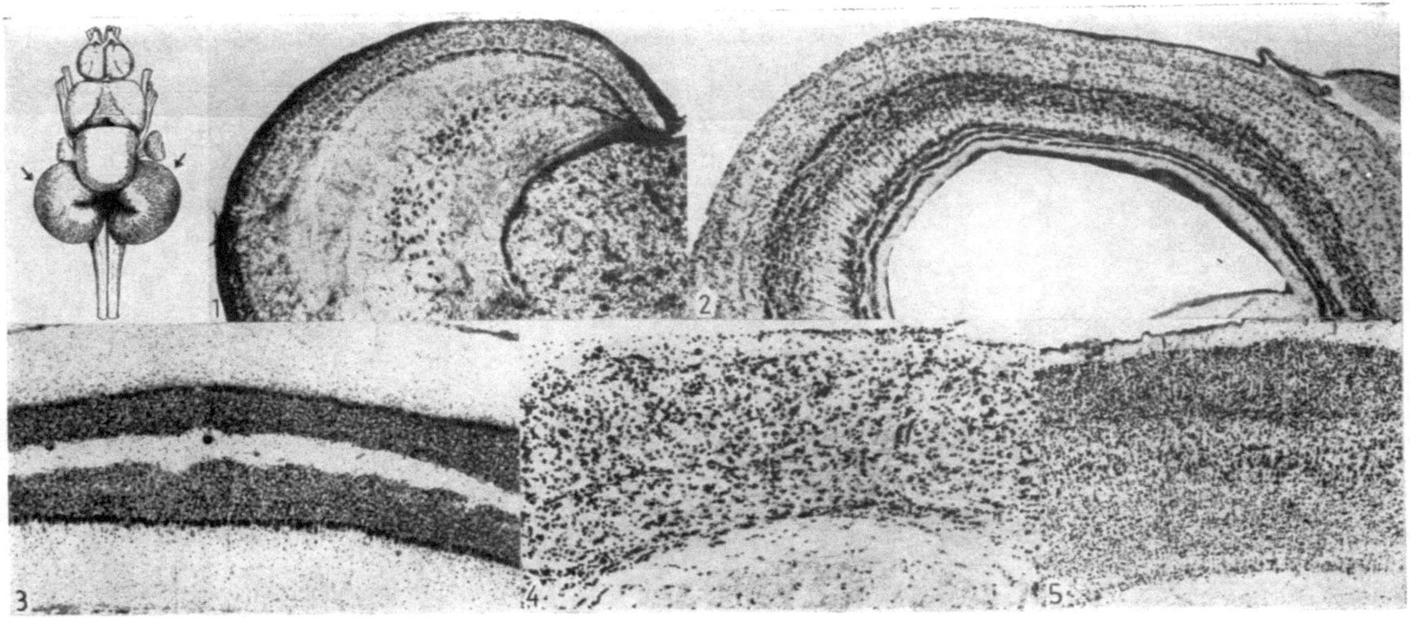

Abb. 20: Verschiedene Rindentypen in den Analysatoren. 1) Lobus gustatorius der Fische; links von der Mikrofotografie ist eine Zeichnung des Gehirns der Fische dargestellt; die Pfeile zeigen auf die Geschmackshügel. 2) Lobus opticus des Mittelhirns bei Schuppentieren. 3) Kleinhirnrinde der Vögel. 4) Rindentyp der Nuclei cochleares des verlängerten Markes bei der Maus. 5) vollentwickelte Neuhirnrinde in den Hemisphären des Großhirns bei der weißen Ratte. (1 – 4 nach Swetuchina, 5 nach Zworykin).

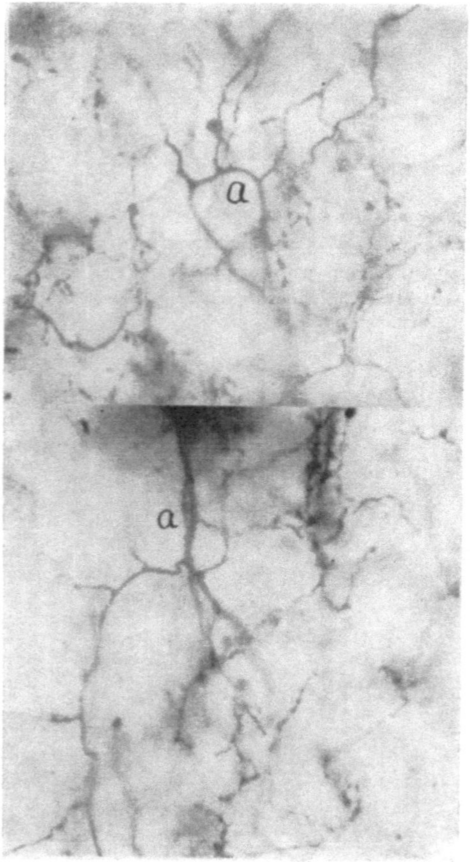

Abb. 37: Axonverzweigungen von Sternzellen der Hirnrinde (Mikrofotografien, Golgi-Methode).

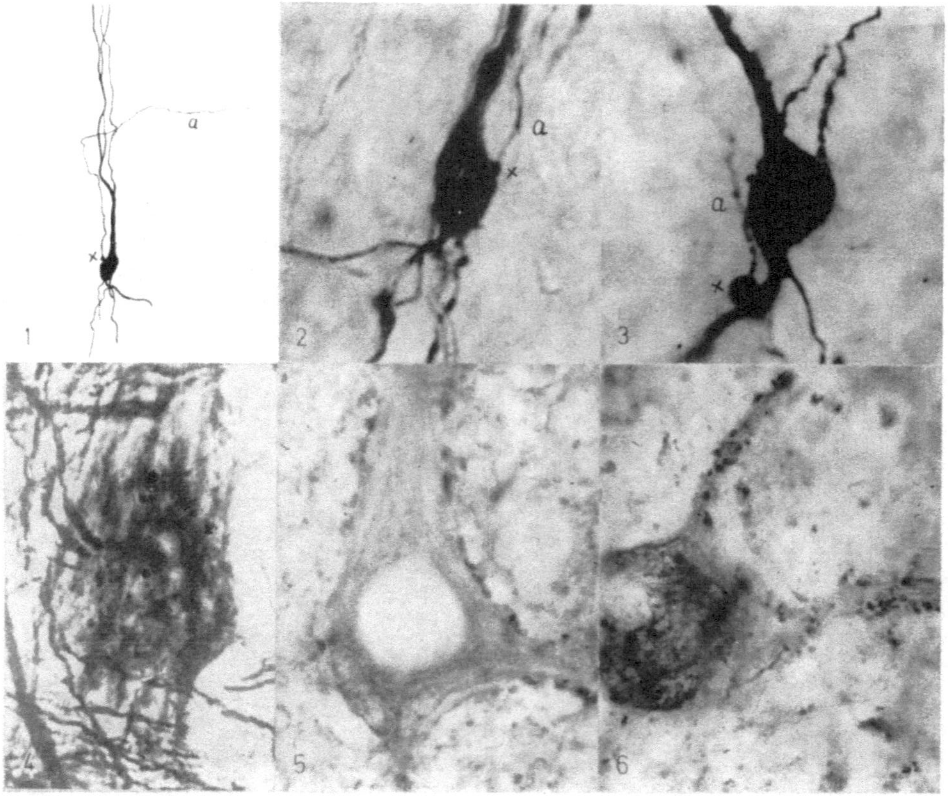

Abb. 39: Axonale Endkontakte (x) im Cerebralcortex des Menschen. 1, 2 – Kontakt mit dem Körper einer kleinen Pyramidenzelle (1 – Zeichnung, 2 – Mikrofotografie); 3 – Kontakt mit dem Anfangsabschnitt eines Dendriten; 4 – stiftförmige Endkontakte an einer Betz'schen Riesenpyramidenzelle; 5 – Endknöpfe an einer Pyramidenzelle; 6 – Endknöpfe an einer Sternzelle. 1 – 3 = Cerebralcortex eines $5\frac{1}{2}$ Monate alten menschlichen Embryo, 4 – 6 = Cerebralcortex eines Erwachsenen. (1 – 4 nach Poljakow 1955, 1961, Golgi-rapid; 5, 6, nach Präparaten von Blinova, Golgi-Deineka).

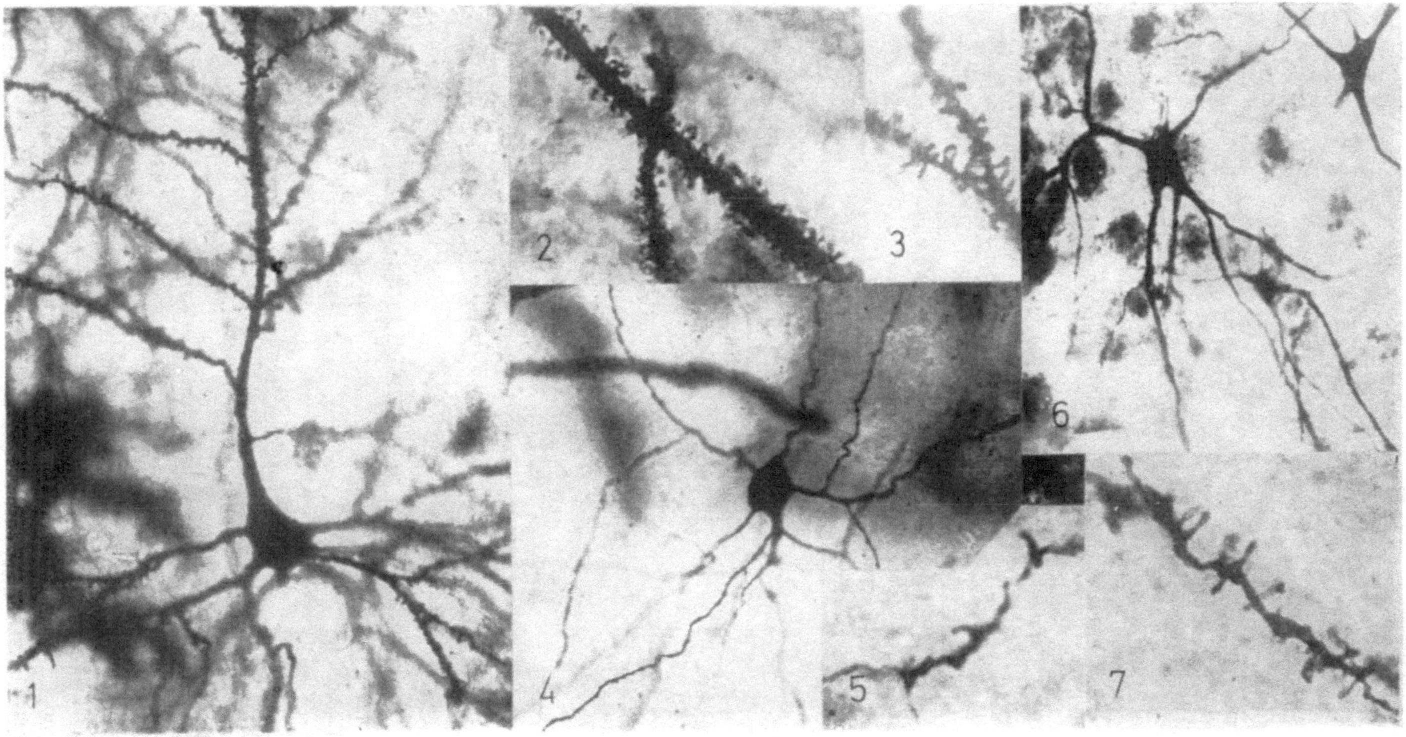

Abb. 40 a): Feine Besonderheiten der Struktur der Dendriten der Pyramiden- und Sternzellen der Hirnrinde und der reticulären Neurone. Mikrofotografien. 1 – Pyramidenzelle; 2 – Dendriten der Pyramidenzelle, bedeckt mit zahlreichen kurzen seitlichen Appendices („Dornen“); 3 – ähnlich aufgebaute Dendriten einer efferenten Zelle mit langem Axon aus den subcorticalen Kernen; 4 – kurzaxonige Sternzelle der Rinde mit glatten, dornenlosen Dendriten; 5 – Dendrit einer Sternzelle mit wenigen langen Dornen; 6 – reticuläres Neuron der Medulla oblongata; 7 – Dendrit eines reticulären Neurons mit wenigen, kräftig ausgezogenen „Dornen“ (1, 2, 4, 5, nach POLJAKOW, 1953 – 1961; 6 nach SHUKOWA 1959; 3, 7 nach LEONTOWITSCH 1959).

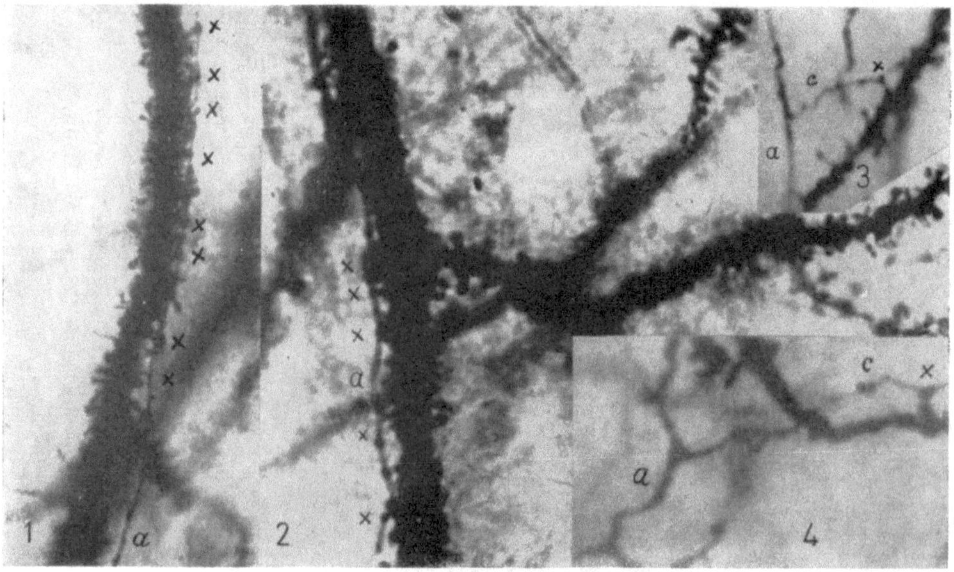

Abb. 40b): Tangentialkontakte (X) der Axone (a) und ihrer Verzweigungen (c) mit den Dendritenappendices der Rindenneurone. 1, 2 – Tangentialkontakte an den aufsteigenden Dendriten der Pyramidenzellen; 3, 4 – Tangentialkontakte an Dendriten von Sternzellen (nach POLJAKOW 1955, 1961).

Professor Dr. G. I. Poljakow (geb. 2. 9. 1903) ist seit 1938 Leiter des Laboratoriums für neuronale Strukturen des Gehirns im Hirnforschungsinstitut der Akademie der Medizinischen Wissenschaften der UdSSR.

(Zeichnung Horst Link)

FSC
www.fsc.org
MIX
Papier | Fördert gute Waldnutzung
FSC® C083411

Kolibri 360 GmbH
Ferdinand-Jühlke-Straße 7
99095 Erfurt, Deutschland
produktsicherheit@kolibri360.de